技工教育和职业培训“十四五”规划教材

“十三五”江苏省高等学校重点教材（编号：2019-

高等职业教育在线开放课程配套教材

智能制造系统项目式教程

主　编　李月芳　谢丽华
副主编　何成平　徐海霞

ZHINENG ZHIZAO XITONG XIANGMUSHI JIAOCHENG

中国教育出版传媒集团
高等教育出版社·北京

内容提要

本书是技工教育和职业培训"十四五"规划教材，是"十三五"江苏省高等学校重点教材（编号：2019-2-273），是围绕"智能制造生产线的安装调试、运行维护"岗位职业能力开发的项目化教程，重点突出智能制造生产线的调试与维护能力的培养。

本书分为理论篇和应用篇。理论篇旨在让读者对智能制造及智能制造系统有总体的认识，配有大量智能制造相关的图片和视频，展现了人类科技的进步和中国工程师在科技创新方面的伟大创举，以激发读者的专业兴趣和爱国情怀。应用篇是教程的主体部分，以智能制造系统典型应用案例为载体，设计了六个教学项目，将 MES 系统、E-Factory 生产管理系统等智能管控、智能检测、智能加工装配和智能仓储等知识融入各个项目中。项目一是智能制造系统总控信息管理单元的认识与操作，项目二是输送单元的运行调试，项目三是自动化立体仓库与堆垛机单元的运行调试，项目四是数控车床工作站的操作编程与运行调试，项目五是加工中心工作站的操作编程与运行调试，项目六是装配工作站的操作编程与运行调试。

本书是新形态一体化教材，配有丰富的教学资源，助力提高教学质量和教学效率。

本书可作为高等职业院校装备制造大类相关专业的教材，也可供有关工程技术人员参考。

图书在版编目（CIP）数据

智能制造系统项目式教程 / 李月芳，谢丽华主编
．—北京：高等教育出版社，2022.8（2024.2 重印）
ISBN 978-7-04-058642-8

Ⅰ．①智… Ⅱ．①李… ②谢… Ⅲ．①智能制造系统
—教材 Ⅳ．①TH166

中国版本图书馆 CIP 数据核字（2022）第 097762 号

策划编辑 张尕琳　责任编辑 张尕琳 谢永铭　封面设计 张文豪　责任印制 高忠富

出版发行	高等教育出版社	网　址	http://www.hep.edu.cn
社　址	北京市西城区德外大街 4 号		http://www.hep.com.cn
邮政编码	100120	网上订购	http://www.hepmall.com.cn
印　刷	上海当纳利印刷有限公司		http://www.hepmall.com
开　本	787mm×1092mm 1/16		http://www.hepmall.cn
印　张	18.5		
字　数	371 千字	版　次	2022 年 8 月第 1 版
购书热线	010-58581118	印　次	2024 年 2 月第 2 次印刷
咨询电话	400-810-0598	定　价	40.00 元

物 料 号　58642-00

配套学习资源及教学服务指南

二维码链接资源

本书配套视频、文本、图片、自测等学习资源，在书中以二维码链接形式呈现。手机扫描书中的二维码进行查看，随时随地获取学习内容，享受学习新体验。

打开书中附有二维码的页面　　扫描二维码　　查看相应资源

在线自测

本书提供在线交互自测，在书中以二维码链接形式呈现。手机扫描书中对应的二维码即可进行自测，根据提示选填答案，完成自测确认提交后即可获得参考答案。自测可以重复进行。

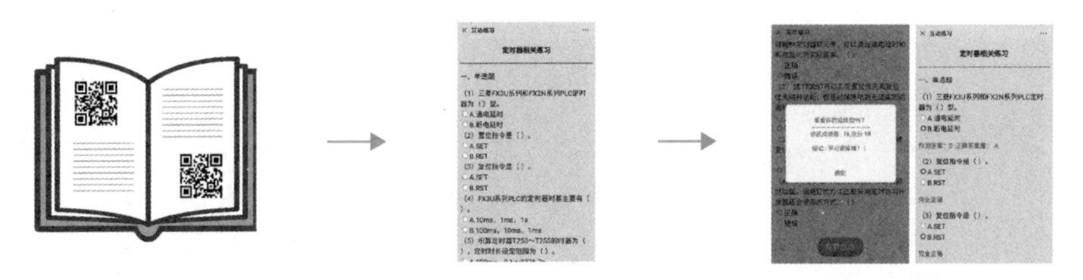

打开书中附有二维码的页面　　扫描二维码 开始答题　　提交后查看自测结果

教师教学资源索取

本书配有课程相关的教学资源，如教学课件、习题及参考答案、应用案例等。选用本书的教师，可扫描下方二维码，关注微信公众号“高职智能制造教学研究”，点击“教学服务”中的“资源下载”，或电脑端访问地址（101.35.126.6），注册认证后下载相关资源。

★如您有任何问题，可加入工科类教学研究中心QQ群：243777153。

本书二维码资源列表

章/项目	类 型	说 明
第一章	视频	工业革命
第二章	视频	数字化仿真技术
第三章	视频	智能制造系统
项目一	视频	可视化智能柔性制造系统
	图片	智能制造系统拓扑图
	视频	智能制造系统工作流程
	文本	智能制造系统操作注意事项
	视频	总控单元组成及功能
	视频	云台监控系统组成及功能
	下载包	总控单元 PLC 程序
	视频	云台监控系统操作与运行
	视频	E-Factory 生产管理系统软件
	自测	项目一测试题
项目二	视频	输送单元的组成及工作过程
	图片	倍速链 1 远程 I/O 接口
	图片	滚筒输送线远程 I/O 接口
	视频	输送单元操作与调试
	视频	输送单元 PLC 编程
	视频	E-Factory 软件 RFID 读写操作
项目三	视频	立体库单元组成及功能
	视频	立体库单元开关机操作
	视频	立体库单元出入库调试
	视频	立体库单元仿真
	下载包	立体库单元 PLC 程序
	视频	组态软件介绍
	视频	组态软件操作与运行
	视频	立体库单元人机界面手动调试
	自测	项目三测试题
项目四	视频	数控车床工作站工作过程
	视频	数控车床工作站操作
	下载包	数控车床工作站 PLC 程序
	视频	数控车床工作站仿真
	下载包	smart 组件练习
	下载包	编程练习
	下载包	仿真练习
	文本	练习参考答案
项目五	视频	加工中心工作站工作过程
	视频	加工中心工作站操作与调试
	视频	手动控制内雕机工作过程
	视频	人机界面设计与调试过程
	文本	模块设置
	下载包	加工中心工作站 PLC 程序

续 表

章/项目	类型	说明
项目五	视频	加工中心工作站机器人编程与调试
	视频	加工中心工作站仿真
	下载包	smart 组件练习
	下载包	编程练习
	下载包	仿真练习
	文本	练习参考答案
项目六	视频	装配工作站的工作过程
	视频	装配工作站操作与调试
项目六	视频	装配工作站控制系统
	视频	装配工作站 PLC 编程
	下载包	装配工作站 PLC 程序
	视频	装配工作站机器人编程与调试
	视频	装配工作站仿真
	下载包	smart 组件练习
	下载包	编程练习
	下载包	仿真练习
	文本	装配工作站仿真操作实施步骤

前　言

本书是技工教育和职业培训“十四五”规划教材，是“十三五”江苏省高等学校重点教材（编号：2019－2－273），是基于江苏省教育科学“十三五”规划重点资助课题《人工智能背景下高职智能控制专业群建设的研究》（B－a/2020/03/13）的研究成果。

随着“中国制造 2025”等一系列促进智能制造和智能制造产业发展的战略、政策的出台，我国传统制造类企业纷纷向智能制造转型升级，高校自动化类专业服务岗位群也相应变化。本书是围绕“智能制造生产线的安装调试、运行维护”岗位职业能力开发的项目化教程，重点突出智能制造生产线的调试与维护能力的培养。

本书分为理论篇和应用篇。理论篇旨在让学生对智能制造及智能制造系统有总体的认识，并配有大量智能制造相关的图片和视频，展现了人类科技的进步和中国工程师在科技创新方面的伟大创举，以激发学生的专业兴趣和爱国情怀。应用篇是教程的主体部分，以智能制造系统典型应用案例为载体，设计了六个教学项目，将 MES 系统、E－Factory 生产管理系统等智能管控、智能检测、智能加工装配和智能仓储等知识融入各个项目中。本书整体设计如图 1 所示。

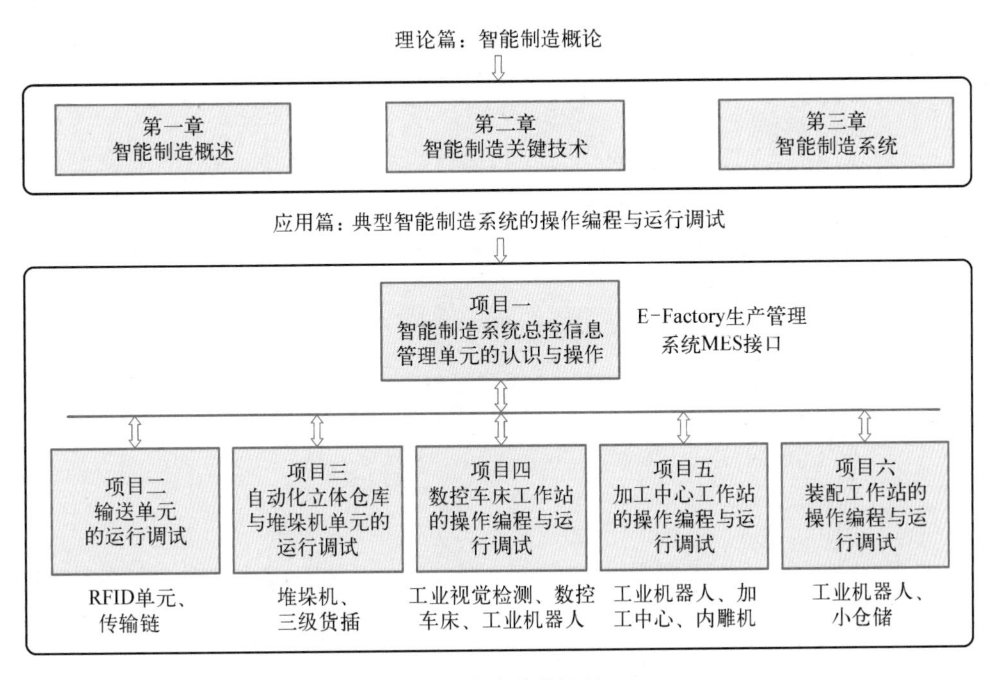

图 1　本书整体设计

应用篇采用项目化编写方式，项目内部采用“项目导向、任务驱动”的结构，每个项目按“项目描述→任务目标→任务相关知识→任务实施→任务小结→练习”的结构编写，提高学生学习兴趣，便于学生自主学习。应用篇内容选取注重学生技术应用能力和创新能力的培养。

本书是“纸质文稿＋数字资源”的新形态一体化教材，它以纸质教材为载体，配套有丰富的图片、视频、仿真工作站、源程序等教学资源，学生可以扫描书中的二维码获取资源，以便更好地理解教学内容。

本书由常州工业职业技术学院李月芳（编写了前言、理论篇和项目五）、谢丽华（编写了项目四）担任主编，李月芳负责全书的组织、提纲编写和统稿工作，何成平（编写了项目二和项目六）、徐海霞（编写了项目一和项目三）担任副主编。

本书在编写的过程中，得到了南京康尼科技实业有限公司的大力支持，在此表示衷心的感谢！

限于编者水平，本书中难免存在不足之处，敬请广大读者批评指正。

编　者

目录

MU LU

理论篇　智能制造概论

应用篇　典型智能制造系统的操作编程与运行调试

理论篇

智能制造概论

第一章 智能制造概述

1.1 智能制造的发展历程

制造业是一个国家的重要支柱产业，对国家的繁荣富强和国防安全至关重要。尤其对人口众多的我国而言，吸纳劳动力最多的制造业是我国的立国之本、兴国之器、强国之基。新中国成立以来所取得的辉煌成绩，充分体现了制造业对国民经济、社会进步及人民富裕起到的关键作用。

随着客户需求变化、全球市场竞争日益激烈和社会可持续发展的需要，制造业已从传统的劳动和装备密集型，逐渐向信息、知识和服务密集型转变。四次工业革命特征（工业1.0到工业4.0）反映了从18世纪以来制造业的兴起和发展（图1-1-1）。

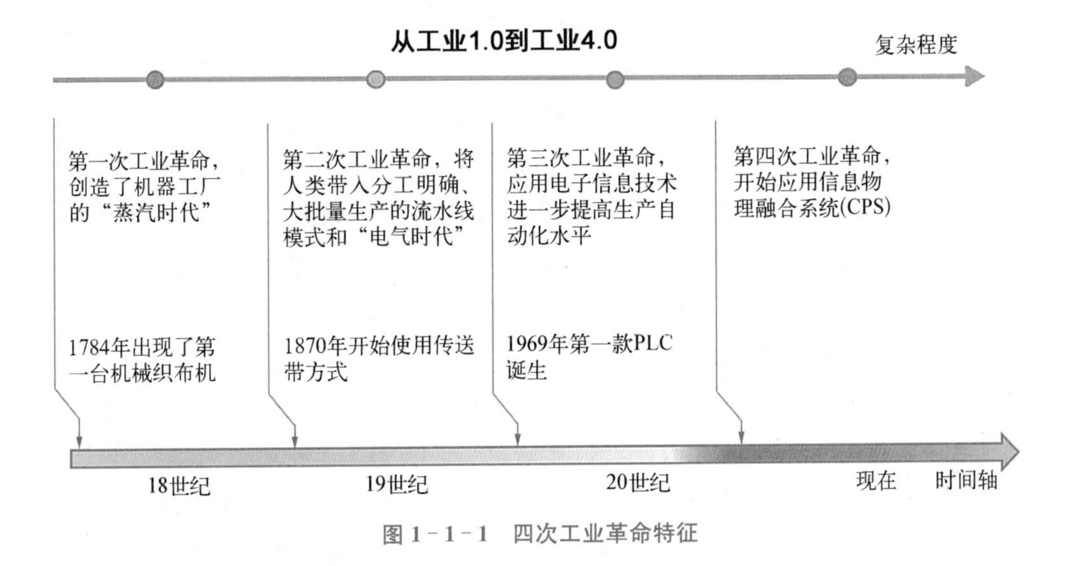

图1-1-1 四次工业革命特征

工业1.0是机械制造时代，从18世纪60年代至19世纪中期，是引入机械设备制造的时代。通过水力和蒸汽机实现工厂机械化。这次工业革命的结果是机械生产代替了手工劳动，经济社会从以农业、手工业为基础转型到以工业、机械制造带动经济发展的新模式。

工业 2.0 是电气化与自动化时代，从 19 世纪后半期至 20 世纪，是在劳动分工基础上采用电力驱动产品的大规模生产时代，是进入了由继电器、电气自动化控制机械设备生产的年代。这次工业革命，通过零部件生产与产品装配的成功分离，开创了产品批量生产的高效模式。

工业 3.0 是电子信息化时代，从 20 世纪 70 年代开始一直延续至 21 世纪。工业 3.0 在升级工业 2.0 的基础上，广泛应用电子信息技术，使制造过程自动化控制程度进一步大幅度提高。生产率、良品率、分工合作、机械设备寿命都得到了前所未有的提高。在此阶段，工厂大量采用由 PC、PLC/单片机等电子、信息技术自动化控制的机械设备进行生产。自此，机器能够逐步替代人类作业，不仅接管了相当比例的“体力劳动”，还接管了一些“脑力劳动”。

视频

工业革命

工业 4.0 概念是德国政府 2013 年《高技术战略 2020》确定的十大未来项目之一，并已上升为国家战略。工业 4.0 是实体物理世界与虚拟网络世界融合的时代，即指利用物联信息系统（cyber-physical system，CPS)将生产中的供应、制造、销售信息数据化、智能化，最后达到快速、有效、个性化的产品供应。

制造业追求目标从 20 世纪 60 年代的大规模生产、70 年代的低成本制造、80 年代的产品质量、90 年代的市场响应速度、21 世纪的知识和服务，到如今以“工业 4.0”而兴起的泛在感知和深入智能化。信息技术、网络技术、管理技术和其他相关技术的发展有力地推动了制造业的发展，生产过程从手工化、机械化、刚性化逐步过渡到服务化、智能化、柔性化。

目前，全球制造业孕育着制造技术体系、制造模式、产业形态和价值链的巨大变革，延续性特别是颠覆性技术的创新层出不穷。云计算、大数据、物联网、移动互联网等新一代信息技术开始大爆发，从而开启了全新的智能时代。机器人、数字化制造、3D 打印等技术的重大突破正在重构制造业技术体系。云制造、网络众包、异地协同设计、大规模个性化定制、精准供应链、电子商务等网络协同制造模式正在重塑产业价值链体系。世界各国纷纷制定出台制造业发展战略。

美国实施先进制造伙伴计划，建立“制造创新研究院”组成的国家制造创新网络。制造创新研究院是独立、非营利的，由政、产、学、研联合组成，并且为全行业大、中、小企业服务。

德国实施“工业 4.0”计划，建立具有适应性、资源效率及人因工程学的智能工厂。这是以智能制造为主导的第四次工业革命，通过充分利用信息通信技术和网络空间虚拟系统相结合的手段，将制造业向智能化转型。

英国提出未来的制造，设立了先进制造、成形技术等七个“高价值制造推进研发中心”。制造业不再是传统意义上的“制造之后再进行销售”，而是“服务＋再制造”——更快速、更敏锐地响应消费者需求，把握新的市场机遇，可持续发展，培养高素质劳动力。

我国中央政府、地方政府和企业都制定、实施了一系列促进智能制造和智能制造产业发展的战略、政策和具体措施，以推动智能制造的发展和普及。国家行动纲领《中国制造2025》提出坚持创新驱动、智能转型、强化基础、绿色发展，加快从制造大国转向制造强国。其主线是信息化和工业化深度融合，主攻方向是推进智能制造，“互联网＋”是重要的实现路径。

1.2　智能制造的概念和特征

智能制造是基于新一代信息技术，贯穿设计、生产、管理、服务等制造活动各个环节，具有信息深度自感知、智能优化自决策、精准控制自执行等功能的先进制造过程、系统与模式的总称。智能制造具有以智能工厂为载体，以关键制造环节智能化为核心，以端到端数据流为基础、以网络互联为支撑等特征，可以缩短产品研制周期，降低资源能源消耗，降低运营成本，提高生产率，提升产品质量。

智能制造的特征是将智能活动融合到生产制造全过程，通过人与机器协同工作，逐渐增大、拓展和部分替代人类在制造过程中的脑力劳动，已由最初的制造自动化扩展到生产的柔性化、智能化和高度集成化。具体体现为：

① 主动适应环境变化，与环境要求适度交互匹配。

② 制造过程中信息数据集中处理，多用智能设备替代人工。

③ 由人员单一管理生产或设备转向系统智能化管理。

④ 可以进行生产过程的再设计、智能系统再优化和系统再创造。

⑤ 对外部参数及系统及时反馈与智能响应。

⑥ 虚拟制造技术与现实制造有机结合。

智能制造包括智能制造技术与智能制造系统两大关键组成要素。

第二章 智能制造关键技术

智能制造技术是指在制造生产加工的各个工序，以一种高度集成与高度柔性的方式使用计算机来对人类的制造进行智能模拟的先进制造技术。

智能制造涉及的关键技术包含大数据、人工智能、工业机器人应用、3D打印、物联网、虚拟现实等。

2.1 工业机器人应用技术

1. 工业机器人的定义及特点

工业机器人是由机械本体、控制器、伺服驱动系统和传感装置构成的一种仿人操作、自动控制、可重复编程、能在三维空间完成各种作业的机电一体化设备，特别适合于多品种、变批量的弹性制造系统。工业机器人可直接接受人类指令，也可以执行预先编排的程序，还可以根据以人工智能技术制订的原则纲领行动。

工业机器人有以下显著的特点：

(1) 可编程

生产自动化的进一步发展是柔性自动化。工业机器人可随工作环境变化的需要而再编程，因此它在小批多品种产品，特别是具有均衡高效率的柔性制造过程中能发挥很好的作用，是柔性制造系统中的一个重要组成部分。

(2) 拟人化

工业机器人在机械结构上有类似人的行走、腰转、大臂、小臂、手腕、手爪等部分，由计算机进行控制。此外，智能化工业机器人还有许多类似人类的“生物传感器”，如皮肤型接触传感器、力传感器、负载传感器、视觉传感器以及声觉传感器等。传感器提高了工业机器人对周围环境的自适应能力。

(3) 通用性

除了专门设计的专用工业机器人外，一般工业机器人在执行不同的作业任务时具有较好的通用性。比如，更换工业机器人手部末端操作器（手爪、工具等）便可执行不同的作业任务。

2. 工业机器人的种类

（1）上下料机器人

上下料机器人是实现机床制造自动化生产的重要设备，如图 1-2-1 所示。上下料机器人可按固定程序抓取、搬运物件或操持工具完成某些特定操作，适用于生产线的上下料、工件翻转、工件转序等。上下料机器人可以代替人从事单调、重复或繁重的体力劳动，实现生产的机械化和自动化，代替人在有害环境下的手工操作，改善劳动条件，保证人身安全，因而广泛应用于机械制造、冶金、电子、轻工和原子能等部门。机加工自动化生产线中使用上下料机器人的优势主要有以下四点：

① 节约人力资源。尤其是搬运比较重的物料，往往需要几个人才能完成，而用一个冲床机械手就可以完成。

② 程序化操作，速度可调。机器人是根据指定的程序来运行的，修改程序内容，就可以控制机器人的动作。

③ 减少人为损耗。人工操作难免出现意外，如工人受伤、机器受损或工件受损，机器人则基本上能避免这些问题。

④ 人工会有效率与质量的问题，机器人的操作速度更加稳定，且工作时间更长，不受外界因素干扰，不会有情绪化，上下料机器人通过程序设定的动作，精度高，因此自动化上下料机器人的生产率更高，产品质量更好。

图 1-2-1　上下料机器人

图 1-2-2　码垛机器人

（2）码垛机器人

码垛机器人是一种生产线上的码垛设备，常用四轴机器人，如图 1-2-2 所示。其机械手和机身主体通过电控伺服系统及中心回转装置皆可实现在三维坐标内 360°水平精准回转，机械手可垂直升降且可抓码多种异形建筑制品，采用对重质量平衡方式一次抓码载荷可达 600 kg 的重载码垛机器人，能完全满足砌块（砖）和其他相关行业的重载码垛需要。

机器人自动装箱、码垛工作站可应用于建材、家电、电子、化纤、汽车和食品等行业。机器人自动装箱、码垛工作站实现了自动化作业，并且具有安全检测、联锁控制、故障自诊断、示教再现、顺序控制以及自动判断等功能，大大提高了生产率和工作质量，节省了人力，建立了现代化的生产环境。

（3）移动机器人

移动机器人（AGV）是工业机器人的一种类型，如图 1-2-3 所示。它由计算机控制，具有移动、自动导航、多传感器控制、网络交互等功能，它可广泛应用于机械、电子、纺织、医疗、食品、造纸等行业，也用于自动化立体仓库、柔性加工系统、柔性装配系统（以 AGV 作为活动装配平台）；同时可在车站、机场、邮局的物品分拣中作为运输工具。移动机器人是物流技术的核心设备，用现代物流技术改造传统生产线，实现点对点自动存取的高架箱储、作业和搬运相结合，实现精细化、柔性化、信息化，缩短物流流程，降低物料损耗，减少占地面积，降低建设投资。图 1-2-4 所示为 AGV 小车的基本组成。

图 1-2-3　AGV 小车

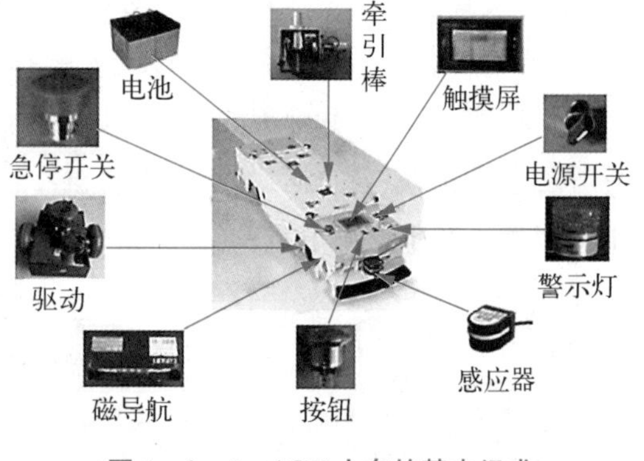

图 1-2-4　AGV 小车的基本组成

图 1-2-5　点焊机器人

（4）点焊机器人

点焊机器人具有性能稳定、工作空间大、运动速度快和负荷能力强等特点，焊接质量明显优于人工焊接，大大提高了点焊作业的生产率。点焊机器人如图 1-2-5 所示。

点焊机器人主要用于汽车整车的焊接工作。随着汽车工业的发展，焊接生产线要求焊钳一体化，质量越来越大，165 kg 的点焊机器人是当前汽车焊接中最常用的一种机器人。2008 年 9 月，国内首台 165 kg 级点焊机器人研制成功，并应用于奇瑞汽车的焊接车间。2009 年 9 月，经过优化和性能提升的第二台机器人顺利通过验收，使得我国点焊机器人整体技术指标达到国外同类机器人的水平。

（5）弧焊机器人

弧焊机器人主要应用于各类汽车零部件的焊接生产。其关键技术如下：

① 弧焊机器人系统优化集成技术。弧焊机器人采用交流伺服驱动技术以及高精度、高刚性的 RV 减速器和谐波减速器，具有良好的低速稳定性和高速动态响应。

② 协调控制技术。控制多机器人及变位机协调运动，既能保持焊枪和工件的相对姿态以满足焊接工艺的要求，又能避免焊枪与工件碰撞。

③ 精确焊缝轨迹跟踪技术。结合激光传感器和视觉传感器离线工作方式的优点，采用激光传感器实现焊接过程中的焊缝跟踪，提升焊接机器人对复杂工件进行焊接的柔性和适应性，结合视觉传感器离线观察获得焊缝跟踪的残余偏差，基于偏差统计获得补偿数据并进行机器人运动轨迹的修正，在各种工况下都能获得最佳的焊接质量。弧焊机器人如图 1-2-6 所示。

图 1-2-6　弧焊机器人

图 1-2-7　激光切割机器人

（6）激光切割机器人

激光切割机器人是将机器人技术应用于激光加工中，通过高精度工业机器人实现更加柔性的激光切割作业。激光切割机器人可以通过示教盒在线操作，也可通过离线方式进行编程。激光切割机器人如图 1-2-7 所示。

（7）真空机器人

真空机器人是一种在真空环境下工作的机器人，如图 1-2-8 所示。真空机器人

图 1-2-8　真空机器人

主要应用于半导体工业中，实现晶圆在真空腔室内的传输。真空机器人难以进口、受限制、用量大、通用性强，是制约我国半导体装备整机研发进度和整机产品竞争力的关键部件。

2.2 3D打印技术

3D打印是快速成型技术的一种，它是一种以数字模型文件为基础，运用粉末状金属或塑料等可黏合材料，通过逐层打印的方式来构造物体的技术。

3D打印通常是采用数字技术材料打印机来实现的，早期应用在模具制造、工业设计等领域，后逐渐用于产品的直接制造。该技术在珠宝、鞋类、工业设计、建筑、工程和施工（AEC）、汽车、航空航天、医疗、教育、地理信息系统、土木工程、枪支以及其他领域都有所应用。

3D打印技术出现在20世纪90年代中期。3D打印机实际上是利用光固化和纸层叠等技术的最新快速成型装置。它与普通打印机工作原理基本相同，打印机内装有液体或粉末等打印材料，与计算机连接后，通过计算机控制把打印材料一层层地叠加起来，最终把计算机上的蓝图变成实物。图1－2－9所示为3D打印流程。

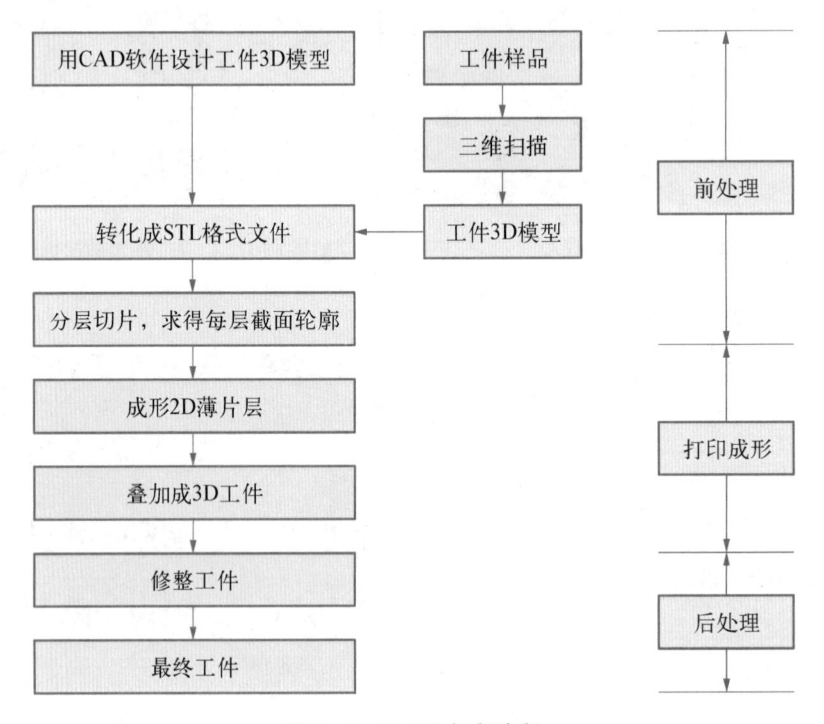

图1－2－9　3D打印流程

3D打印存在着许多不同的技术，它们的不同之处在于不同的可用材料，并以不同层构建和创建部件。3D打印常用的材料有尼龙玻璃纤维、耐用性尼龙、石膏、铝、钛合金、不锈钢、镀银、镀金及橡胶等。图1-2-10所示为3D打印的装饰品等，图1-2-11所示为3D打印的假肢，图1-2-12所示为3D打印的玩具手枪，图1-2-13所示为3D打印的零件。

图1-2-10　3D打印的装饰品

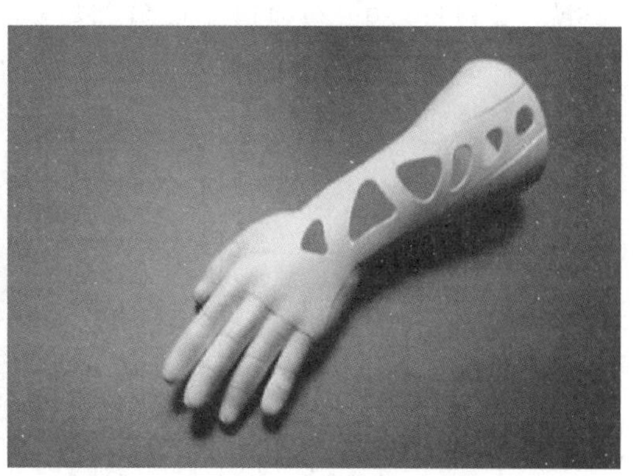

图1-2-11　3D打印的假肢

图1-2-12　3D打印的玩具手枪

图1-2-13　3D打印的零件

2.3　射频识别和实时定位技术

1. 射频识别技术原理

射频识别(radio frequency identification, RFID)，又称无线射频识别，是一种通信技术，可通过无线电信号识别特定目标并读写相关数据。它的基本原理是：利用射频信号和空间耦合或雷达反射的传输特性，从一个贴在商品或者物品上的电子标签(电子标签上的数据可以加密，存储数据容量大，存储信息容易更改)或者 RFID 标签中读取数据，从而实现对物品或者商品的自动识别。

目前 RFID 技术应用很广，如图书馆、门禁系统和食品安全溯源等。图 1-2-14 所示为 RFID 系统的架构，可以对电子标签进行读写。读取过程为：由天线接收到电子标签的信息，再由读写器对信息进行处理，最终通过 API 接口传送给上位计算机等设备。图 1-2-15 所示为 RFID 读写器(又称阅读器)，分为移动式和固定式两种。

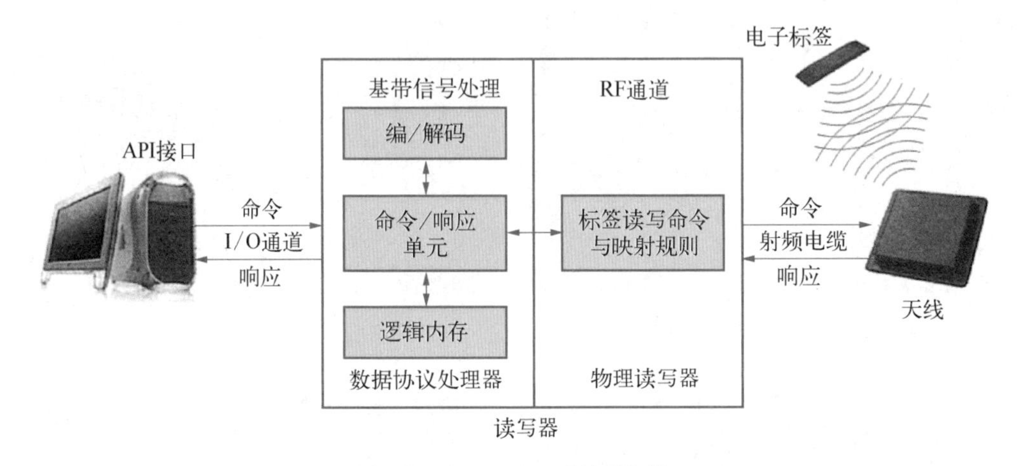

图 1-2-14　RFID 系统的架构

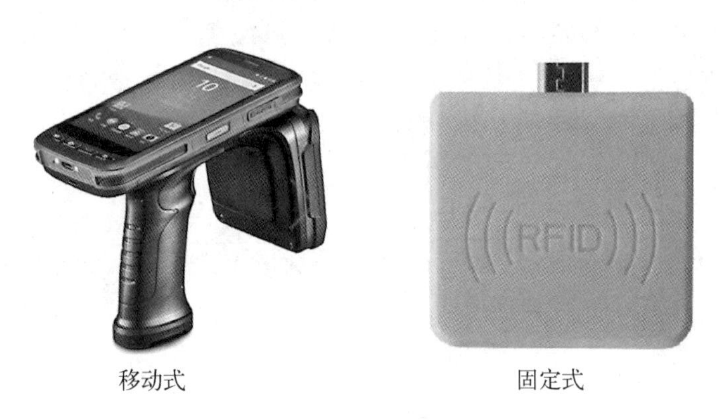

图 1-2-15　RFID 读写器

2. 射频识别技术的特点

射频识别系统最重要的优点是非接触识别，它能穿透雪、雾、冰、涂料、尘垢和条形码无法使用的恶劣环境阅读标签，并且阅读速度极快，大多数情况下不到 100 ms。射频识别可用于流程跟踪和维修跟踪等交互式业务。它具有以下特点：

(1) 快速扫描。RFID 辨识器可同时辨识读取数个 RFID 标签。

(2) 体积小型化，形状多样化。RFID 在读取时不受尺寸与形状的限制，不需要为了读取精确度而配合纸张的固定尺寸和印刷品质。因此，RFID 标签可往小型化与多样化发展，以应用于不同产品。

(3) 抗污染能力和耐久性好。传统条形码的载体是纸张，容易受到污染，但 RFID 对水、油和化学药品等物质具有很强的抵抗性。此外，由于条形码是附于塑料袋或外包装纸箱上的，因此特别容易受到折损；RFID 卷标则将数据存储在芯片中，可以免受污损。

(4) 可重复使用。条形码印刷到外包装上之后就无法更改；RFID 标签则可以重复地新增修改、删除 RFID 卷标内储存的数据，方便信息的更新。

(5) 穿透性好和可有屏障阅读。在被覆盖的情况下，RFID 能够穿透纸张、木材和塑料等非金属或非透明的材质，并能够进行穿透性通信；而条形码扫描机必须在近距离而且没有物体阻挡的情况下，才可以辨读条形码。

(6) 数据的记忆容量大。一维条形码的容量是 50 B，二维条形码的容量是 3 000 B，RFID 的容量则有数兆字节。随着记忆载体的发展，数据容量也有不断扩大的趋势。未来物品所需携带的资料量会越来越大，对卷标所能扩充容量的需求也会相应增加。

(7) 安全性好。由于 RFID 承载的是电子式信息，数据内容可采用密码保护，使其内容不易被伪造及变造。

3. 射频识别技术的应用

射频识别技术普遍应用在食品卫生、物流、零售、制造、服装、医疗、交通和防伪等领域，采用射频识别技术的产品有电子标签、IC 卡、智能卡、动物识别系统等。

RFID 在智能制造中主要应用于物流系统。在智能制造过程中，物流涉及大量纷繁复杂的产品，其供应链结构极其复杂，经常有较大的地域跨度，传统的物流管理不断反映出不足。为了跟踪产品，目前配送中心和零售业常用的是条形码技术，但市场需要更为及时的信息来管理库存和货物流。将 RFID 系统应用于智能仓库的货物管理中，不仅能够处理货物的出库、入库和库存管理，还可以监管货物的一切信息，从而克服条形码的缺陷，将该过程自动化，为供应链提供及时的数据。同时，在物流管理领域引入 RFID 技术，能够有效地降低成本，提高工作精确度，确保产品质量，加快处理速度。另外，通过物流中心配置的读写设备，能够有效地避免贴有 RFID 标签的货物被偷盗。

2.4 物联网技术

1. 物联网及物联网技术的原理

物联网其实是互联网的延伸，互联网的终端是计算机(PC、服务器)，人们运行的所有程序，都是计算机和网络中的数据处理和数据传输，除了计算机外，没有涉及任何其他的终端(硬件)。物联网的本质还是互联网，只不过终端不再是计算机，而是嵌入式计算机系统及其配套的传感器，如穿戴设备、环境监控设备、虚拟现实设备等。只要有硬件或产品连上网，发生数据交互，就叫物联网。

物联网技术的原理其实就是在计算机互联网的基础上，利用 RFID、无线数据通信等技术，构造一个覆盖世界成千上万建筑的网络。在这个网络中，建筑(物品)能够彼此进行“交流”，而无须人的干预。其实质是利用射频识别(RFID)技术，通过计算机互联网实现物品(商品)的自动识别和信息的互联与共享。

2. 物联网的关键技术

物联网的核心技术是在云端，云计算就是实现物联网的技术核心。物联网的关键技术是传感器技术、RFID 标签、嵌入式系统技术、智能技术。

(1) 传感器技术　这也是计算机应用中的关键技术。计算机处理的绝大部分都是数字信号。自从有计算机以来，就需要传感器把模拟信号转换成数字信号，计算机才能处理。

(2) RFID 标签也是一种传感器技术　RFID 是融合了无线射频技术和嵌入式技术为一体的综合技术，在自动识别、物流管理方面有着广阔的应用前景。

(3) 嵌入式系统技术　这是综合了计算机软硬件、传感器技术、集成电路技术、电子应用技术为一体的复杂技术。经过几十年的演变，以嵌入式系统为特征的智能终端产品随处可见，小到 MP3，大到航空航天的卫星系统。

(4) 智能技术　这是为了有效地达到某种预期的目的，利用知识所采用的各种方法和手段。通过在物体中植入智能系统，可以使物体具备一定的智能性，能够主动或被动的实现与用户的沟通。

3. 物联网的体系架构

物联网典型体系架构分为三层，如图 1-2-16 所示，自下而上分别是感知层、网络层和应用层。感知层相当于人体的皮肤和五官，网络层相当于人体的神经中枢和大脑，应用层相当于人的社会分工。

(1) 感知层是物联网的皮肤和五官，用来识别物体，采集信息。感知层包括二维码标签和识读器、RFID 标签和读写器、摄像头、GPS 等。

(2) 网络层是物联网的神经中枢和大脑，将感知层获取的信息进行传递和处理。网络层包括通信与互联网的融合网络、网络管理中心和信息处理中心等。

(3) 应用层是物联网的“社会分工”。应用层是物联网与行业专业技术的深度融合，与行业需求结合，实现行业智能化，这类似于人的社会分工。

在各层之间，信息不是单向传递的，也有交互、控制等，所传递的信息多种多样，其中

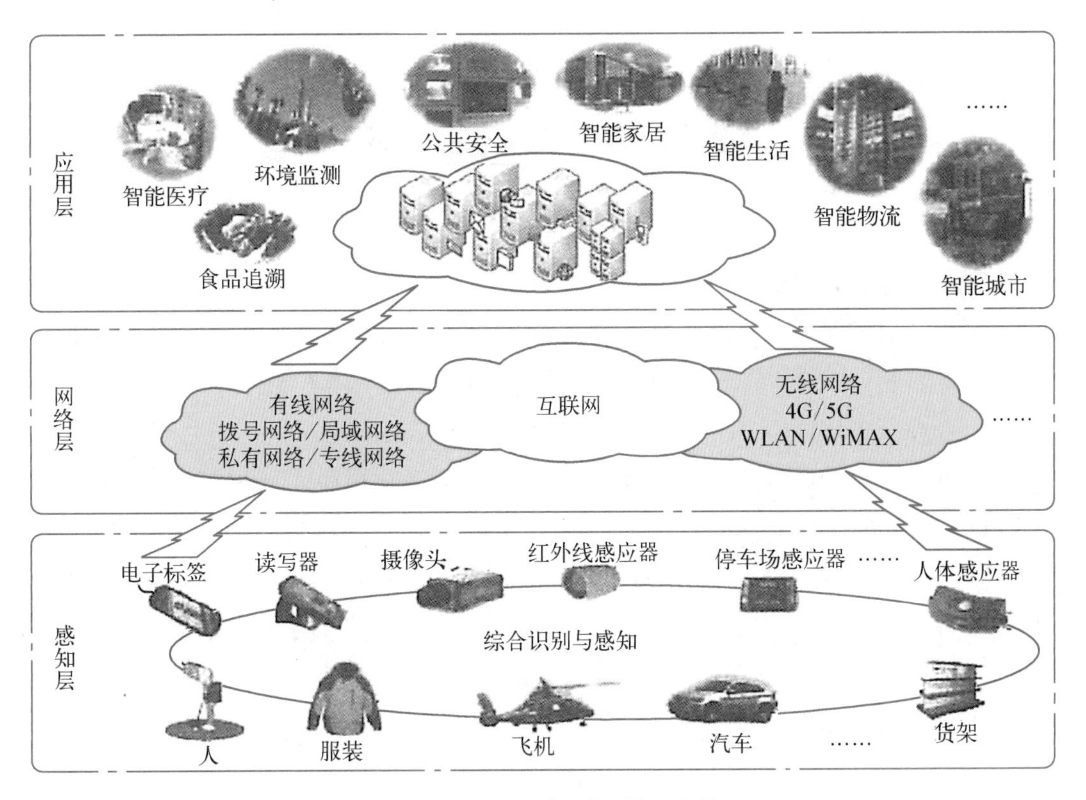

图 1-2-16 物联网典型体系架构

的关键是物品的信息，包括在特定应用系统范围内能唯一标识物品的识别码、物品的静态与动态信息等。

4. 物联网在工业中的应用

物联网应用于工业生产的原料采购、库存、销售等领域，通过完善和优化供应链管理体系，提高了供应链效率，降低了生产成本，通过在供应链体系中应用传感网络技术，构建高效的供应链体系，以实现制造业供应链的科学管理。物联网技术的应用提升了生产线过程检测、生产设备监控、材料消耗监测的能力和水平，生产过程中的智能监控、智能控制、智能决策、智能修复的水平不断提高，从而实现了对工业生产过程中加工产品宽度、厚度、温度等因素的实时监控，提高了产品质量，优化了生产工艺流程。物联网的工业应用还能将传感器技术和制造技术相融合，实现对产品设备操作使用记录、设备故障诊断的远程监控。

物联网的工业应用实现了人、机器和系统三者之间的智能化、交互式无缝连接，使企业与客户、市场的联系更为紧密，企业可以感知到市场的瞬息万变，大幅提高制造效率、改善产品质量、降低产品成本和资源消耗，将传统工业提升到智能工业的新阶段。

2.5 虚拟现实技术

1. 虚拟现实技术的定义

虚拟现实技术是一种可以创建和体验虚拟世界的计算机仿真系统，它利用计算机生成一种模拟环境，是一种多源信息融合、交互式的三维动态视景和实体行为的系统仿真，能够使用户沉浸到该环境中。

虚拟现实是一种环境，是高度现实化的虚幻。它综合运用计算机图形学、图像处理与模式识别、计算机视觉、计算机网络/通信技术、语音处理与音响技术、心理/生理学、感知/认知科学、多传感器技术、人工智能技术以及高度并行的实时计算等多种技术，营造出一个虚拟环境，通过实时的、立体的三维图形显示、声音模拟以及自然的人机交互界面来仿真现实世界中早已发生、正在发生或尚未发生的事件，使用户产生身临其境的真实感觉。由于虚拟现实在技术上逐步成熟，其应用在近几年发展迅速，涉及制造业、娱乐业、医疗、科学计算、军事等。图 1-2-17 所示为虚拟现实技术在军事上的应用，图 1-2-18 所示为虚拟现实技术在医学中的应用。

图 1-2-17 虚拟现实技术在军事上的应用

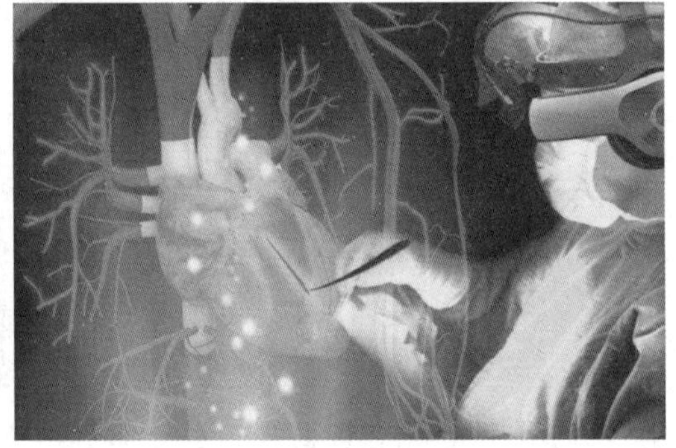

图 1-2-18 虚拟现实技术在医学中的应用

2. 虚拟现实技术在智能制造中的应用

虚拟现实技术在智能制造中的应用称为虚拟制造技术。虚拟制造(virtual manufacturing, VM)是指利用信息技术、三维仿真技术和计算机技术对制造知识进行系统化组织与分析，将整个制造过程建模，在计算机上进行设计评估和制造活动仿真，强调用虚拟制造模型描述制造全过程，在实际的物理制造之前就具有了对产品性能及可制造性的预测能力。

虚拟制造中的“虚拟”是相对于产品的实际制造而言的，它强调的是制造系统运行过程的计算机化,虚拟制造是实际制造的抽象,是在计算机、网络系统和相关软件系统中进行的制造,所处理的对象是有关产品和制造系统的信息和数据,处理结果是全数字化产品,而不是真实的物质产品,但它是现实物质产品的一个数字化模型,即虚拟产品,是现实产品在虚拟环境下的映射,具备现实产品所必须具有的特征和性能。

虚拟制造作为一种制造策略为制造业的发展指明了方向。它可以全面改进企业的组织管理工作,提高企业的市场竞争力。实施虚拟制造可以打破传统的地域、时域的限制,通过 Internet 实现资源共享,变分散为集中,实现异地设计、异地制造,从而使产品开发能快速、优质、低耗地响应市场变化。通过分析设计的可制造性,利用有效的工具和加工方法来支持生产,可以大大提高产品的质量和稳定性。企业不再需要投入大量的设备和仪器,避免了不必要的设备闲置,可充分利用其他企业的先进设备和仪器进行生产,能很好地解决一些中小企业资金短缺的难题。

视频

数字化仿真技术

虚拟制造技术涉及面很广,如环境构成技术、过程特征抽取、元模型、集成基础结构的体系结构、制造特征数据集成、决策支持工具、接口技术、虚拟现实技术以及建模与仿真技术等,其中后三项是虚拟制造的核心技术。图 1-2-19 是一种基于虚拟现实技术的智能工厂,图 1-2-20 是一种基于建模和仿真的虚拟生产场景。

图 1-2-19 基于虚拟现实技术的智能工厂

图 1-2-20 基于建模和仿真的虚拟生产场景

2.6 人工智能

1. 人工智能的定义

人工智能(artificial intelligence, AI)主要研究如何用人工的方法和技术,使用各种自动化机器或智能机器(主要指计算机)模仿、延伸和扩展人的智能,实现某些机器思维或脑力劳动自动化。

人工智能是那些与人的思维相关活动(如决策、问题求解和学习等)的自动化;人工智能是一种使计算机能够思维,使机器具有智力的新尝试;人工智能是研究如何让计算机做现阶段只有人才能做得好的事情;人工智能是那些使知觉、推理和行为成为可能的计算的研究。广义地讲,人工智能是关于人造物的智能行为,而智能行为包括知觉、推理、学习、交流和在复杂环境中的行为。

人工智能是在计算机科学、控制论、信息论、心理学和语言学等多种学科相互渗透的基础上发展起来的一门新兴学科,主要研究用机器(主要是计算机)来模仿和实现人类的智能行为。经过几十年的发展,人工智能在很多领域得到了发展,应用在人们的日常生活和学习当中。

2. 人工智能的核心技术

(1) 计算机视觉　计算机视觉技术运用由图像处理操作及机器学习等技术所组成的序列来将图像分析任务分解为便于管理的小块任务。

(2) 机器学习　机器学习是从数据中自动发现模式,模式一旦被发现便可以做预测,处理的数据越多,预测也会越准确。

(3) 自然语言处理　对自然语言文本的处理是指计算机拥有的与人类类似的对文本进行处理的能力。例如自动识别文档中被提及的人物、地点等,或将合同中的条款提取出来制作成表。

(4) 机器人技术　近年来,随着算法等核心技术提升,机器人的应用领域取得重要突破,例如无人机、家务机器人、医疗机器人等。

(5) 生物识别技术　生物识别可融合计算机、光学、声学、生物传感器、生物统计学,利用人体固有的身体特性(如指纹、人脸、虹膜、静脉、声音、步态等)进行个人身份鉴定,最初运用于司法鉴定。

2.7　云计算与大数据

云计算(cloud computing)是基于互联网的相关服务的增加、使用和交付模式,通常涉及通过互联网来提供动态易扩展且经常是虚拟化的资源。云是网络、互联网的一种比喻说法。过去在图中往往用云来表示电信网,后来也用来表示互联网和底层基础设施的抽象。云计算甚至可以达到每秒 10 万亿次的运算能力,可以模拟核爆炸、预测气候变化和市场发展趋势。用户可通过台式计算机、便携式计算机和手机等方式接入数据中心，按自己的需求进行运算。

大数据(big data)是指无法在一定时间范围内用常规软件工具进行捕捉、管理和处理的数据集合，是需要新处理模式才能具有更强的决策力、洞察力和流程优化能力来适应海量、高增长率和多样化的信息资产。

云计算与大数据之间是相辅相成、相得益彰的关系。大数据挖掘处理需要云计算作为平台，而大数据涵盖的价值和规律则能够使云计算更好地与行业应用结合并发挥更大的作用。云计算将计算资源作为服务支撑大数据的挖掘，而大数据的发展趋势对实时交互的海量数据查询、分析提供了各自需要的价值信息。

云计算与大数据的结合将可能成为人类认识事物的新工具。实践证明，人类对客观世界的认识是随着技术的进步以及认识世界的工具的更新而逐步深入的。过去人类首先认识的是事物的表面，通过因果关系由表及里，由对个体认识进而找到共性规律。现在通过云计算和大数据的结合，人们就可以利用高效、低成本的计算资源分析海量数据的相关性，快速找到共性规律，加速人们对于客观世界有关规律的认识。

大数据的信息隐私保护是云计算和大数据快速发展和运用的重要前提。没有信息安全也就没有云服务的安全。产业及服务要健康、快速地发展，就需要得到用户的信赖，就需要科技界和产业界更加重视云计算的安全问题，更加注意大数据挖掘中的隐私保护问题，从技术层面进行深度的研发，严防和打击病毒和黑客的攻击。同时加快立法的进度，维护良好的信息服务环境。

2.8 智能制造的信息安全技术

智能制造的本质是工业化和信息化的融合。在智能制造系统中，网络是神经，大数据是血脉，信息安全是保障。在智能制造背景下，世界变成了一个巨大的物联网，形成了全覆盖的云环境，人类生产过程、产品形态、流通渠道和服务对象呈现出一体化趋势，产品与消费者之间将达到空前的默契。因此，智能制造的推进与实施将出现区别于已有互联网商业模式所呈现的信息安全威胁。所以智能制造信息安全技术主要包括工业云安全技术、工业物联网安全技术和工业控制系统安全技术。

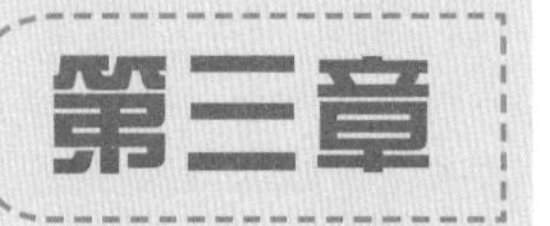

智能制造系统

3.1 智能制造系统定义和构成

智能制造系统是指由具有人工智能的机器和人类专家共同组成的人机一体化制造系统。在制造过程中可以进行智能活动，如交互体验、自我分析、自我判断、自我决策、自我执行、自我适应等。

在德国，智能制造的核心是智能工厂建设，实现单机智能设备互联，不同设备的单机和设备互联形成生产线，不同的智能生产线组合成智能车间，不同的智能车间组成智能工厂，不同地域、行业和企业的智能工厂的互联形成一个制造能力无所不在的智能制造系统，这个系统是广泛的系统。

智能制造系统可划分为五个层级，包括设备层、控制层、车间层、企业层和协同层，如图 1－3－1 所示。在系统实施过程中，智能制造系统可以从五个方面理解，即产品的智能

协同层	协同研发、智能生产、精准物流、智能服务等			云平台
企业层	销售管理、生产计划、物料管理 质量管理、工厂管理、成本管理 (ERP)	产品生命周期管理 (PLM)	供应链管理 (SCM)	客户关系管理 (CRM)
车间层	制造执行系统 (MES)			
控制层	工控系统 可编程序控制器(PLC)、数据采集与监视系统(SCADA)、分布式控制系统(DCS)、现场总线控制系统(FCS)			
设备层	企业进行生产活动的物质技术基础 传感器、仪器仪表、射频识别、条形码等			

图 1－3－1　智能制造系统层级

化、装备的智能化、生产的智能化、管理的智能化和服务的智能化，要求装备、产品之间，装备和人之间，以及企业、产品、用户之间全流程、全方位、实时地互联互通，能够实现数据信息的实时识别、及时处理和准确交换的功能。

其中，控制层与设备层涉及大量测量仪器、数据采集等方面的需求，尤其是在进行车间内状态感知、智能决策的过程中，更需要实时有效的智能检测设备，可以为上层的车间层、企业层和协同层提供数据。

在我国，智能制造的主线是工业化和信息化的融合，其实施主体是车间，智能制造系统是指由智能装备、智能装备构建的智能生产线，以及多条不同的智能生产线构建的智能车间。由制造执行系统（MES）软件上接 ERP 系统、下接硬件设备中枢，可以对车间的设备、人员、执行过程、工具、量具、能源、生产计划以及质量等进行统筹管理，有效地从执行层面提升企业的制造实力，实现资源利用的最优化、企业效益的最大化。

视频

智能制造系统

通过 MES 系统，利用采集技术采集各种数据，可以从全生命周期、全流程的角度来分析研究企业的执行生产情况，从中发现车间的短板，进行升级、优化和改进，从而提升车间的总体能力。可见，这里系统处理不仅包括物理层面（如原料、半成品）的处理，运输、能源管理，还包括车间中数据的处理。

3.2　智能制造系统应用案例

案例 1　3C 行业移动终端金属加工智能制造系统

本案例为国家智能制造试点示范项目——“3C 行业移动终端金属加工智能制造系统”，于 2015 年立项，2017 年通过国家工信部验收。

1. 项目总体设计规划

项目总体设计规划布局如图 1 - 3 - 2 所示。

项目包括 10 条自动化生产线，其中 4 条一拖二自动化生产线，6 条一拖 N 自动化生产线，配有共性的智能产线总控系统和物流中转区。

2. 项目主要特征

该智能制造系统体系如图 1 - 3 - 3 所示。其主要特征为：

（1）装备自动化　主要包括机床装备高端化、加工过程自动化、车间物流自动化、产品检测自动化。

图 1-3-2　项目总体规划布局

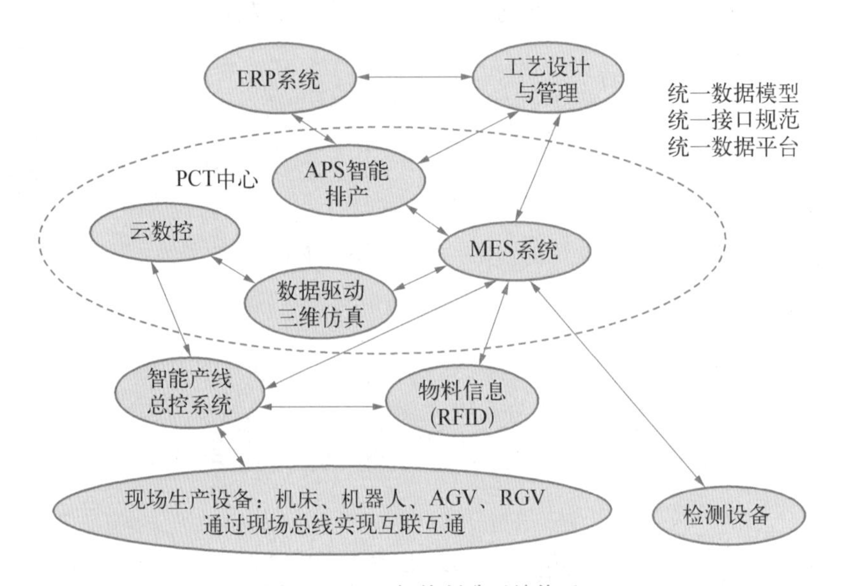

图 1-3-3　智能制造系统体系

(2) 工艺数字化　客户提供数字化样品、系统自动提取样品三维模型并自动生成每道工序的三维模型图,然后将模型进行仿真验证。

(3) 生产柔性化　生产计划自动排程,生产随需自动变更,生产成本一键核算。

(4) 过程可视化　实时上传数控机床、机器人、RFID 料盘、AGV、RGV 等各种设备数据、物料数据及生产状态数据。

(5) 信息集成化　“一网到底”打通 ERP 系统到生产现场设备之间的信息通路,实现工厂内部所有设备、控制系统、工业软件系统等的双向信息集成。

(6) 决策自主化　企业管理自决策,生产管控自组织,制造过程自执行,设备状况自检测。

3. 项目的核心技术

该项目核心技术体现在智能工厂“大数据”平台，如图1-3-4所示。实现对智能产线控制系统的数据实时采集，对智能制造系统的实时性能监控和日常管理，并将数据应用于PLM、ERP、APS等系统。

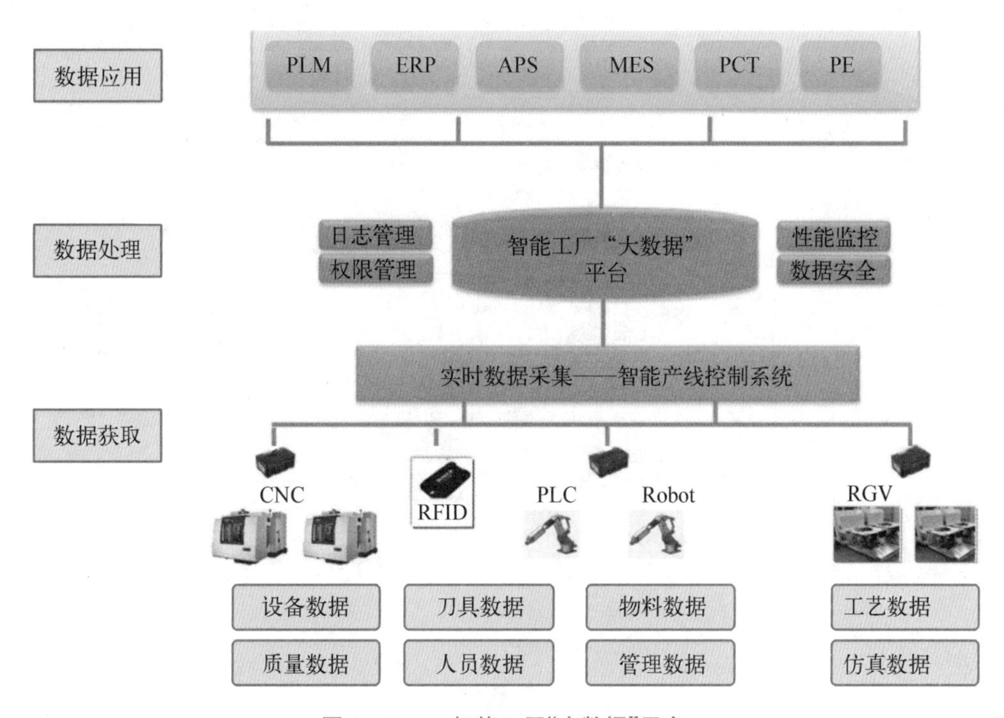

图1-3-4　智能工厂“大数据”平台

4. 项目取得的成效

通过该项目实施，公司取得了显著成效，如图1-3-5所示。生产率提高20%，运营成本降低20%，研制周期缩短30%，产品不良率降低30%，能源利用率提高15%。

案例2　电子产品智能制造系统

很多电子制造工厂面临小批、多品种的生产任务，产线上产品转换频繁，每次转换都需要花费大量时间更新生产设备、更新控制程序、获取对应的工艺文件、首件试制等，造成了生产的停滞，降低了生产率。针对这个情况电子产品智能制造系统应运而生。

1. 项目总体设计规划

电子产品智能制造系统涵盖了电子产品从设计到制造的全生命周期，实现了ERP、MES、SCADA、PLC/MC和智能传感器/执行器等纵向层次之间的信息集成，行程制造决策、执行和控制等信息流的闭环，图1-3-6为总体设计规划图。该系统提高了生产设备的智能化水平和生产过程管控与优化的能力，使电子产品制造过程的效率最大化，降低制

指标完成情况　生产率指标完成情况及计算依据

- 生产率提高20%
- 运营成本降低20%
- 研制周期缩短30%
- 产品不良率降低30%
- 能源利用率提高15%

生产率从40.1%提升至60.72%，实际提升51.43%，完成指标

测算方式： OEE=时间稼动率×性能稼动率×良品率

分项说明	实施前	实施后	备注
时间稼动率：实际运行时间/计划运行时间	79.2%	87.5%	自动化替代人工、高级智能排产
性能稼动率：标准CT/实际CT	75.0%	81%	高端机床应用、加工代码优化大数据研发应用
良品率：产出良品数/总投入数	67.5%	85.68%	高精机床应用、自动化生产、在线清洗、检测，品质稳定性大幅提升

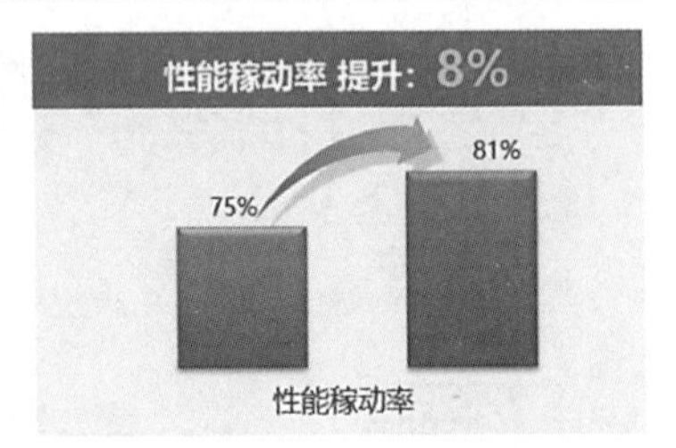

图 1-3-5　项目实施前后公司生产率对比图

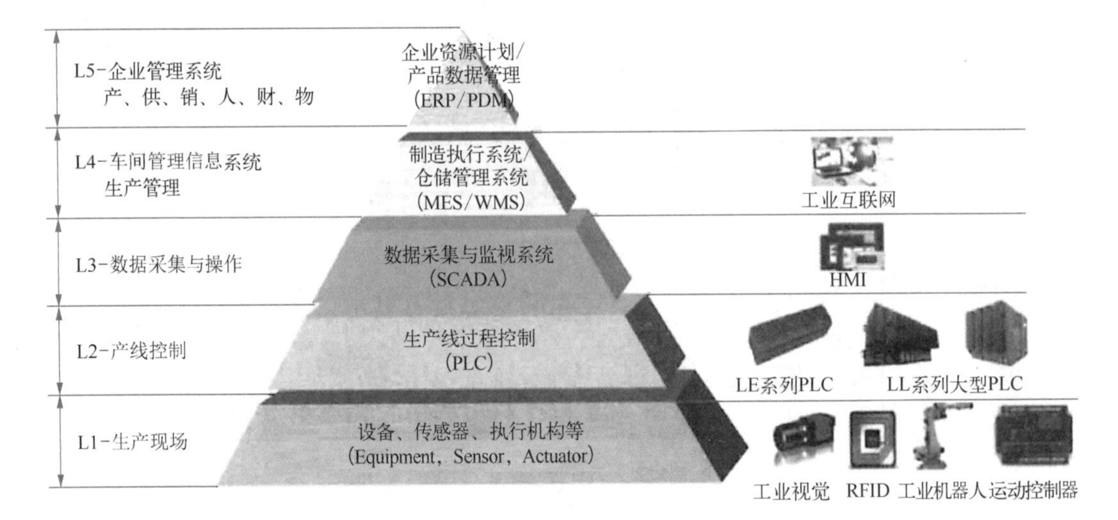

图 1-3-6　总体设计规划图

造过程的浪费，使小批、多批次、多品类连续生产得以顺利开展。

2. 项目主要特征

(1) 生产过程数字化，实时采集产品的生产信息、设备信息、工艺信息、质量信息等。

(2) 具备防错体系。确保在发生重大故障时，生产数据仍然得以保留。

(3) 具备生产现场管理体系。将生产进度、状态、报警、产品履历、物料流动等信息可视化。

(4) 具备人员、设备的绩效体系。

(5) 可自动排产。可实时动态调整，并实时更新到生产线和管理看板。

(6) 标准化的质量管理。实现系统管控流程、分析失败起因，实现持续改进和质量的提高。

(7) 拥有智能装配测试生产线，可以满足柔性和混线生产的需求。混线柔性生产是指在同一条生产线上生产不同类型的产品，最多可以同时生产 50 多种不同的产品。而且还可以生产单件产品，实现个性化、定制化的需求。

3. 项目的核心技术

(1) 对 ERP、MES、SCADA、PLC/MC/机器人、AGV、智能传感器/执行器进行了集成，制造过程可视化管控，生产有序，可以实现多批次、小批的用户定制化生产。

(2) 使用三维机械设计软件、电子设计软件和数字仿真模拟软件，可以将电子产品的设计自动化、数字化，从而缩短了从设计到生产的周期。

(3) 产品数据管理：确保产品数据在产品研发过程、产品制造过程和供应链中的一致性、有效性和安全性。

(4) 自动化生产设备：使用 PLC、MC、智能传感器等自动化生产设备使得对产品生产过程的控制和检测更加有效、及时；同时可获得设备状态、生产进度及质量参数信息，及时传递到生产执行层，使得制造过程透明化。

(5) 排程精细化：使用 MES 的生产计划优化功能进行车间生产的精细化排程，合理安排生产，提高生产率，如图 1-3-7 所示。

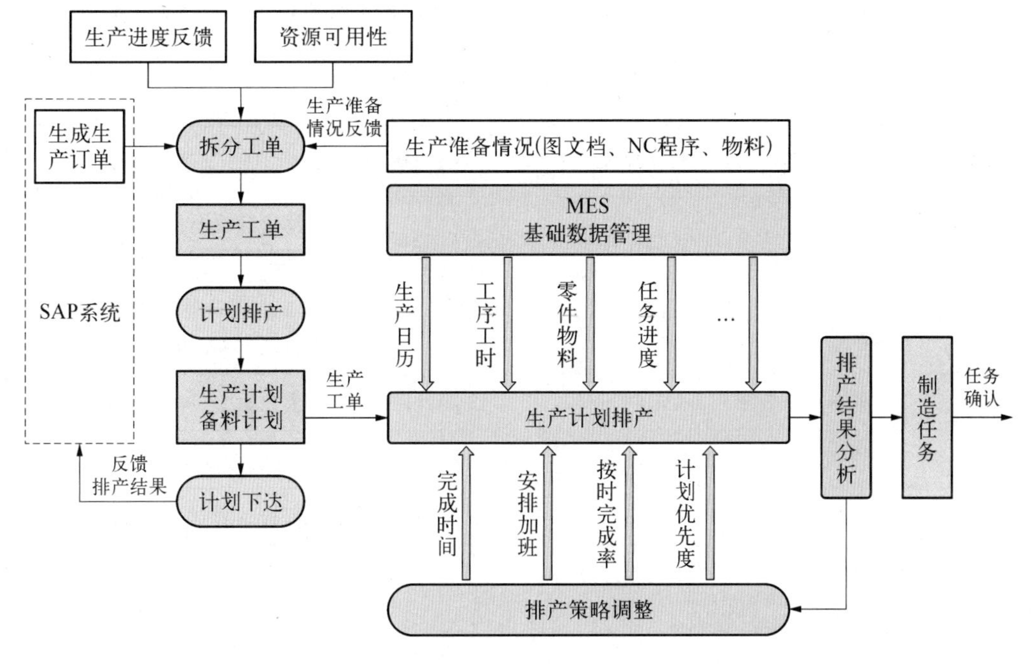

图 1-3-7　精细化排程

(6) 采用智能化的生产作业管理系统。

(7) 产品质量控制：使用 MES 的产品质量控制功能对产品的质量信息进行采集、检测和响应，可以及时发现并处理质量问题。质量管理首件生产流程如图 1-3-8 所示。

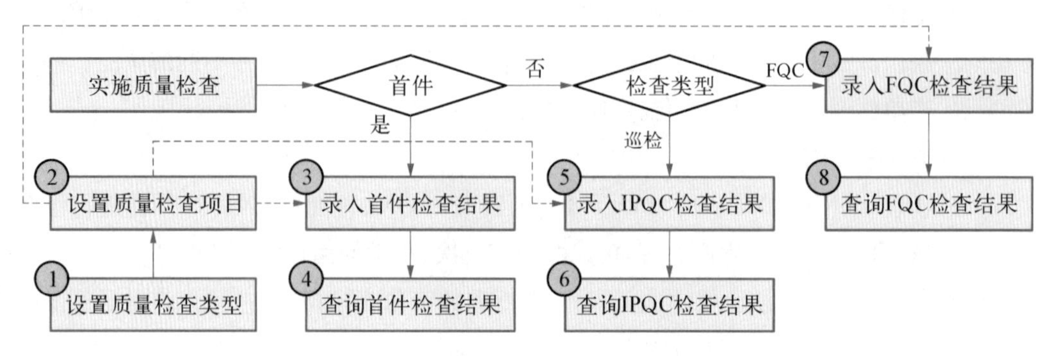

图 1-3-8　质量管理首件生产流程图

(8) 信息交互无缝对接：建立了与 SCADA 系统的互联接口，可以实现不同设备和系统之间的相互操作，通过工业总线技术、XML 技术和 JSON 技术实现结构化数据传输及信息交互，从而实现了生产过程数据的实时互联。

4. 项目取得的成效

该电子产品智能制造系统通过纵向集成，从研发到生产、从供应链到制造车间，实现了数据实时、准确传递和集成，实现了高效高质量的制造，大大地提高了生产率和产品质量，实现了多批次、小批、多品种的定制化生产，系统应用效果见表 1-3-1。

表 1-3-1　应用效果

序号	细　目	改造前	改造后	备　注
1	快速换线(SMED)	STM：35 min THT：20 min	STM：15 min THT：8 min	换线效率： STM 工序提升 58% THT 工序提升 60%
2	自动化率	40%	85%	自动化率大幅提升 45%
3	生产备料工作效率	2 盘料/min	12 盘料/min	提升效率 500%
4	生产周期	8 d	2 d	以平均生产量 500 件/批核算
5	一次合格率	96%	99.5%	提升 3.5%
6	返修率	0.5%	0.04%以下	降低 90%
7	组装测试生产率，单位人时产能(UPPH)	15.38	90	提升 4.85 倍

续　表

序号	细　目	改 造 前	改 造 后	备　注
8	生产人员	39 人/单班	19 人/单班	全工序，减少 51.3%
9	单位产品能耗	老化工艺耗能大	工艺优化，生产率提升	单位产品能耗减少 10%以上
10	产能	73 万模块/年	158 万模块/年	年产能提升 2.2 倍

应用篇

典型智能制造系统的操作编程与运行调试

项目一 智能制造系统总控信息管理单元的认识与操作

项目描述

图 2-1-1 所示为某水晶工艺品智能制造系统布局示意图，它由一个总控信息管理单元和五个从站单元构成。总控信息管理单元是本智能制造系统的枢纽，该单元是本系统的主站总控台，是整个系统的控制中心，负责系统的任务下发、任务监控以及智能制造系统所有站点的信息收集及通信等。在总控信息管理单元中，服务器实现系统的资源管理，管控着整个系统的通信数据；E-Factory 生产管理系统软件可实现对整个制造系统的在线监控；云台监控系统可实现对生产过程的全方位摄像监测；55 in 液晶显示器可以对制造生产过程实时在线监测；采用 PLC 控制技术可以实现整个系统中多工作站间数据信息的交互传输；采用组态技术可实现整个系统的全自动联机或系统中多个工作站单机运行调试的管理监控。

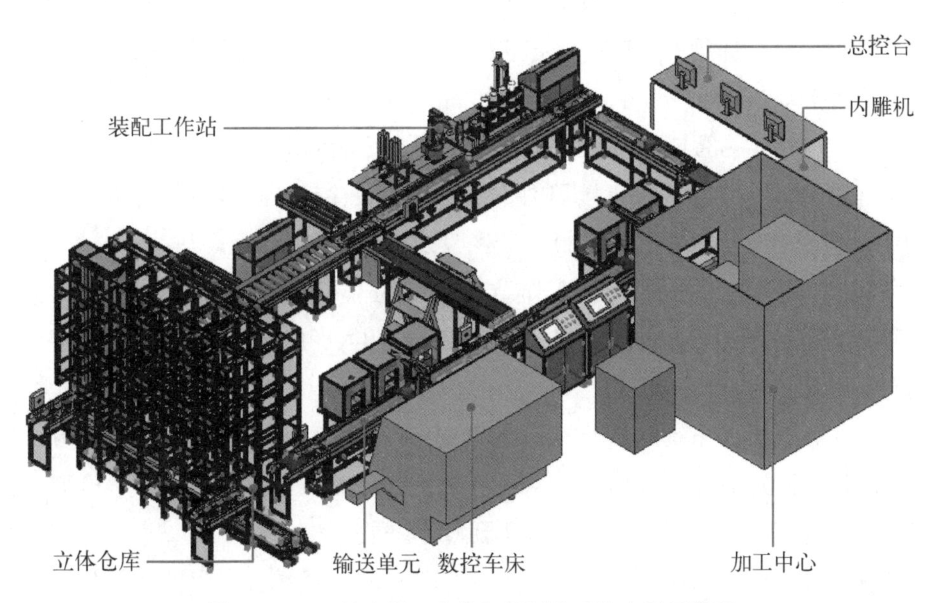

图 2-1-1　某水晶工艺品智能制造系统布局示意图

任务一　认识智能制造系统

1. 认识智能制造系统。
2. 了解智能制造系统各组成部分及其功能。
3. 了解智能制造系统常用的通信方式。

视频

可视化智能柔性制造系统

1. 智能制造系统构成

本书所述智能制造系统由南京康尼科技实业有限公司开发生产，是以工业生产中的自动化装配生产线为原型开发的教学、实验、实训综合应用平台，该平台用于水晶激光内雕3D工艺品的加工制造，并配套数控机床、工业机器人、视觉系统、PLC控制系统等硬件设备，实现方形或圆形水晶工艺品的智能化装配、检验、分拣、入库流程。系统采用铝合金结构件搭建各分站主体设备，选取多种机械传动方式实现站间串联，整条生产线充分展现了实际工业生产中的典型部分。系统控制过程中除涵盖多种基本控制方法外，还凸显组态控制、工业总线、电脑视觉、实时监控等先进技术，为培养现代化应用型人才创设了完整、灵活、模块化、易扩展的理想工业场景，如图2-1-2所示。

图2-1-3所示为智能制造系统构成示意图。智能制造系统设置了一个主站（总控信息管理单元）和五个从站单元。其中主站是整个装配生产线连续运行的指挥调度中心，主要功能是实现全程运行的总体控制，完成全系统的通信连接；五个从站单元分别为数控车床工作站、加工中心工作站、装配工作站、自动化立体仓库与堆垛机单元、输送单元，每个从站单元完成特定的工作任务，以装配、检验、分拣、入库的方式顺序完成各种装配操作和物流处理过程。

数控车床工作站是系统的从站点1，包含数控车床、工业机器人及行走机构、图像检测、车削加工件清洗、车削加工件检测等工作单元。该站点可完成水晶外形检测、工业机器人自动上下料、数控加工、清洗及高精度检测等功能。

加工中心工作站是系统的从站点2，包含加工中心、内雕机、工业机器人及行走机构、铣削加工件清洗、铣削加工件检测等工作单元。该站点可以完成水晶激光内雕、工装底座铣削加工、工业机器人自动上下料、加工完成后的清洗及高精度检测等功能。

图 2－1－2　智能制造系统实景图

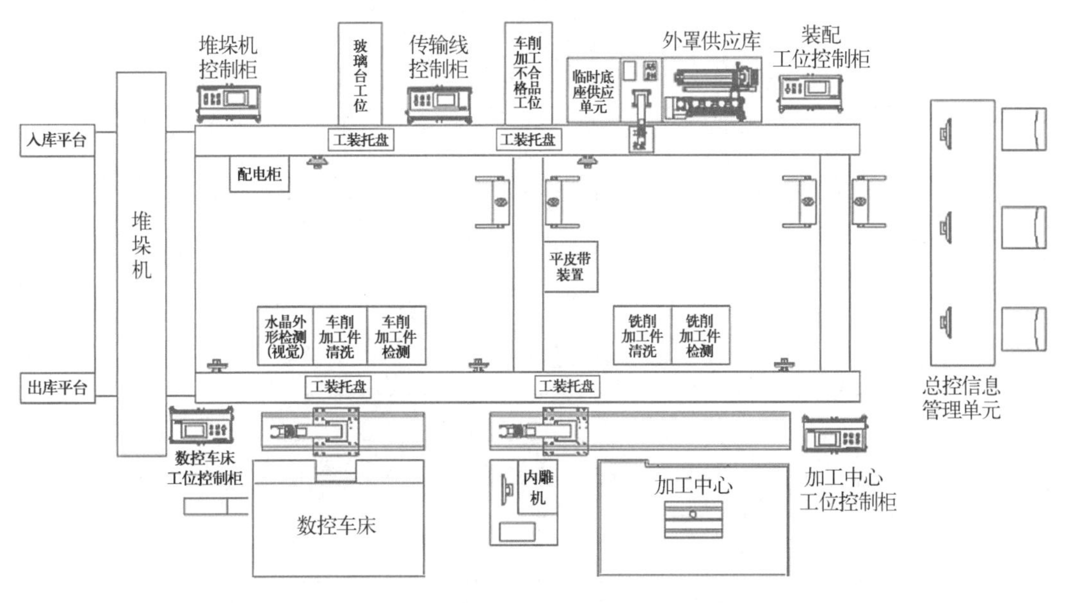

图 2－1－3　智能制造系统构成示意图

装配工作站是系统的从站点 3，包含外罩供应库、装配机器人以及临时底座供应单元等。该站点可以完成装配罩的自动检测与出库、加工工件的组装以及对不合格品出现的临时补充功能。

自动化立体仓库与堆垛机单元是系统的从站点 4，由堆垛机与立体仓库两部分组成。

该站点可进行生产线成品或半成品的入库和出库。同时，可根据检测单元对水晶外形的检测结果按类别对工件入库。

输送单元是系统的从站点5，包括出库平台、入库平台、倍速链输送线、带式输送线、滚筒式输送线等部件。主要完成工装托盘的输送以及定位和分拣功能。

综上所述，从站点1、2、3、4主要完成各单元顺序逻辑控制，从站点5实现对整个系统的互联工作。各站点综合了激光发射器以及电感式、电容式、图像、超声波、光电等传感器的应用。控制对象包含伺服电机、工业机器人、数控机床、气缸、变频器等工控常见设备。

智能制造系统运行中各个站点既可以自成体系，彼此又有一定的关联。整个系统综合了以太网通信、CC-Link IE工控总线通信、CC-Link现场总线通信、I/O通信等，如图2-1-4所示。工控总线通过1个主站(Q06系列PLC)和5个从站(Q03系列PLC)组成光纤环网交互系统，实现主从站之间的通信联系。现场总线通过主站CPU上安装的CC-Link通信模块与从站的CC-Link远程I/O模块实现三菱专用通信CC-Link通信控制。

图片

智能制造系统拓扑图

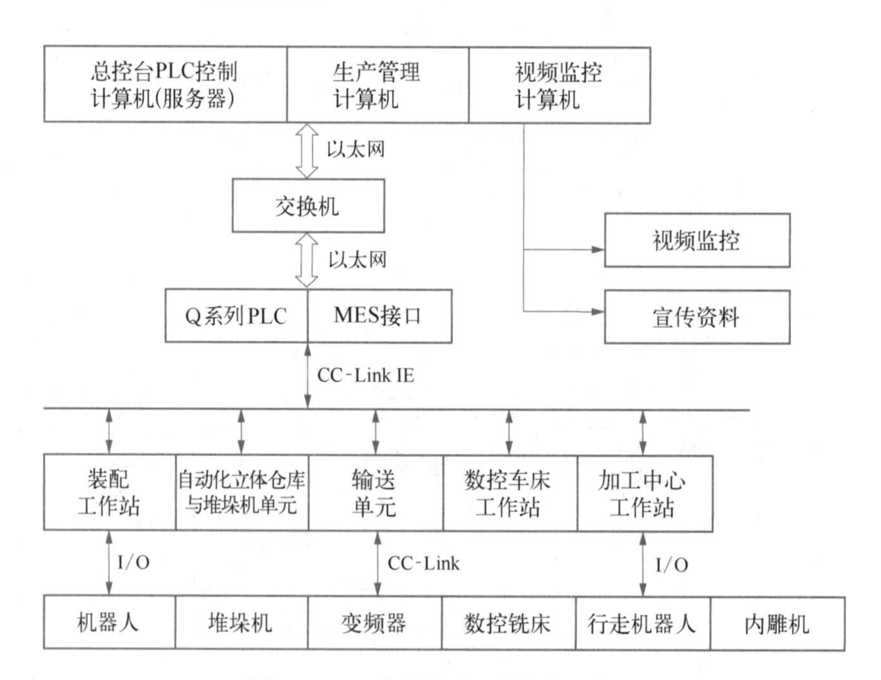

图2-1-4 智能制造系统通信示意图

2. 智能制造系统通信

智能制造系统通信方式多样化，主要包括以太网通信、CC-Link通信、CC-Link IE通信、I/O通信、RS485和RS422通信等。

1）以太网通信

以太网是一种基带局域网技术，以太网通信是一种使用同轴电缆作为网络媒体，采用载波多路访问和冲突检测机制的通信方式，数据传输速率达到 1 Gbps，可满足非持续性网络数据传输的需要。

比较通用的以太网通信协议是 TCP/IP 协议，TCP/IP 协议与开放系统互联参考模型 OSI 相比，采用了更加开放的方式，被广泛应用于实际工程。TCP/IP 协议是包括 TCP 协议、IP 协议、UDP（user datagram protocol）协议、ICMP（internet control message protocol）协议和其他一些协议的协议组。

从图 2－1－5 可以看出，主站总控台上位机通过以太网通信与系统中各 PLC、触摸屏、数控车床单元欧姆龙图像识别系统、云台视频监控系统建立起数据的传送与接收。将局域网中所连设备的 IP 地址设置在相同网段，通过总控台上位机可以调用或下载它们的程序和参数。同时上位机上安装有生产管理监控软件、云台监控软件，在线监控整个生产过程。

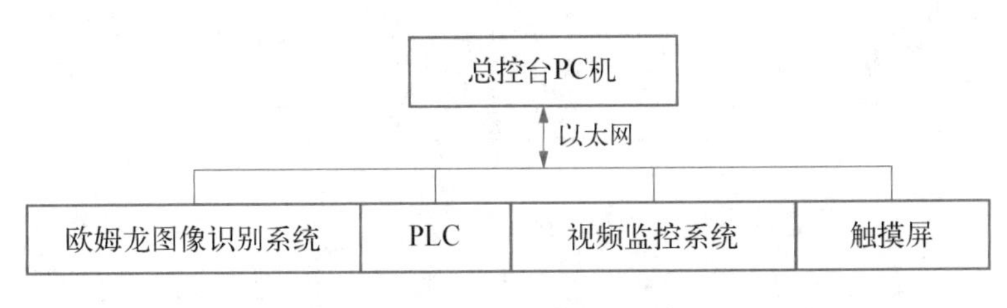

图 2－1－5　以太网通信示意图

2）工业以太网通信

以太网用于工控行业，构成工业以太网，已成为如今研究的热点。典型的工业以太网由现场设备层、控制层以及管理层构成。各层因信息类型、网络大小、网络速度等方面的不同导致所采用的网络技术也不同。目前工业以太网的类型非常多，如 Modbus/TCP、Ethernet/IP、ProfiNet 以及 CC－Link IE 等，这些都是基于 TCP/IP 的不同协议，主要体现在应用层定义不同。

（1）CC－Link 协议家族

CC－Link 最初作为现场总线系统推出，它能够同时处理控制和信息数据。通信速度高达 10 Mbps，最大可以达到 100 m 的传输距离并能连接 64 个站。CC－Link 还表现出了卓越的稳定性与实时性。

CC－Link/LT 以减少配线为目标，是专门为传感器、执行器和小型 I/O 应用系统而设计的。它提供了开放、高速动作和优异的抗噪声性能。

CC－Link V2 扩大了容量，并且提升了数据交换速度，与 CC－Link V1 相比，可控制点数最大增加到 8 倍。

在国际标准的安全性呼吁下，安全网络 CC－Link Safety 应运而生。制造业工厂不只要求提高生产率，对构筑安全的生产线系统也越发重视起来。

CC－Link IE 是目前的最新产品，它分为控制网络与现场网络，分别位于网络结构的不同层次。其中 CC－Link IE Control 的单网最大链接点数达到 128 K 字，单站的最大链接点数达到 32 K 位，通过双重光环网、外部供电等丰富的功能，形成了高可靠性的控制器网络。CC－Link IE Field 集合 I/O 控制、运动控制及其他智能设备为全方位现场网络，通信速度可达 1 Gbps。

图 2－1－6 是典型的工业以太网网络结构图，图中标号①～⑥的网络类型说明见表 2－1－1。

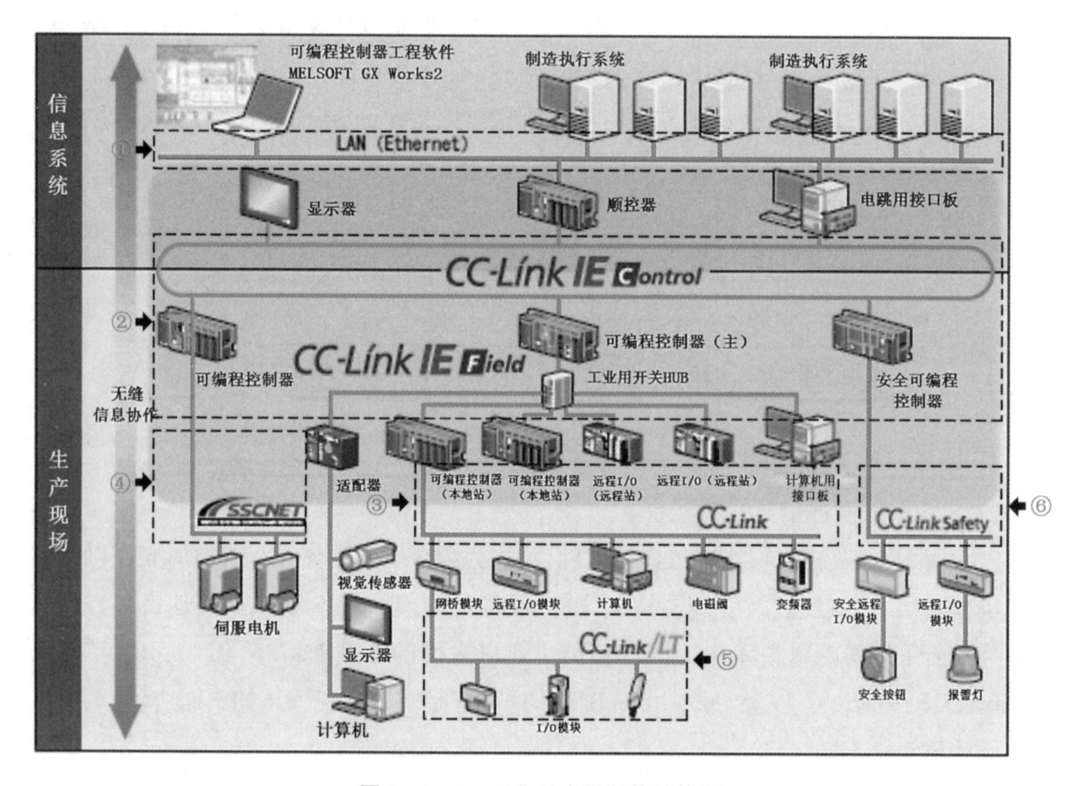

图 2－1－6　工业以太网网络结构图

表 2－1－1　网络类型说明

标　号	说　　明	标　号	说　　明
①	传统以太网	④	SSCNET 运动控制
②	CC－Link IE	⑤	CC－Link/LT
③	CC－Link 现场总线	⑥	CC－Link/Safety

CC－Link构成的金字塔网络架构中，最高层为计算机层，即信息层，也就是传统以太网，主要任务是实现企业内部的管理信息交流；CC－Link IE控制网络连接了计算机层与控制器层，CC－Link IE现场网络连接了控制器层与设备层，在塔形结构的最底层为分散I/O、运动控制及其他智能设备。由图2－1－6可见，CC－Link IE贯通上下，形成了各层网络之间的无缝协作，数据容量自下至上扩张，实时性自上至下增强，达到了现场网络实时性高的要求，同时也实现了大规模信息集控。在设备层可以灵活搭配CC－Link家族的其他产品，或SSCNET运动控制器，以满足各行各业的不同需求。

(2) CC－Link IE特色

与传统以太网相比，CC－Link IE特点表现为以下几点：

① 高速、大容量　保留了传统以太网的优势，通信速度高达1 Gbps，缩短可编程控制器间的传输时间，能够在各种控制器之间高速共享大容量的数据。即使进行大量数据传输，也不影响循环刷新周期，可以实现大规模的控制器分散控制。

② 高可靠性　通过使用光纤双环网传输方式，在电缆或电源故障等异常发生时，一方面可通过环路回送功能继续通信，提高冗余性，另一方面可立即发现故障，及时排除，恢复网络健康状态。

③ 扩展性　设计之初不必确定连接站的数量，在运行期间可以自由扩展，而且网络的初始化非常简便，降低了设计难度。

3) I/O通信

I/O通信也称为并行通信，是最简单直接的通信方式，数据传输通常是靠电缆或信道上的电流或电压变化实现的。并行通信时数据的各个位同时传送，可以字或字节为单位并行进行。计算机或PLC各种内部总线就是以并行方式传送数据的，两台通信设备之间通过输入输出信号端子线直接相连即可构成通信。图2－1－7是PLC与工业机器人I/O通信示意图，即PLC的输入端子连接到机器人I/O板的输出端子，PLC的输出端子连接到机器人I/O板的输入端子。

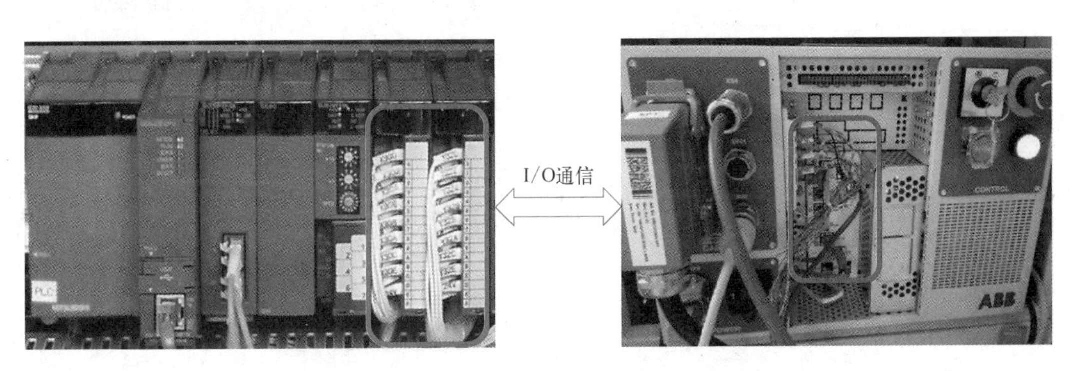

图2－1－7　PLC与工业机器人I/O通信示意图

并行通信速度快，但实际应用中如果需要传递的信号较多，电缆数量会很大、成本高，一旦电缆损坏，维护起来很困难，故不宜进行远距离通信。IEEE488 定义并行通信状态时，规定设备线总长不得超过 20 m，并且任意两个设备间的长度不得超过 2 m。

4）串行通信

串行通信（serial communication）是指外设和计算机间通过数据信号线、地线等按位传输数据的一种通信方式。常见的串行通信有 RS232、RS422 和 RS485。

串行通信一个字符一个字符地传输，每个字符一位一位地传输，并且传输一个字符时，总是以“起始位”开始，以“停止位”结束，字符之间没有固定的时间间隔要求。

尽管串行通信按位传递数据，比并行通信速度慢很多，但串行通信仅需地线、发送线、接收线三根线就可完成数据传递，接线相对简单，如图 2－1－8 所示，端口能够在一根线上发送数据，同时在另一根线上接收数据。故串行通信接线数量少并且能够实现远距离通信，长度可达 1 200 m。串行通信最重要的参数是波特率、数据位、停止位和奇偶校验。对于两个进行通信的端口，在进行传输之前，双方的通信参数必须匹配。

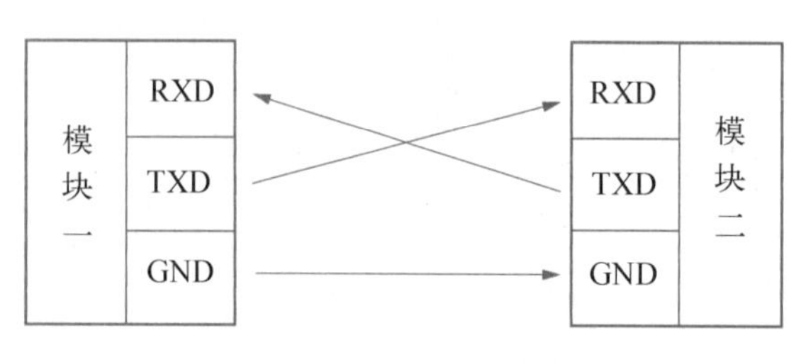

图 2－1－8　串行通信

（1）串行通信方式

① 全双工模式　全双工模式（full duplex）通信允许数据同时在两个方向上传输。因此，全双工通信是两个单工通信方式的结合，它要求发送设备和接收设备都有独立的接收和发送能力。在全双工模式中，每一端都有发送器和接收器，有两条传输线，信息传输效率高。

② 半双工模式　半双工模式（half duplex）通信使用同一根传输线，既可以发送数据又可以接收数据，但不能同时进行发送和接收。允许数据在两个方向上传输，但是在任何时刻只能由其中的一方发送数据，另一方接收数据。因此半双工模式既可以使用一条数据线，也可以使用两条数据线。半双工通信中每端需有一个收发切换电子开关，通过切换来决定数据向哪个方向传输。因为有切换，所以会产生时间延迟，信息传输效率低一些。

③ 单工模式　单工模式（simplex communication）的数据传输是单向的。通信双方中，一方固定为发送端，另一方则固定为接收端。信息只能沿一个方向传输，使用一根传输线。

（2）RS232 串口

RS232 是计算机与通信工业应用中最广泛一种串行接口。它以全双工方式工作，需要地线、发送线和接收线三条线。RS232 只能实现点对点的通信方式，如图 2－1－8 所示。该通信传输速率低，最高波特率为 19 200 bps，抗干扰能力较差，传输距离有限，一般在 15 m 以内。

（3）RS485 串口

RS485 采用平衡双线连接，利用平衡发送和差分接收，大大减小外界干扰电平信号。信号能传输上千米。和 RS232 的通信原理一致，两线制 RS485 采用半双工工作方式，收发不能同时进行，如图 2－1－9 所示。

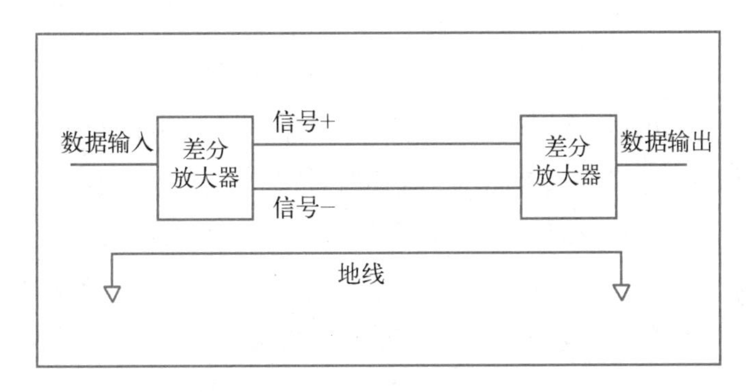

图 2－1－9　RS485 通信原理

RS485 在同一总线上最多可以接 32 个结点，可实现真正的多点通信，但一般采用的是主从通信方式，即一个主机带多个从机。

（4）RS422 串口

RS422 电气特性与 RS485 近似，主要区别在于：

RS485 有 2 根信号线，RS485 的接收和发送都共用 2 根信号线（A，B），故不能同时进行收和发（半双工），如图 2－1－10a 所示。RS422 有 4 根信号线，两根发送（Y，Z），两根接收（A，B），两路信号线分开，故可同时进行收和发（全双工），如图 2－1－10b 所示。

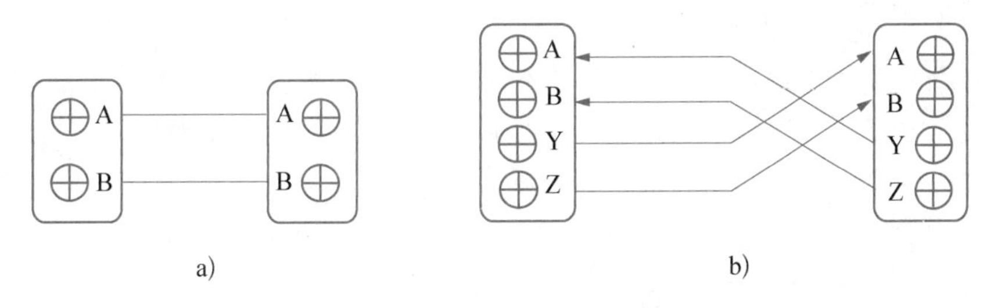

图 2－1－10　RS485 和 RS422 通信简易图

（5）SSCNETⅢ光纤通信

智能制造系统中，加工中心工作站、自动化立体仓库与堆垛机单元（简称立体库单元）、装配工作站、数控车床工作站中伺服运动通信采用 SSCNETⅢ光纤通信，如图 2－1－11

所示。行走机构采用的是三菱 MR-J3-B 系列伺服运动系统。

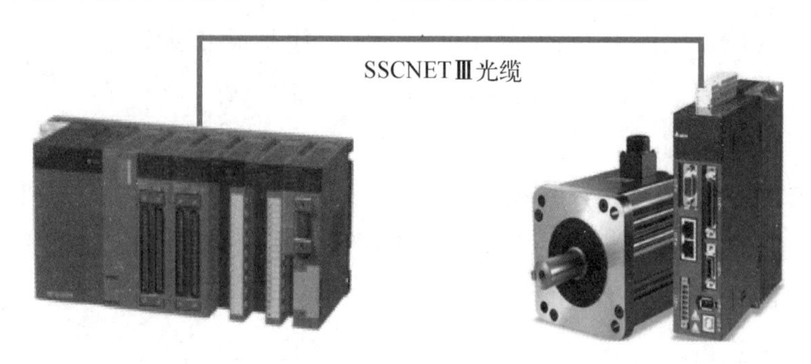

图 2-1-11 SSCNETⅢ光纤连接

通过采用运动控制器和伺服放大器之间最快高达 0.44 ms 通信周期的 SSCNETⅢ高速串行通信，可构建一个几乎完全同步的控制系统。只需将专用的光纤插入到接头中即可组建 SSCNETⅢ网络，极大地减少了布线工作量和误接线的可能性。

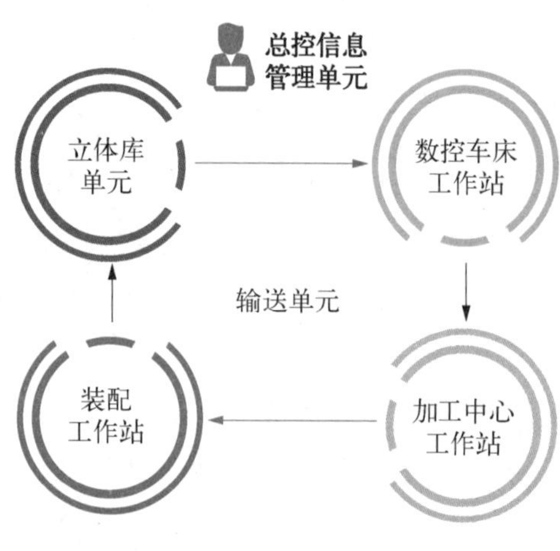

图 2-1-12 系统工作流程图

由于采用了光纤通信，大大提高了抗噪声能力，并可实现高达 800 m(站间最大 50 m×16 轴)的长距离布线。

3. 智能制造系统的工作流程

整个系统的运行结合了主站总控单元和 5 个从站联机动作。图 2-1-12 中，总控单元发布生产任务后，5 个从站相互协作，输送单元在整个系统运行中担当着衔接任务，其他 4 个从站按照立体库单元→数控车床工作站→加工中心工作站→装配工作站→立体库单元循环往复执行。详细的工艺流程如图 2-1-13 所示。

视频

智能制造系统工作流程

智能制造系统工作流程如下：

(1) 堆垛机根据上位机指示进行毛坯入库。

(2) 堆垛机从毛坯库将工装托盘 1 放到生产传输线上(说明：此时工装托盘 1 上有两个工件毛坯：水晶毛坯和底座毛坯)。

(3) 工装托盘 1 运行到数控车床工作站，1 号机器人将水晶毛坯送至水晶检测单元进行图像检测，检测信息上传上位机。

(4) 水晶检测结果为圆形时：

① 工装托盘 1 继续运行到加工中心工作站。上位机将水晶检测信号下传至该工作站，2 号机器人将水晶毛坯送至内雕机进行雕刻，将底座毛坯送至加工中心进行加工。同时堆垛机从毛坯库将工装托盘 2 放到生产传输线上(工装托盘 2 上放置的工件为水晶座

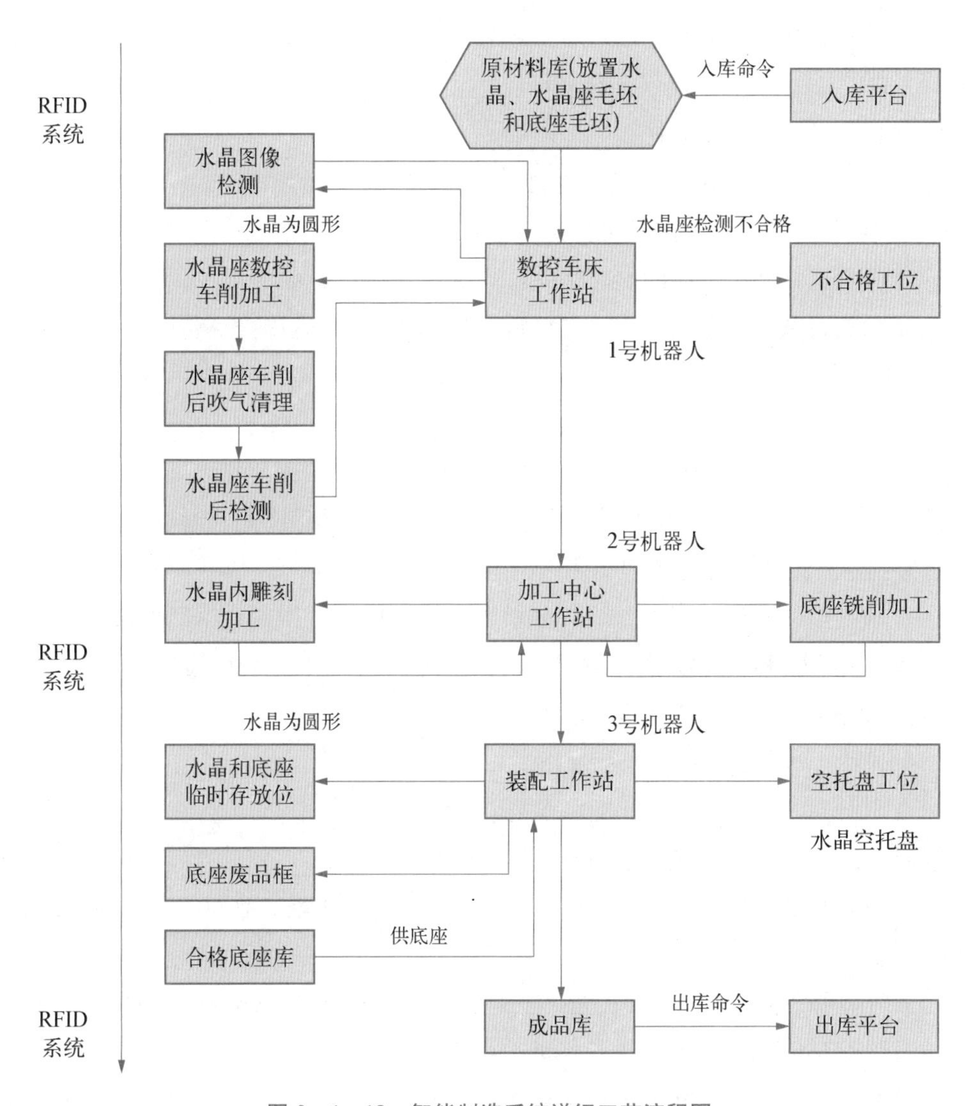

图 2-1-13　智能制造系统详细工艺流程图

毛坯)，工装托盘 2 运行到数控车床工作站，1 号机器人将水晶座毛坯送至数控车床进行加工。

② 加工好后，水晶座和底座被送到清洗单元和检测单元进行清洗和检测。检测结果有四种：水晶座和底座都合格、水晶座不合格而底座合格、水晶座合格但底座不合格、水晶座和底座都不合格。

a. 结果一　水晶座和底座都合格。

ⓐ 工装托盘 1 和工装托盘 2 继续运行至装配工作站。

ⓑ 3 号机器人将到达的工装托盘 1 上的水晶和底座搬到水晶和底座临时存放位。空的工装托盘 1 转到空托盘工位。

ⓒ 工装托盘 2 到达装配工作站，3 号机器人将水晶和底座从水晶和底座临时存放位搬运至工装托盘 2 上，和水晶座一起进行装配。

ⓓ 装配好的工件随工装托盘一起入库。

b. 结果二　水晶座不合格，底座合格。

ⓐ 工装托盘 1 继续运行至装配工作站。

ⓑ 工装托盘 2 和不合格的水晶座一起转到不合格工位。

ⓒ 堆垛机再从毛坯库取一个带有水晶座毛坯的工装托盘 2 放到传输线上，重新加工一个水晶座。

c. 结果三　水晶座合格，底座不合格。

ⓐ 工装托盘 1 和工装托盘 2 继续运行至装配工作站。

ⓑ 3 号机器人将到达的工装托盘 1 上的水晶搬到水晶和底座临时存放位，将不合格的底座搬到底座废品框内，空的工装托盘 1 转到空托盘工位。

ⓒ 工装托盘 2 到达装配工作站，3 号机器人将底座库提供的合格底座搬到工装托盘 2 上，将水晶从水晶和底座临时存放位搬至工装托盘 2 上，和水晶座一起进行装配。

ⓓ 装配好的工件随工装托盘一起入库。

d. 结果四　水晶座和底座都不合格。

ⓐ 工装托盘 1 继续运行至装配工作站。

ⓑ 工装托盘 2 和不合格的水晶座一起转到不合格工位。

ⓒ 堆垛机再从毛坯库取一个带有水晶座毛坯的工装托盘 2 放到传输线上，重新加工一个水晶座。

ⓓ 3 号机器人将到达的工装托盘 1 上的水晶搬到水晶和底座临时存放位，将不合格的底座搬到底座废品框内，空的工装托盘 1 转到空托盘工位。

ⓔ 工装托盘 2 到达装配工作站，3 号机器人将底座库提供的合格底座搬到工装托盘 2 上，将水晶从水晶和底座临时存放位搬至工装托盘 2 上，和水晶座一起进行装配。

ⓕ 装配好的工件随工装托盘一起入库。

（5）水晶检测结果为方形时：

① 工装托盘 1 继续运行到加工中心工作站。上位机将水晶检测信号下传至该工作站，2 号机器人将水晶毛坯送至内雕机进行雕刻，将底座毛坯送至加工中心进行加工。此时数控车床工作站没有加工任务。

② 加工好后，底座被送到清洗单元和检测单元进行清洗和检测。检测结果有两种：底座合格、底座不合格。

a. 结果一　底座合格。

ⓐ 工装托盘 1 继续运行至装配工作站。

ⓑ 3 号机器人将到达的工装托盘 1 上的方形水晶直接装配到底座上。

ⓒ 工装托盘 1 和装配好的工件一起入库。

b. 结果二　底座不合格。

ⓐ 工装托盘 1 继续运行至装配工作站。

ⓑ 3 号机器人将到达的工装托盘 1 上的不合格底座搬到底座废品框内，将底座库提供的合格底座放到工装托盘 1 上，再将方形水晶直接装配到底座上。

ⓒ 工装托盘 1 和装配好的工件一起入库。

(6) 接到上位机出库命令后，堆垛机将成品放到出库平台上。

任务实施

对智能制造系统进行整体联调，操作步骤如下：

(1) 开启主站总控信息管理单元。 打开主站总控信息管理单元电源开关。	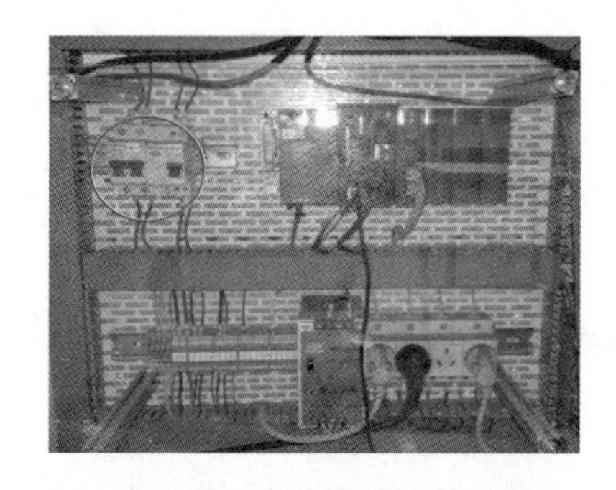
(2) 启动智能制造系统。 打开 5 个从站设备的总控开关。	
(3) 5 个从站电控柜面板操作： ① 打开面板钥匙开关。 ② 打开面板电源开关。 ③ 待触摸屏启动完成后按复位按钮，各从站恢复初始状态。 ④ 按下启动按钮启动从站设备。	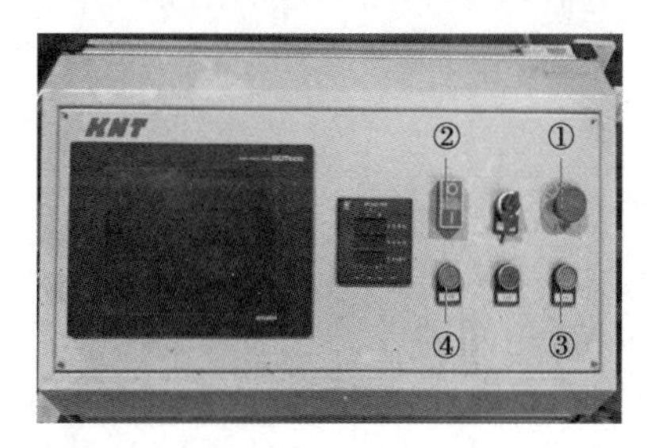

续 表

<table>
<tr><td>(4) 原材料入库。
将包含底座和水晶的原材料托盘放置在入库平台处。</td><td></td></tr>
<tr><td>(5) 操作 E-Factory 软件对原材料入库。
打开 E-Factory 生产管理系统软件，并选择“系统管理员”，输入密码登录。</td><td>
</td></tr>
<tr><td>(6) 单击主界面的“生产线管理”，选择“生产线手动控制”。</td><td>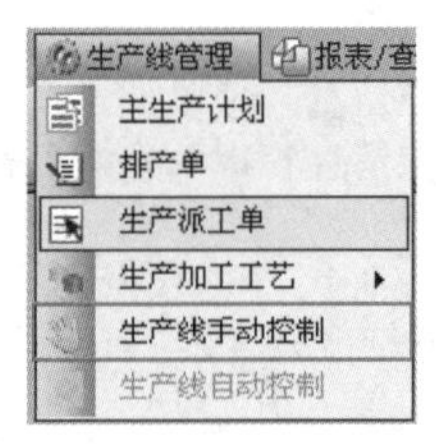
</td></tr>
<tr><td>(7) 选择“原料库”，输入行、列确认库位号，执行入库操作。</td><td>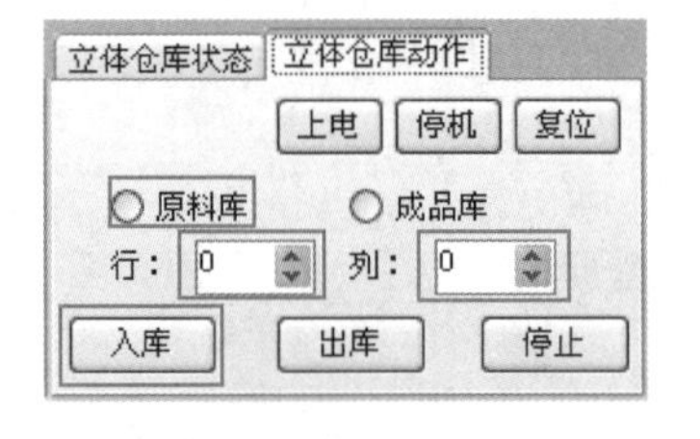
</td></tr>
<tr><td>(8) 单击主界面的“生产线管理”，选择“生产派工单”。
排产单的操作事项参照本项目任务三中介绍。</td><td>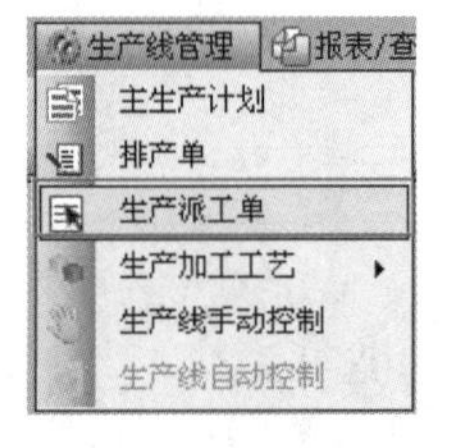
</td></tr>
<tr><td>(9) 单击主界面的“任务启动”，系统进入自动加工流程。</td><td>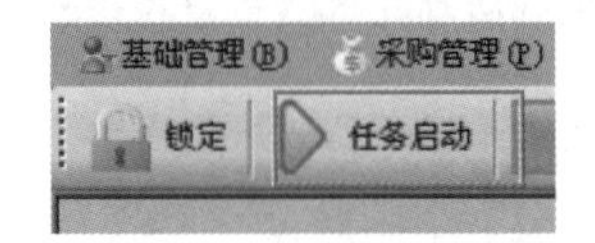
</td></tr>
</table>

任务小结

本任务主要介绍了智能制造系统由主站总控单元和 5 个从站单元构成，各单元的硬件组成和在系统中的作用。通过智能制造系统网络拓扑结构的介绍，进一步学习了以太网通信、CC－Link 协议、I/O 通信、串行通信和 SSCNET 光纤通信等常用通信方式。通过介绍系统工作流程，了解系统各单元分工协作的工作过程，加深对系统各单元的认识。通过任务实施，熟悉智能制造系统的操作与运行，实现对主站及各从站单元的功能、运行流程的全方位认识。

文本

智能制造系统操作注意事项

练习

1. 智能制造系统的主要组成部分有哪些？简述各组成部分的功能。
2. 简述智能制造系统的工作过程。
3. 智能制造系统有哪些通信方式？对比这些通信方式，说一说它们的特点。

任务二　认识系统总控信息管理单元

任务目标

1. 熟知总控信息管理单元的硬件组成及功能。
2. 了解总控信息管理单元的网络参数设置。
3. 认识系统视频监控系统。

任务相关知识

1. 系统总控信息管理单元的硬件组成及功能

系统总控信息管理单元简称总控单元，主要包括服务器、生产管理计算机、监控计算机、网络交换机、云台监控、显示器和自动化电控系统等，如图 2－1－14 所示。

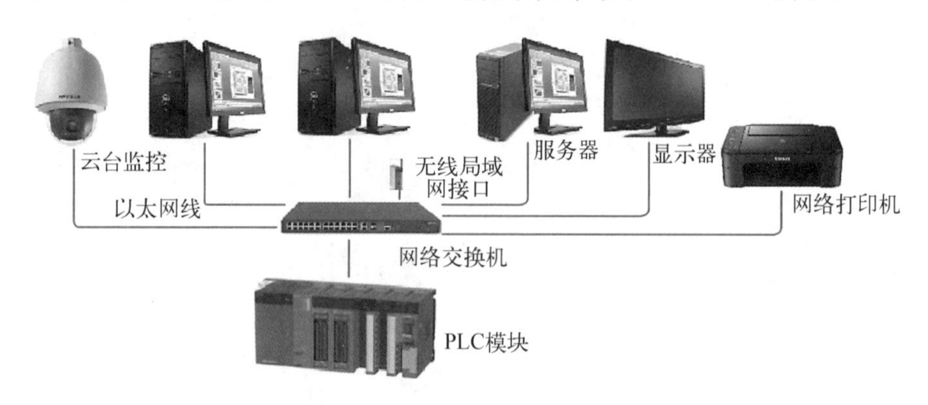

图 2－1－14　总控信息管理单元构成图

(1) 总控台 PLC 控制计算机(服务器)

服务器指一个管理资源并为用户提供服务的计算机软件，通常分为文件服务器、数据库服务器和应用程序服务器。运行以上软件的计算机或计算机系统称为服务器。

系统总控信息管理单元采用了 HP ProLiant ML110 G7 (QU507A)作为总控单元的服务器，采用以太网通信模式实现对整个智能制造系统在线生产管理过程中各个从站通信数据的传递与存储。

(2) 生产管理、监控计算机

系统总控信息管理单元除设置一台服务器外，还配置了两台 270S－D576 计算机。生产管理计算机安装有 E－Factory 生产管理系统软件和 PLC 软件 GX Works2，其中

E-Factory生产管理系统软件可实现对整个系统的在线生产制造任务的下发、控制与检测，PLC软件可实现系统中PLC程序的调试与在线监控。监控计算机安装有与云台监控相配套的监控软件和组态王软件，其中云台监控软件配套云台监控硬件系统实现对智能生产系统的全方位在线监控以及生产过程动态视频画面的保存，组态王软件可实现对每个从站单元的单机控制及监测。

(3) 云台监控

云台监控系统由一体化摄像机、7 in球形云台、壁装支架、4路视频压缩卡、专用计算机及视频压缩软件等组成，可实现智能系统的全方位在线监控。

(4) 网络交换机

采用杭州华三通信技术有限公司生产的S3100V2-26TP-EI网络交换机，该产品有28个端口，其中有24个10/100Base-TX以太网端口(PoE)、2个10/100/1000Base-T以太网端口和2个复用的100/1000Base-X SFP COMBO，交流供电。网络交换机负责总控信息管理单元中服务器与生产管理计算机、监控计算机、PLC之间的数据交换，计算机与PLC、计算机与MES接口模块之间的数据交换。

(5) 显示器

智能制造系统采用55 in液晶显示器，将监控计算机中云台监控画面放大，实现对制造系统的多工位点、制造流程的全方位功能展示。

(6) 自动化电控系统

自动化电控系统主要包括硬件部分和软件部分两大类。硬件部分如图2-1-15所示。

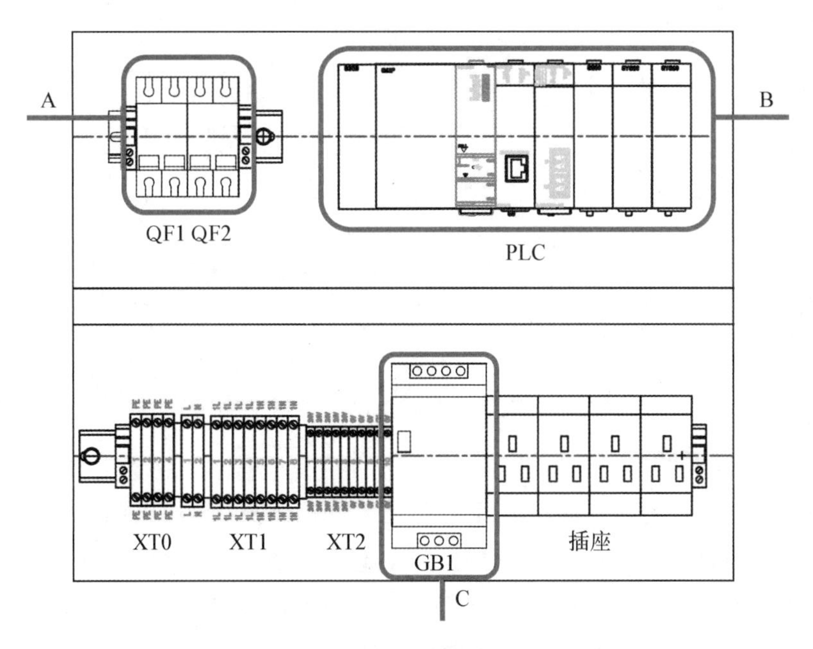

图2-1-15　自动化电控系统硬件组成

图 2-1-15 中 A 为电源总控开关，控制总控信息管理单元的电源供给。B 为 PLC 及其各模块，主要包括三菱 CPU，型号为 Q06UDEHCPU；三菱电源 Q61P；基板 Q35B；IE 通信模块 QJ71GP21-SX，实现 CC-Link IE 通信；MES 接口模块 QJ71MES96，实现数据信息的交互传输。C 为开关电源，负责将 220 V 交流电压转为 24 V 直流电压，负责控制回路的供电。PLC 及配置模块见表 2-1-2。软件部分采用 PLC 软件 GX Works2，利用软件编程实现制造系统的自动化控制。

表 2-1-2　PLC 及配置模块表

模　块	模块型号	特　　点
	电源模块 Q61P	三菱 Q 系列 PLC 电源模块通用型电源 输入电压范围：AC 100～240 V 输出电压：DC 5 V 输出电流：6 A
	CPU 模块 Q06UDEHCPU	三菱带以太网类型的 Q 系列 CPU 输入输出点数：4 096 点 输入输出元件数：8 192 点 程序容量：60 k 步 处理速度：0.009 5 μs 程序存储器容量：240 kB 支持 USB 和网络，多 CPU 之间提供高速通信
	MES 接口模块 QJ71MES96	MES 接口模块可以在无须通信网关的情况下实现可编程控制器（制造设备）的软元件数据与信息系统（制造执行系统）的数据库的链接
	CC-Link IE 控制网络单元模块 QJ71GP21-SX	可在同一网络的各站之间进行定期大容量的数据通信（循环传送功能），如链接软元件、CPU 模块的软元件，可与其他站的可编程控制器及 CC-Link IE 控制网络兼容设备进行通信（瞬时传送功能），RSA 功能，工程数据共享等

2. GX Works2 软件

GX Works2 是一款 PLC 编程工具软件，是专门用于 PLC 设计、调试、维护的编程工具。它与传统的 GX Developer 软件相比，大大提高了工作效率，提高了功能及操作性能。GX Works2 软件主界面由标题栏、菜单栏、工具栏、工程数据列表、编辑界面等构成，如图 2-1-16 所示，软件界面说明见表 2-1-3。

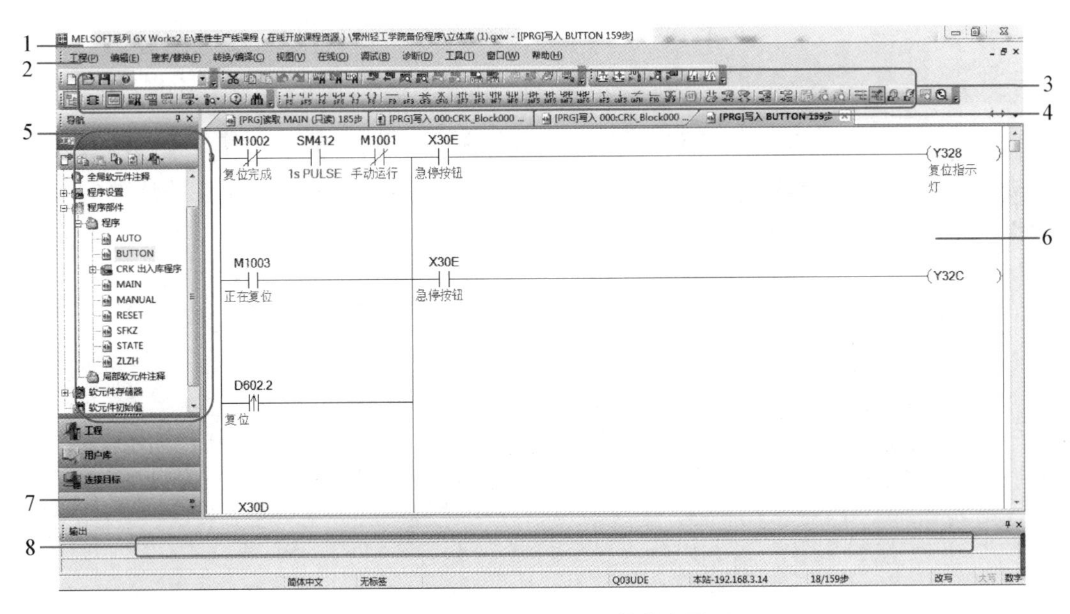

图 2-1-16　GX Works2 软件主界面

表 2-1-3　软件界面说明

序号	名　称	说　　明
1	标题栏	显示当前打开的工程名。根据编辑中的工程的保存格式,会显示工程名(工作区格式)或带完整路径的文件名(单文件格式)。可调整界面大小、关闭 GX Works2
2	菜单栏	操作 GX Works2 时显示最常用的菜单,可以通过下拉菜单列表使用各项功能
3	工具栏	以按钮形式显示常用功能,使用快捷按钮可实现快捷操作。把光标移动到工具按钮上,将简单显示该按钮的用途
4	选项卡	同时打开多个工作窗口时,通过单击选项卡,可让选中的窗口显示在最前面
5	工程数据列表	可直接打开绘制梯形图界面、对话框等。以列表的形式按类别显示工程内数据
6	编辑界面	显示绘制梯形图界面及创建注释界面,可对梯形图、注释、参数进行设置。根据编辑的内容将出现各种不同的界面
7	输出窗口	显示编译操作的结果、出错信息及警告信息
8	状态栏	显示 GX Works2 的状态信息,会显示如下内容: ● CPU 类型 ● 连接目标 CPU ● 显示光标在编辑界面中的位置 ● 显示当前的编程模式(覆盖/插入) ● Num Lock 状态

3. 云台监控

(1) 硬件系统介绍

云台监控系统采用网络高清智能球实现视频监控。网络高清智能球是集网络远程监控功能与高清智能球功能为一体的新型网络智能球，其安装、使用方便，无须烦琐的综合布线，如图 2-1-17 所示。

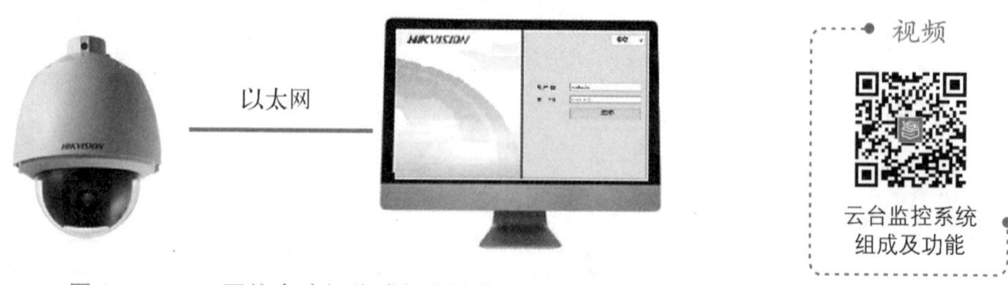

图 2-1-17　网络高清智能球与监控软件连接图

网络高清智能球由一体化摄像机、7 in 球形云台、壁装支架、4 路视频压缩卡、专用计算机及视频压缩软件等组成。该监控系统能完成整条生产线的视频监控，并通过软件操作云台，监视生产线多个工位，实现实时监控；同时，专用计算机可保存至少 1 个月的视频文件，方便用户查阅历史记录，当出现异常或技术故障时，有较好的故障再现和排查功能。

云台监控系统通过云台监控软件来实现对云台的操作，达到在线监控智能制造的目的，安装有监控软件的计算机与网络高清智能球之间通过以太网进行数据交互，如图 2-1-17 所示。智能球完成安装后，需要对网络参数进行设置，包括智能球的 IP 地址、子网掩码、端口号等。可以通过 IE 浏览器进行配置。

(2) 软件系统介绍

监控软件主界面分为四个区域，如图 2-1-18 所示。主界面区域说明、各个菜单、模块介绍详见表 2-1-4、表 2-1-5 和表 2-1-6。

表 2-1-4　主界面区域说明

区　域	说　明
1	菜单栏
2	标签栏
3	配置模块
4	报警/事件信息列表

图 2-1-18　监控软件主界面

表 2-1-5　菜单介绍

菜　单	说　　明
文件	打开抓图、视频、日志文件选项，以及退出软件
系统	加锁，切换用户，导入、导出软件配置文件，恢复默认参数
视图	预览分辨率调整，主预览，回放，电子地图，配置，辅屏预览
工具	监控点导入，监控点配置，录像计划，事件管理，I/O 设置，用户管理，磁盘管理，系统配置，日志搜索，广播，I/O 控制，软键盘
帮助	打开向导，用户手册，关于，语言

表 2-1-6　模块介绍

菜　　单	说　　明
主预览	实现实时预览、录像、抓图、云台控制、录像回放等操作
回放	回放录像

续 表

菜　单	说　明
电子地图	管理和显示电子地图以及热点；实现电子地图相关操作，即地图的放大/缩小，热点实时预览，报警显示等
配置	监控点导入，监控点配置，录像计划，事件管理，I/O 设置，用户管理，磁盘管理，系统配置

任务实施

1. PLC 参数设置

在 GX Works2 的菜单栏/工程/参数/PLC 参数双击打开，进行 PLC 模块组态参数设置，I/O 分配设置如图 2-1-19 所示，内置的以太网参数端口设置见表 2-1-7。

I/O分配(*1)

No.	插槽	类型	型号	点数	起始XY
0	CPU	CPU	Q06UDEHCPU		
1	0(0-0)	智能	QJ71MES96	32点	
2	1(0-1)	智能	QJ71GP21-SX	32点	
3	2(0-2)				
4	3(0-3)				
5	4(0-4)				
6					
7					

开关设置　详细设置

图 2-1-19　I/O 分配设置

表 2-1-7　内置的以太网参数端口设置

序　号	参　数	设 置 值
1	输入格式	十进制数
2	IP 地址	192.168.3.110
3	通信数据代码	ASCII 码通信

2. 网络参数设置

在 GX Works2 的菜单栏/工程/参数/网络参数双击打开，进行以太网/CC IE/MELSECNET 参数设置，相关参数设置见表 2-1-8，局域网中各站号通用参数设置见表 2-1-9，总控单元与输送单元刷新参数设置如图 2-1-20 所示。

表 2-1-8　以太网/CC IE/MELSECNET 参数设置

序　号	参　数	设 置 值
1	网络类型	CC IE Control(管理站)
2	起始 I/O 号	0020(十六进制)
3	网络号	1
4	总(从)站数	6
5	组号	0
6	站号	1
7	模式	在线

表 2-1-9　局域网中各站号通用参数设置

站　号	点　数	起始—结束
1	321	00600—00740
2	26	00800—00819
3	26	00820—00839
4	26	00840—00859
5	26	00860—00879
6	26	00880—00899

	链接侧					CPU侧			
	软元件名	点数	起始	结束		软元件名	点数	起始	结束
SB传送	SB	512	0000	01FF	↔	SB	512	0000	01FF
SW传送	SW	512	0000	01FF	↔	SW	512	0000	01FF
传送1	LW	7	00600	00606	↔	D	7	600	606
传送2	LW	13	00807	00813	↔	D	13	607	619
传送3	LW	4	00620	00623	↔	D	4	620	623
传送4	LW	16	00824	00833	↔	D	16	624	639
传送5	LW	2	00640	00641	↔	D	2	640	641
传送6	LW	18	00842	00853	↔	D	18	642	659
传送7	LW	1	00660	00660	↔	D	1	660	660
传送8	LW	19	00861	00873	↔	D	19	661	679

图 2-1-20　总控单元与输送单元刷新参数设置

3. PLC 程序编制

总控单元中主要围绕参数部分设置，对各从站进行站号和通信参数分配，程序部分较简单，只包括一个 MAIN 主程序，如图 2－1－21 所示。

下载包

总控单元
PLC程序

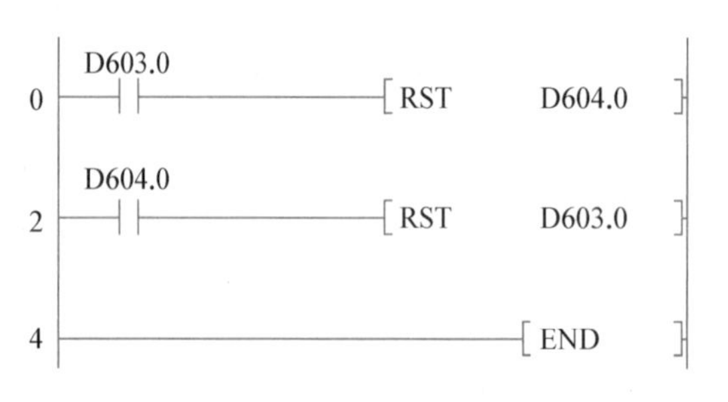

图 2－1－21　MAIN 主程序

程序中 D603.0 和 D604.0 是总控单元与立体库单元之间的通信数据位，分别表示原料库和成品库状态位。

视频

云台监控系统
操作与运行

4. 云台监控操作

(1) 监控登录。 ① 网页登录法。 在 IE 浏览器地址栏输入智能球的 IP 地址，进入登录界面。 输入网址：http://192.168.3.40 用户名：admin，密码：12345 ② 软件登录法。 双击打开云台监控软件 iVMS－4200 PCNVR，输入用户名：admin，密码：12345，弹出登录界面。	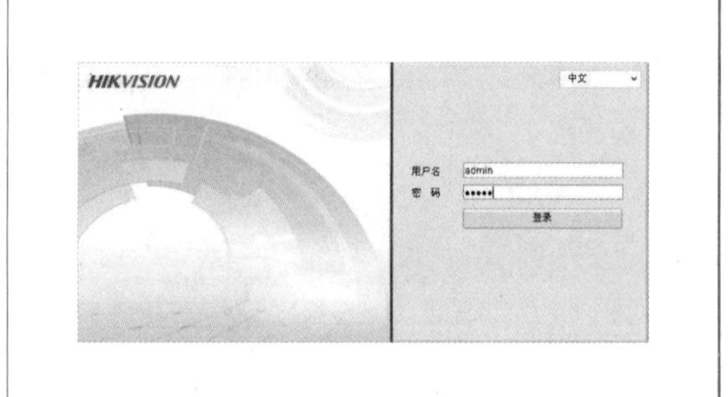
(2) 系统设置。 单击“系统配置”选项，可对系统的基本参数以及网络参数进行配置。 录像磁盘数：2(D 盘和 E 盘) 录像保存路径：C:/ivms4200/video 网络设置见右图。	

续　表

(3) 监控点导入。 单击“监控点导入”选项，进入添加通道界面。添加地址 192.168.3.40、端口号 8000 与安装智能球 IP、端口配置一致。	
(4) 监控点配置。 单击“监控点配置”选项，进入监控点配置界面。设置“监控点 1”，对监控图像、视音频参数设置、图像显示设置以及 PTZ 设置等，实现监控画面亮度、色度、对比度等参数配置。	
(5) 云台控制。 正确设置监控点参数后，回到“主预览”界面，单击“云台控制”，打开 PTZ 操作菜单，对通道进行云台控制操作。通过右侧按钮控制云台水平、垂直移动；调整焦距、光圈、速率、巡航等参数，观察监控点 1 监控视角。	
(6) 录像计划设置。 设置通道名称为“Camera 01”，预录时间：30 秒，延录时间：5 秒，“启动录像计划”设置为“全天模板”。	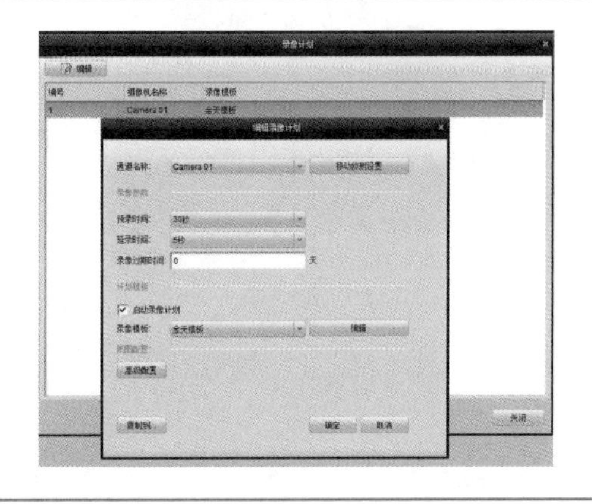

任务小结

本任务学习了系统总控信息管理单元的组成以及各组成部分的功能，介绍了 GX Works2 软件界面、云台监控系统的硬件组成和软件界面。通过任务实施，进一步熟悉总控单元 PLC 参数和网络参数设置、PLC 程序编制；操作与调试云台监控软件，实现对生产线的在线多方位监控。

练习

1. 系统总控信息管理单元包含哪些组成部分？简述各组成部分的功能。
2. 系统总控信息管理单元是如何与各从站单元进行通信的？
3. 总控单元 PLC 网络参数设置部分站号是如何划分的？
4. 总控单元中如何实现云台监控？简述其设置流程。

任务三　认识并操作 E－Factory 生产管理系统

任务目标

1. 认识 E－Factory 生产管理系统。
2. 熟悉 E－Factory 生产管理工作流程。
3. 会使用 E－Factory 生产管理系统软件实现手动控制与调试。

视频

E－Factory生产管理系统软件

任务相关知识

1. E－Factory 生产管理系统

E－Factory 生产管理系统主要由 E－Factory 生产制造执行系统、仓库管理系统 WMS、软件系统设置管理、系统基础信息管理和系统记录表查询等部分组成。

E－Factory 生产制造执行系统：包含设备管理、生产线管理、排产管理和生产线调试等部分。

E－Factory 仓库管理系统 WMS：主要包括仓库管理、采购管理、销售管理和自动化立体仓库控制等部分。

E－Factory 软件系统设置管理：主要包括操作员管理、操作权限和数据初始化和恢复等。

E－Factory 系统基础信息管理：主要包括物料管理、供应商管理和客户管理等。

E－Factory 系统记录表查询：主要包括原材料采购明细表、产品销售明细表、历史操作记录和设备维护记录查询等。

2. E－Factory 系统总需求

E－Factory 系统软件是一款位于上层的计划管理系统与底层的工业控制之间的面向车间层的管理信息系统。它为操作人员/管理人员提供计划的执行、跟踪以及所有资源(包括人、设备、物料、客户需求等)的当前状态。最终能够达到以下要求：

(1) 生产过程实时监控，包括：

① 自动数据采集，实时准确客观。

② 不下车间能够掌控生产现场状况。

③ 生产异常有及时报警提示。

(2) 生产常规管理,包括:

① 设备维护管理,自动提示保养。

② 客户订单跟踪管理,如期出货。

③ 生产排程管理,合理安排工单。

④ 物料损耗,配给跟踪,库存管理。

⑤ 报表自动及时生成,无纸化。

⑥ 员工生产跟踪,考核依据客观。

(3) 生产优化改进,包括:

① 产品质量管理,问题追溯分析。

② 成本快速核算,订单报价决策。

③ OEE 指标分析,提升设备效率。

④ 细化成本管理,预算执行分析。

3. 生产管理系统需求功能简介

根据 E-Factory 系统总体需求,将软件进行模块划分,共分为 13 大类 55 个模块,功能模块结构见表 2-1-10。

表 2-1-10 生产管理系统功能模块结构

序号	类别	子模块	数量
1	系统功能模块	(1) 登录模块 (2) 主界面模块 (3) 用户管理模块 (4) 数据备份模块 (5) 帮助模块 (6) 版本管理模块 (7) 历史记录查询模块	7
2	基础数据模块	(1) 公司维护 (2) 仓库维护 (3) 客户维护 (4) 其他数据	4
3	设备管理模块	(1) 设备档案查看模块 (2) 设备档案修改模块 (3) 设备检修档案模块 (4) 设备档案打印模块	4
4	订单管理模块	(1) 订单查询 (2) 订单编辑 (3) 订单下发模块 (4) 订单取消模块	4

续　表

序　号	类　　别	子　模　块	数　量
5	工艺管理模块	(1) 工艺查看 (2) 工艺编辑	2
6	排产管理模块	(1) 排产信息查询 (2) 排产订单查询 (3) 排产编辑 (4) 排产生成 (5) 排产取消	5
7	物料管理模块	(1) 物料查询 (2) 物料编辑	2
8	员工管理模块	(1) 基础数据模块 (2) 人事管理模块 (3) 派工管理模块	3
9	生产线管理模块	(1) 生产线状态显示模块 (2) 当前任务模块 (3) 检测设备当前状态 (4) 多任务运行模块 (5) 生产线空运行演示模块 (6) 生产线带料加工演示模块	6
10	质量管理模块	(1) 检验项目维护 (2) 检验标准维护 (3) 检验规程维护 (4) 检验对象维护 (5) 检验结果维护 (6) 系统溯源	6
11	成本管理接口模块	成本管理接口模块	1
12	设备效率接口模块	设备效率接口模块	1
13	生产线调试功能模块	(1) 立体库单元调试模块 (2) 输送单元调试模块 (3) 加工中心工作站调试模块 (4) 数控车床工作站调试模块 (5) 装配工作站调试模块 (6) 图像检测单元调试模块 (7) 条码单元调试模块 (8) RFID 单元调试模块 (9) 打标单元调试模块 (10) 能耗监测单元模块	10

4. 认识 E - Factory 生产管理系统软件

E - Factory 生产管理系统软件安装在总控单元的生产管理 PC 上，用于对整个制造系统的在线任务发布、手动与自动控制以及在线监控。图 2－1－22 是 E－Factory 生产管理系统软件主界面。

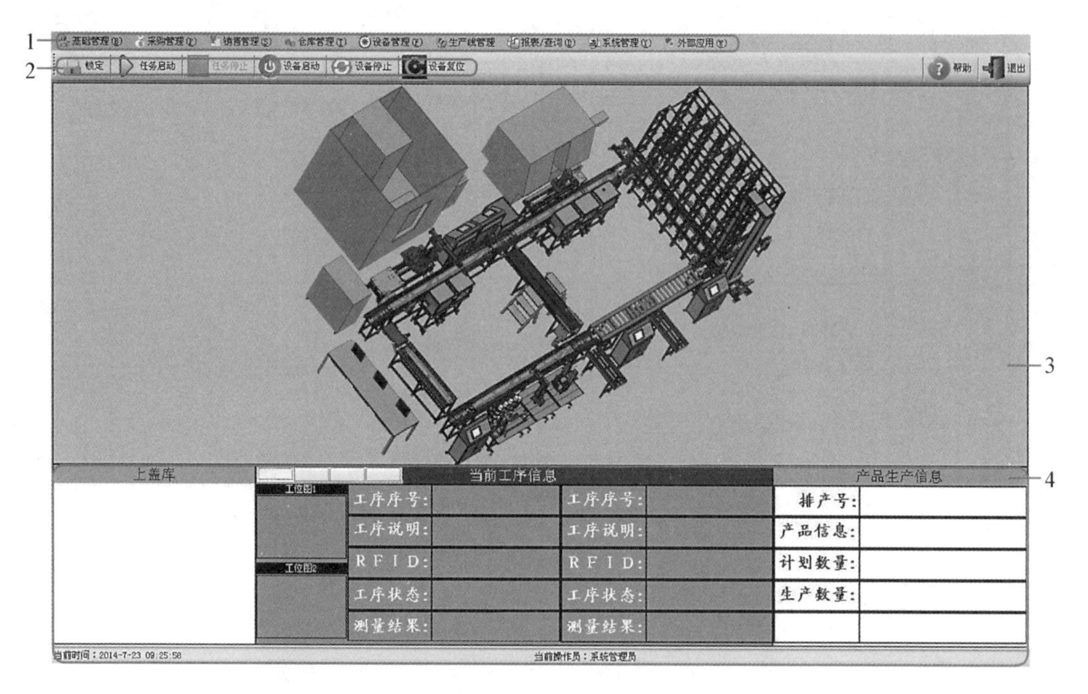

图 2－1－22 E－Factory 生产管理系统软件主界面

E－Factory 生产管理系统软件主界面中：1 为菜单栏，包括 9 个系统菜单；2 为工具栏；中间部分 3 为动画式表现加工过程，主界面下半部分 4 则显示加工过程中的状态信息。工具栏 2 中的按钮说明见表 2－1－11。

表 2－1－11 工具栏按钮说明

按钮名称	说明
锁定	防止他人未授权介入操作，对系统的操作进行锁定。单击时，会弹出锁定界面
任务启动	启动自动加工流程。加工流程是根据已审核并为当前操作者派单的排产单进行调度安排
任务停止	在自动加工流程运行当中，可停止任务执行
设备启动	对线体上的各设备单元进行上电启动

续　表

按钮名称	说　　明
设备停止	在自动加工流程运行当中，可强制停止线上各设备单元，并停止任务执行
设备复位	对线体上的各设备单元进行复位操作
退出	退出系统

任务实施

E－Factory 生产管理工作流程主要包括运行启动、在线生产任务发布两部分。其中在线生产任务发布分为原材料入库、任务排产、生产任务加工三部分。

1. 运行启动

（1）启动服务器

运行桌面上的图标 MES_SIMATIC，MES 驱动服务程序启动后，将自动运行在后台任务栏中，如图 2－1－23 所示。

图 2－1－23　MES 驱动服务程序后台运行

（2）系统登录

在工作站上，运行桌面上的图标 OpenFactory，系统将进入登录界面。不同的人员进入 E－Factory 生产管理系统后，可以执行各自角色权限范围内的操作，通过在用户管理设置中对每个用户设置类型（管理员、业务操作员等）进行授权，其中只有管理员类型才可以进行创建用户、用户维护以及角色权限的分配。

第一次使用时，要对系统进行必要的设置，如图 2－1－24 所示。单击位置 1“系统设置”按钮，再单击位置 2“重新设置”按钮，设置数据库所在的服务器，以及访问数据库所需要的用户名和密码。确认以上信息无误后，单击位置 3“保存”对上述信息进行保存。这样才能进行正常的登录操作，进入图 2－1－22 所示的主界面。

2. 在线生产任务发布

1）原料入库操作过程（手动模式）

选择主菜单中的“仓库管理”→“立体仓库控制”→“生产原料专库”，弹出“生产原料专库”界面，如图 2－1－25 所示。

图 2-1-24 “系统登录”界面

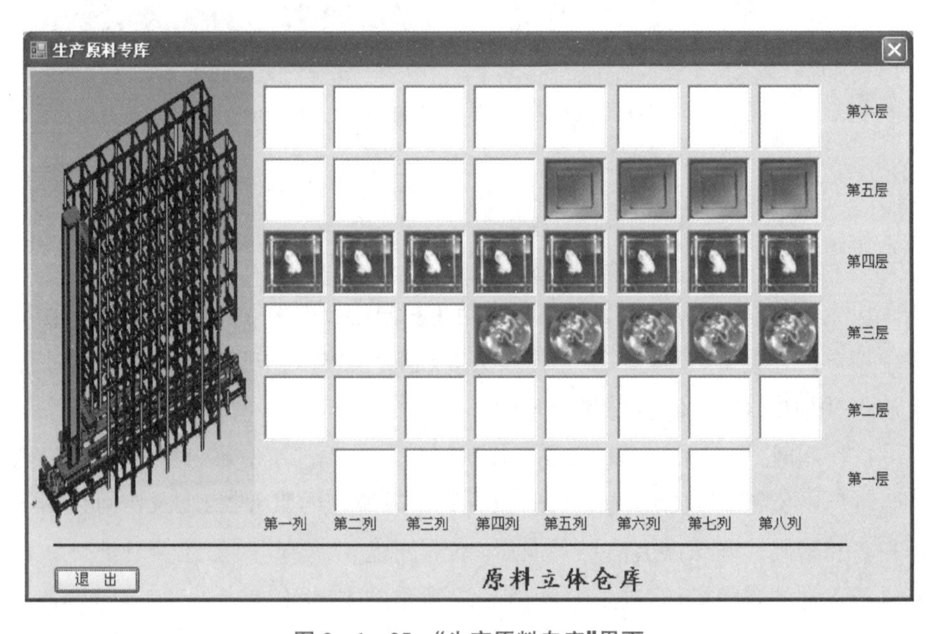

图 2-1-25 “生产原料专库”界面

原料入库操作顺序：

（1）将原料托盘放置在立体仓库的原料入口处。

(2) 自行选择一处空白方框，选择后会显示反白即表示为选中，对该区域双击，将显示“入库”按钮，如图 2-1-26 所示。

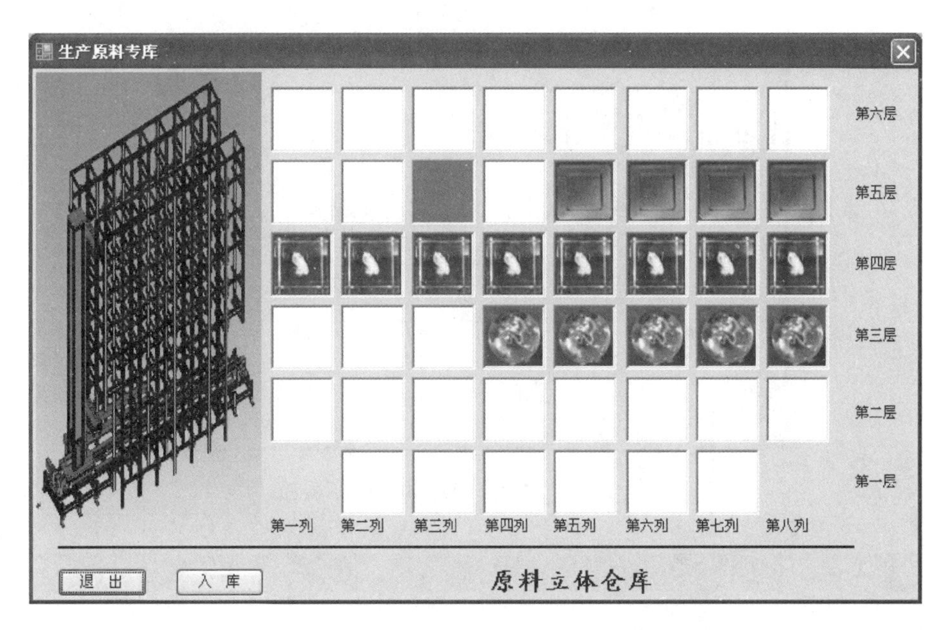

图 2-1-26　原料立体仓库待入库界面

(3) 单击“入库”按钮，会出现确认提示窗口，如图 2-1-27 所示。

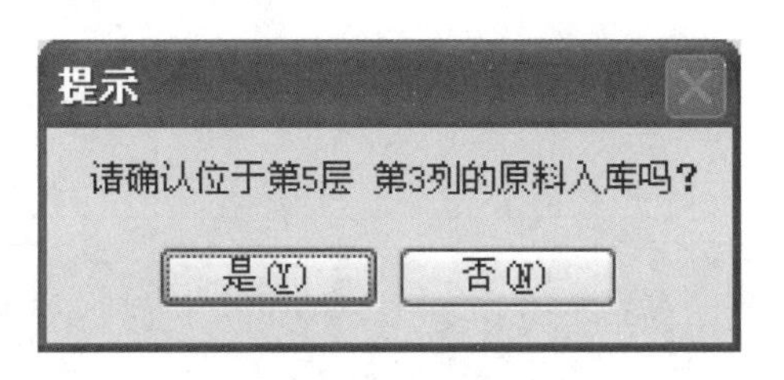

图 2-1-27　确认提示窗口

单击“是(Y)”，进入“生产原料物料入库”界面，如图 2-1-28 所示。

(4) 选择入库物料、输入 RFID(默认为自动分配)，物料批号为可填项，单击“确定”后，立体仓库将会自动把原料入口处的托盘送到指定的位置。整个运行过程可在系统运行状态栏中显示。

(5) 完成后，单击“返回”按钮退回到上层界面，并可看到选中的区域由原料的图形所填充，表示该仓位已存放物料。

2) 排产任务操作过程

单击主菜单中的“生产线管理”→“排产单”，显示“排产单”界面，如图 2-1-29 所示。

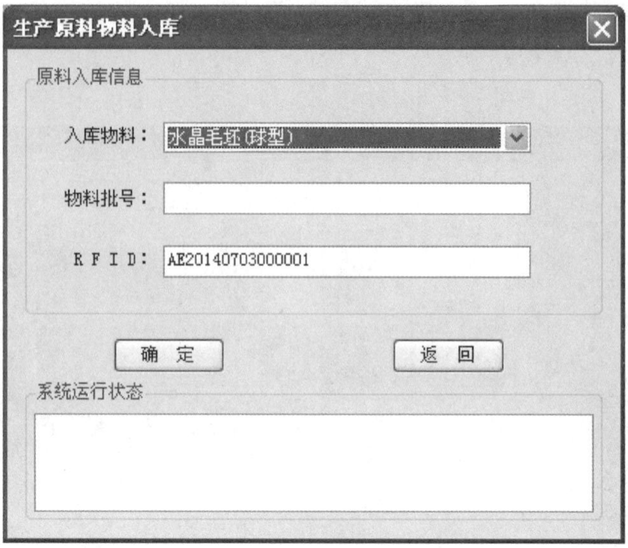

图 2-1-28 “生产原料物料入库”界面

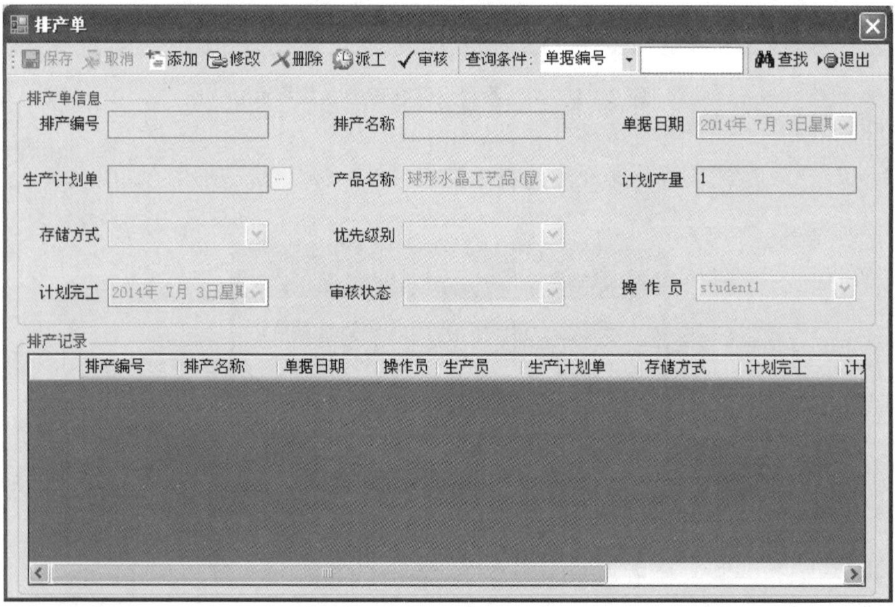

图 2-1-29 “排产单”界面

单击“添加”可增加一个新的排产单,如图 2-1-30 所示。

输入排产名称、计划产量,再选择产品名称、存储方式、优先级别等。单击“保存”按钮,即生成一个排产单。

单击主菜单中的“生产线管理”→“生产派工单”,显示“派工单管理”界面,如图 2-1-31 所示。

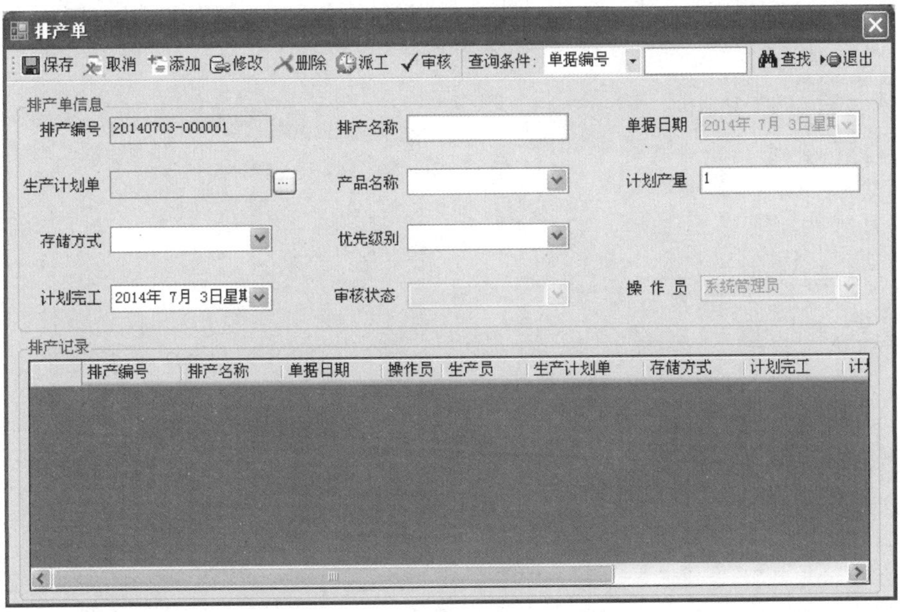

图 2-1-30　添加排产单界面

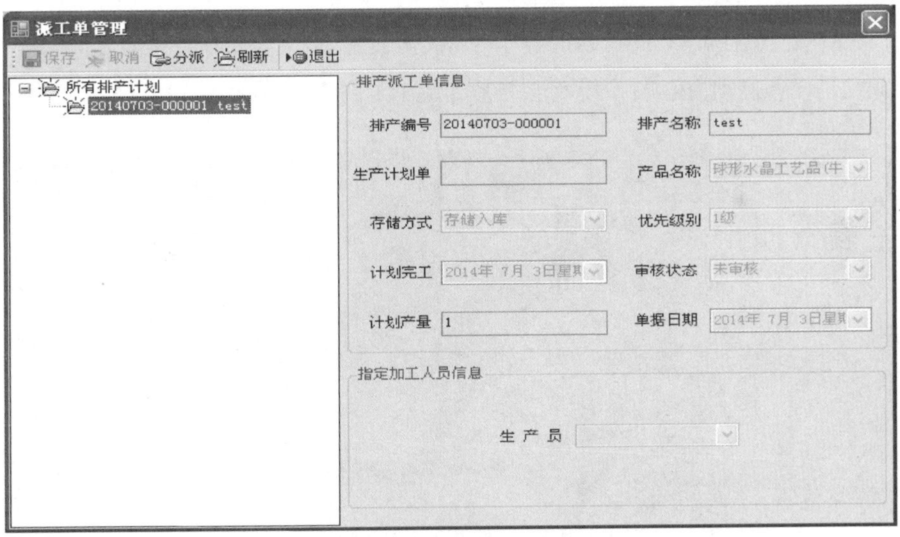

图 2-1-31　“派工单管理”界面

派工单用来对排产单分配生产人员，在界面左侧选择一个排产单，右侧将自动显示该排产单的详细内容。

派工时，单击“分派”，则“生产员”变为可选项目，选择一个生产员后，单击“保存”，左侧的该排产单就自动不显示了。然后再重回到“排产单”界面中，对已经做过派工的排产单进行审核，如图 2-1-32 所示。审核后排产单就可以进行自动加工了。

排产单

保存 取消 添加 修改 删除 派工 审核 查询条件: 单据编号 查找 退出

排产单信息

排产编号 20140703-000001　排产名称 test　单据日期 2014年 7月 3日星期

生产计划单　产品名称 球形水晶工艺品(牛　计划产量 1

存储方式 存储入库　优先级别 1级

计划完工 2014年 7月 3日星期　审核状态 未审核　操 作 员 系统管理员

排产记录

排产编号	排产名称	单据日期	操作员	生产员	生产计划单	存储方式	计划完工
20140703-000001	test	2014-07-03	系统管理员	系统管理员		存储入库	2014-07-03

图 2-1-32　排产单审核界面

3）生产任务加工操作过程

如果存在已派工的排产单，并通过了审核，就回到生产任务加工界面，如图 2-1-33 所示。单击“任务启动”按钮，系统将会自动地运行已审核的排产单。

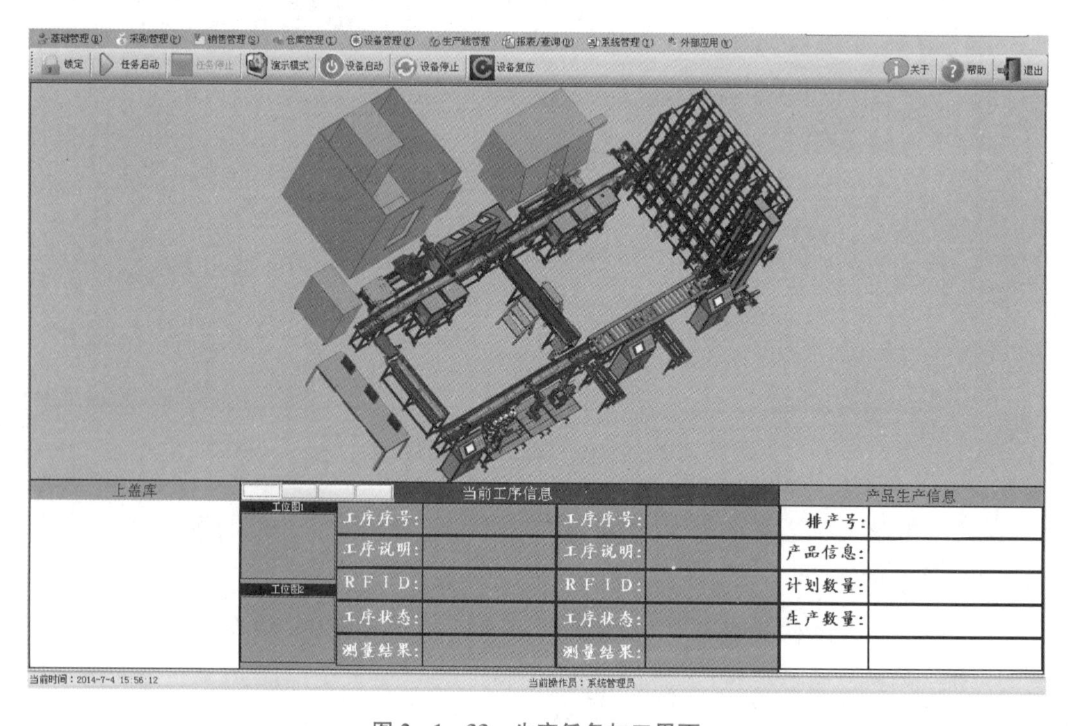

图 2-1-33　生产任务加工界面

生产任务加工界面中，生产模式包括“演示模式”和“加工模式”。演示模式是模拟运行，生产线不带料空运行，加工模式是生产线带料加工运行，见表 2-1-12。

表 2-1-12　生产模式列表

演示模式	演示运行模式，生产线进行不带料空跑
加工模式	单击“演示模式”可切换为“加工模式”，生产线进行带料加工运行

3. E-Factory 生产管理系统软件手动功能调试操作过程

单击主菜单“生产线管理”→“生产线手动控制”，出现如图 2-1-34 所示的界面，在该界面中可进行智能制造系统输送单元、立体库单元、加工中心工作站、数控车床工作站和装配工作站 5 个从站的手动控制，对各从站单元进行独立操作。

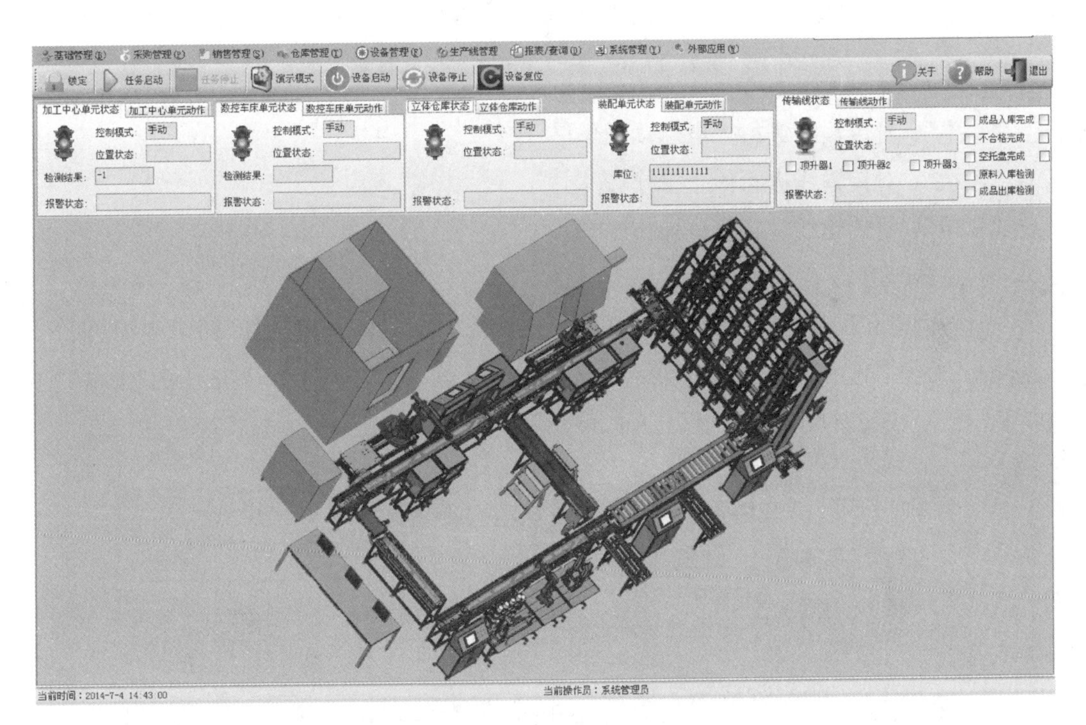

图 2-1-34　手动调试操作界面

1）输送单元

输送单元手动操作界面分为“传输线状态”和“传输线动作”两个界面(图 2-1-35)。传输线状态界面分别显示单元各种操作的当前状态，传输线动作界面中的“上电”“停机”和“复位”按钮对应于控制柜上启动、停止和复位操作按钮。

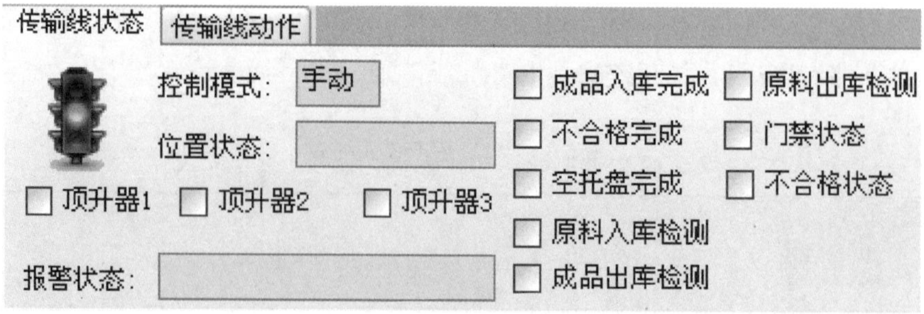

a) “传输线状态”界面

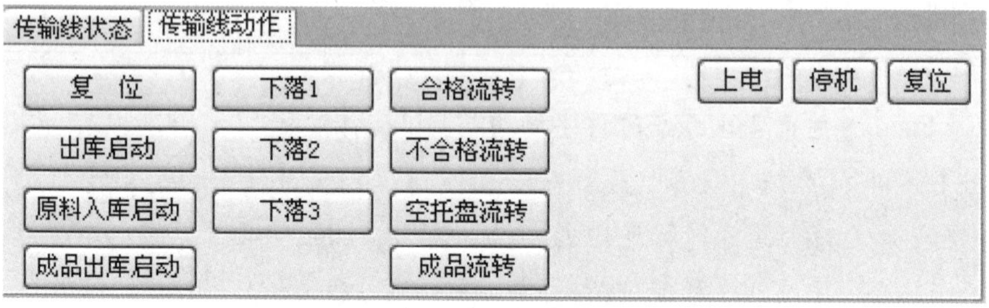

b) “传输线动作”界面

图 2-1-35　输送单元手动操作界面

“上电”：对传输线进行上电启动操作。

“停机”：对传输线进行停止操作。

“复位”：对传输线进行复位操作。

2）立体库单元

立体库单元手动操作界面分为“立体仓库状态”和“立体仓库动作”两个界面（图 2-1-36）。在立体仓库状态界面中显示单元的当前状态，立体仓库动作界面中的“上电”“停机”和“复位”按钮对应于控制柜上启动、停止和复位操作按钮。

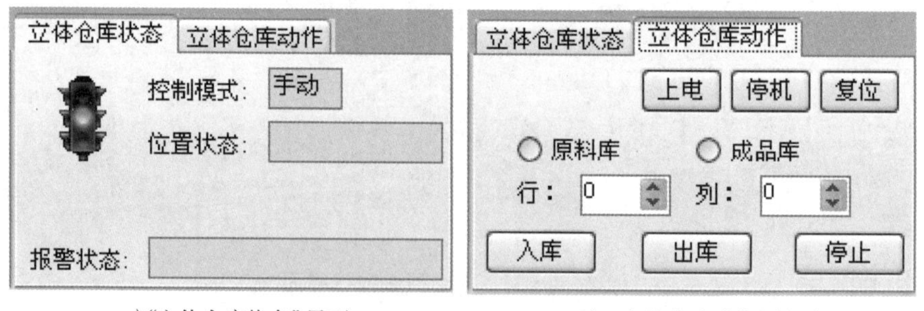

a) “立体仓库状态”界面　　b) “立体仓库动作”界面

图 2-1-36　立体库单元手动操作界面

在做出入库作业前，首先控制模式要为“自动”，然后先选择库位类型（原料或成品），再输入库位的信息（行 1～6、列 1～8），再单击“入库”/“出库”按钮，立体库单元将会自动运行。

3）加工中心工作站

加工中心工作站手动操作界面分为“加工中心单元状态”和“加工中心单元动作”两个界面(图 2－1－37)。在加工中心单元状态界面中显示单元的当前状态，加工中心单元动作界面中的“上电”“停机”和“复位”按钮对应于控制柜上启动、停止和复位操作按钮。

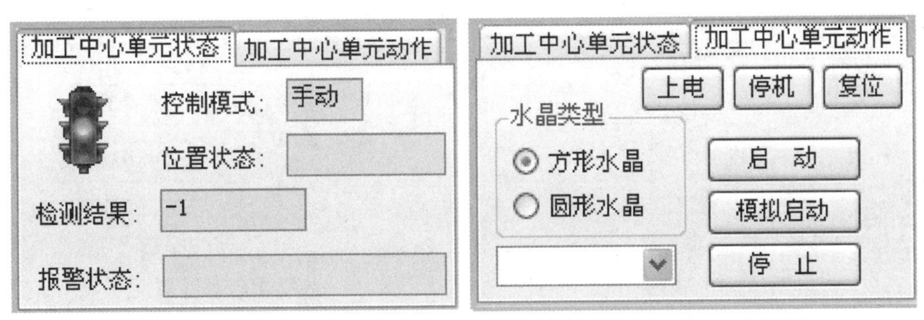

a）“加工中心单元状态”界面　　b）“加工中心单元动作”界面

图 2－1－37　加工中心工作站手动操作界面

在做加工作业前，首先控制模式要为“自动”，然后选择水晶类型，再选择下拉框，下拉框中为内雕的生肖图案，在启动前必须要选择一个。再单击“启动”按钮，加工中心工作站将会自动运行。

4）数控车床工作站

数控车床工作站手动操作界面分为“数控车床单元状态”和“数控车床单元动作”两个界面(图 2－1－38)。在数控车床单元状态界面中显示单元的当前状态，数控车床单元动作界面中的“上电”“停机”和“复位”按钮对应于控制柜上启动、停止和复位操作按钮。

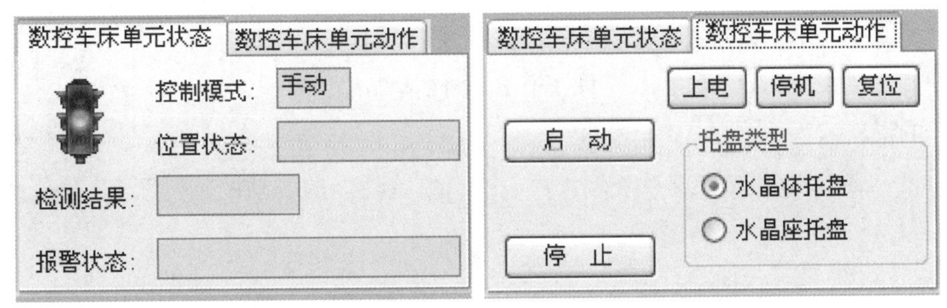

a）“数控车床单元状态”界面　　b）“数控车床单元动作”界面

图 2－1－38　数控车床工作站手动操作界面

在做加工作业前，首先控制模式要为“自动”，然后选择托盘类型，再单击“启动”按钮，数控车床工作站将会自动运行。

5）装配工作站

装配工作站手动操作界面分为“装配单元状态”和“装配单元动作”两个界面（图 2 - 1 - 39）。在装配单元状态界面中显示单元的当前状态，装配单元动作界面中的“上电”“停机”和“复位”按钮对应于控制柜上启动、停止和复位操作按钮。

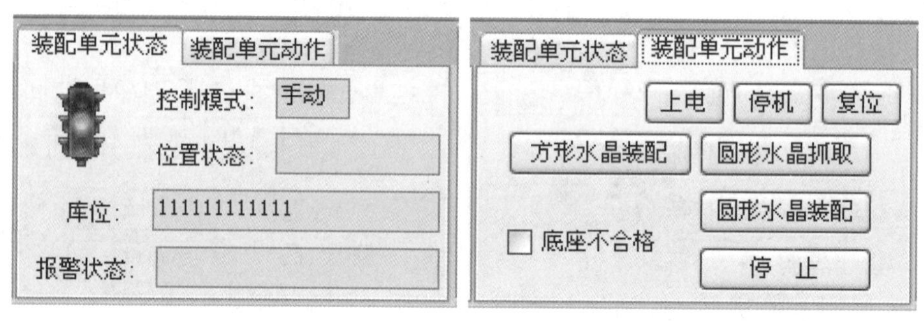

a)“装配单元状态”界面　　b)“装配单元动作”界面

图 2 - 1 - 39　装配工作站手动操作界面

在做装配作业前，首先控制模式要为“自动”，然后根据情况选择底座合格状态的选项框，再根据装配的对象选择不同按钮（方形水晶为一次装配、圆形水晶为二次装配，依次为抓取和装配），装配工作站将会自动运行。

任务小结

本任务重点内容是生产管理系统，通过任务实施，熟悉 E - Factory 生产管理系统软件的操作与运行，利用 E - Factory 生产管理系统，实现智能制造系统的生产加工与调试。

练习

1. 简述 E - Factory 生产管理系统的组成及功能。

2. 完整的 E - Factory 生产管理工作流程包括哪几个部分？说出各部分的操作流程。

3. E - Factory 生产管理系统软件可以进行哪些功能的手动调试？

输送单元的运行调试

项目描述

输送单元主要用于输送物料，广泛应用于各种装配流水线、物流转运、自动分拣、货物装卸等场合。

智能制造系统中的输送单元主要实现原料和成品在立体仓库、数控车床、加工中心、内雕机、装配工位之间的流转。智能制造系统布局如图 2-2-1 所示。

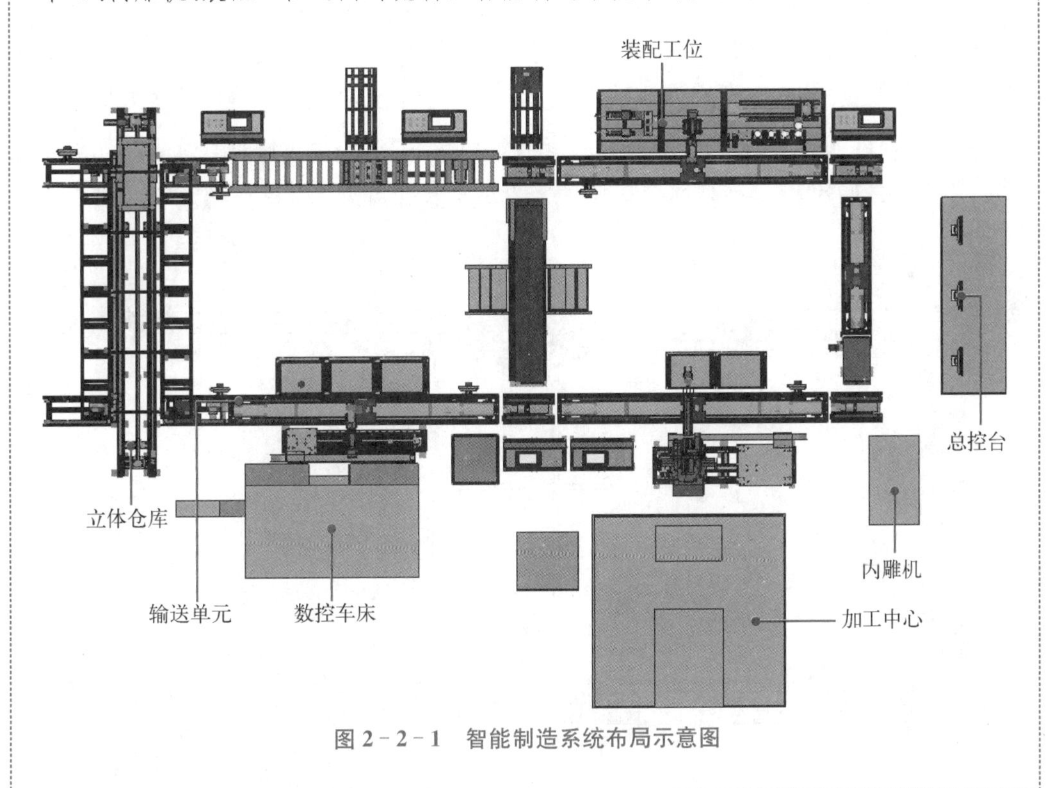

图 2-2-1　智能制造系统布局示意图

任务一　认识输送单元

任务目标

1. 了解智能制造系统输送单元的组成。
2. 了解输送单元主要部件。
3. 了解输送单元工作原理。

任务相关知识

1. 输送单元的组成

智能制造系统的输送单元主要完成堆垛机（立体仓库）中工件原料及载货工装托盘的出库和成品入库、输送、定位、分拣等工作，全线主要由倍速链输送线、出入库平台、阻挡定位机构、转角机构（旋转移行）、带式输送线、动力滚筒输送线、翻转机构、无动力货物输送线等组成。各传输线之间采用四台平面 90°转角机构连接，用于工件及载货工装托盘在生产线上的转运，如图 2－2－2 所示，图中箭头表示工装托盘及工件的运动方向。

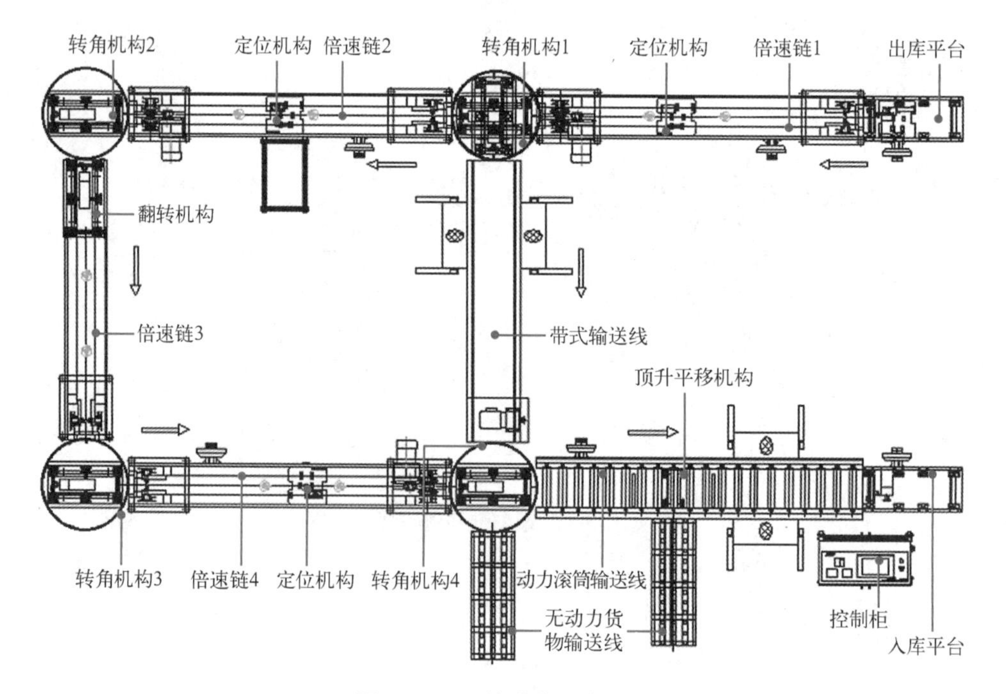

图 2－2－2　输送单元的组成

(1) 倍速链输送线

倍速链输送线由滚子链接而成,导轨采用挤压铝合金型材制作,在输送过程中具有非常好的稳定性和持久性,适合产品大批量连续生产,如图 2-2-3 所示。

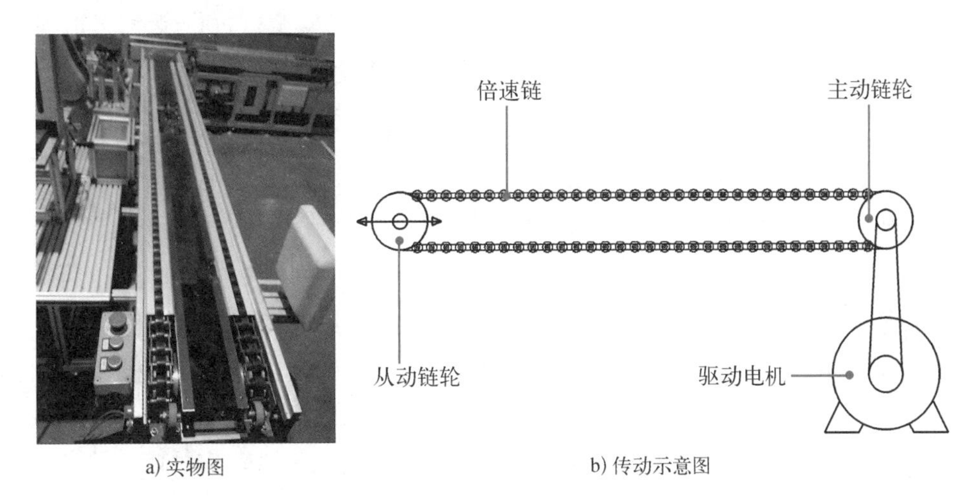

a) 实物图　　b) 传动示意图

图 2-2-3　倍速链输送线

驱动电机转动带动主动链轮旋转,从而带动倍速链主动滚子旋转。由于在主动滚子与从动滚子之间存在着摩擦力,因而从动滚子随着主动滚子转动,从而达到增速的目的,如图 2-2-4 所示。从动链轮可以调节倍速链的张紧度。倍速链的公转速度可以通过驱动电机的变频调速来调节。

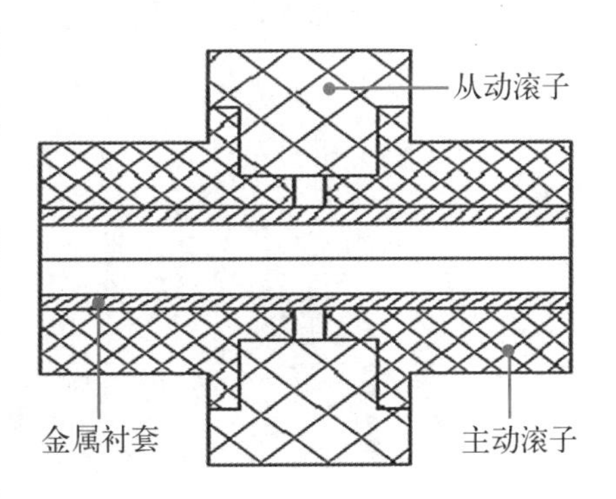

图 2-2-4　倍速链滚子截面图

假设主动滚子与从动滚子之间没有相对滑动,从动滚子也没有受到其他外力的作用,则从动滚子与主动滚子的角速度相同。

设主动滚子的角速度为 ω(rad/s),链条移动的速度为 v(m/s);与轨道接触的主动滚子的直径为 d(mm),从动滚子外圆面的半径为 R(mm),从动滚子外圆面的直径为 D(mm)。由于在主动滚子与从动滚子之间存在着摩擦力,在摩擦力的作用下,从动滚子也随着主动滚子沿顺时针方向转动。则

从动滚子的角速度:

$$\omega' = \omega = \frac{2v}{d} \times 1\,000 \tag{2-1}$$

从动滚子轮缘的线速度:

$$v' = \frac{R}{1\,000} \times \omega' = \frac{D}{d} v \tag{2-2}$$

工装托盘流动的速度正比于从动滚子的直径与主动滚子直径的和与主动滚子直径的比值，即工装托盘流动的速度是链条运行速度的$(D+d)/d$倍，其值通常≥2。所以这种链条统称为倍速链条。常用的有2倍速、2.5倍速和3倍速链条。

如果工装托盘与主动滚子之间是没有相对滑动的纯滚动摩擦，则工装托盘流动的速度$v_{工}$应是从动滚子的轮缘的线速度v'与链条运动的速度v之和，即

$$v_{工}=v'+v=\frac{D}{d}\times v+v=\frac{D+d}{d}v \tag{2-3}$$

（2）动力滚筒输送线

动力滚筒输送线如图2-2-5所示，驱动电机经传动带带动主动链轮旋转，从而使链条转动。链条在转动时带动滚筒链轮一起旋转，实现工装托盘及工件的运送。链条的转速可以通过驱动电机的变频调速来调节。动力滚筒输送线为铝型材、动力积放滚筒式结构，正常传输情况下通过滚筒的旋转带动工装托盘前进，但当工装托盘遇到阻挡定位时，链轮及大多数滚筒正常运转，只有工装托盘所在位置下的几根滚筒停止旋转，从而减少了物体之间的摩擦。

a) 实物图

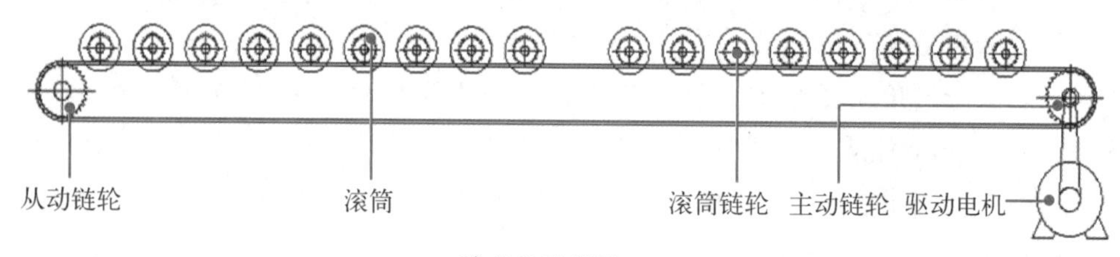

b) 传动示意图

图2-2-5　动力滚筒输送线

（3）转角机构

转角机构（90°旋转移行机构）可实现两垂直线体工装托盘的过渡，也可实现两线体间工装托盘的直通，主要由传输系统、旋转系统、框架等构成，如图2-2-6所示。驱动电机带动防滑带传输，驱动电机功率为90 W，由气缸实现90°旋转。

图 2-2-6　转角机构

1—工装托盘流入传感器检测位；2—工装托盘到位传感器；3—阻挡器；4—顶升平台。

图 2-2-7　定位机构

(4) 定位机构

定位机构(图 2-2-7)位于 3 个倍速链中车床工位、加工中心工位以及装配工位。当传感器(行程开关)检测到工装托盘时，顶升气缸将转角机构顶起，使工装托盘脱离倍速链而停止传输，以便于相应工位的加工或装配操作。完成后，顶升气缸下落，工装托盘继续向下一工位传输。

(5) 带式输送线

带式输送线是用胶带作为载体，进行物料的输送、承载和转运。胶带材料多为橡胶与纤维、金属的复合制品，或者是塑料与织物的复合制品。带式输送线广泛应用于水泥、焦化、冶金、化工、钢铁等行业中输送距离较短、输送量较小的场合，主要用于输送各种固体块状和粉料状物料或成件物品，带式输送线能连续化、高效率、大倾角运输，操作安全，使用简便，易维修。输送单元中的带式输送线用于将车床加工的不合格产品跨过后续加工及装配环节而直接送至滚筒线，经顶升平移机构、无动力滚筒下线。带式输送线的实物及传动示意图如图 2-2-8 所示。

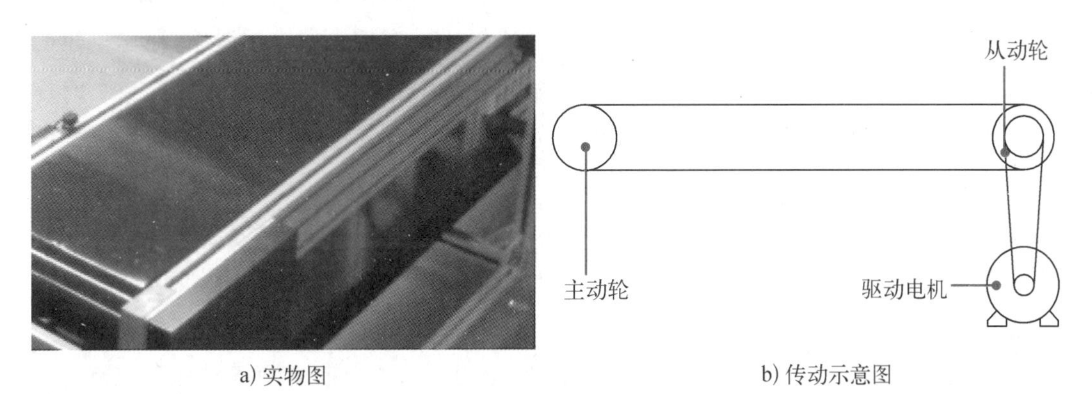

a) 实物图　　b) 传动示意图

图 2-2-8　带式输送线

图 2-2-9　顶升平移机构

(6) 顶升平移机构

顶升平移机构位于动力滚筒输送线前后两个阻挡板之间(图 2-2-9),安装于顶升平移机构的传感器(反射式光电接近开关)检测到工装托盘,底部顶升气缸将顶升平移机构顶起,驱动电机转动,带动传动主轴旋转,从而带动防滑带旋转,完成工装托盘向无动力滚筒转移下线。

(7) 翻转机构

如图 2-2-10 所示,翻转机构可沿一侧翻转,便于操作人员进出输送线内部进行操作、维护及检修。

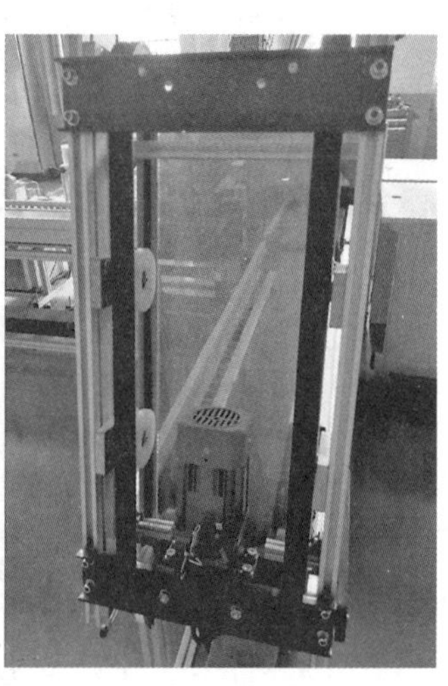

图 2-2-10　翻转机构

2. 输送单元的工作原理

各传输线之间采用四台平面 90°旋转移行机构连接,六段主线均采用变频器控制,变频器通过 CC-Link 通信模块与总电控柜中的 PLC 上的主控模块进行通信,在总电控柜面板上装有触控式一体机,一体机通过 USB 接口与 PLC 进行通信,通过操作面板上的各按钮开关使线体启动运行或停止、急停或自动/手动操作。总电控柜右侧的总开关闭合后,面板上红色电源指示灯点亮,在启动运行情况下绿色的运行指示灯点亮,在自动操作模式下,自动/手动按钮上的黄色指示灯点亮。在手动操作模式下,可通过操作触摸屏上的手动操作界面,对四台 90°旋转移行机构进行分步操作。动作的信息可以实时在触摸屏上显示出来。

在三段倍速链输送线和动力滚筒输送线上各装有一个顶升工位,在工位旁各装有一组操作按钮(图 2-2-11),分别是放行、启动、急停按钮。按下急停按钮可停止该段线体运转,按下启动按钮使该线体重新运行，按下放行按钮可让工装托盘直接通过顶升工位。不按放行按钮，工装托盘到达工位时，顶升工位自动顶升，完成工作后按下放行按钮，工装托盘下降通过。这些功能是用于手动操作的，在自动运行状态这些动作是由上位计算机控制完成的。每工位旁装有一组工位插座，便于操作者工作使用。

图 2-2-11　顶升工位操作按钮

输送单元各机构驱动电机分布如图 2-2-12 所示，其电气线路主要包括电源电路及 I/O 单元接口电路。

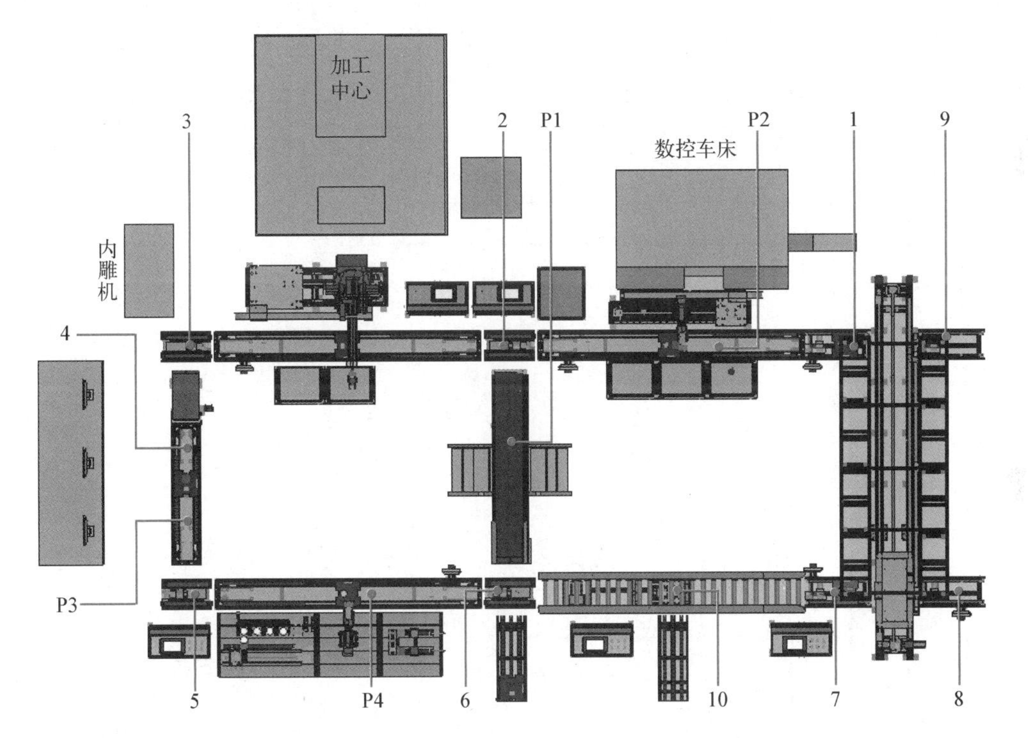

1—出库(毛坯出库)驱动电机 1；2—转角 1 驱动电机；3—转角 2 驱动电机；4—翻转机构驱动电机；5—转角 3 驱动电机；6—转角 4 驱动电机；7—入库(成品入库)驱动电机 1；8—入库(毛坯入库)驱动电机 2；9—出库(成品出库)驱动电机 2；10—顶升平移驱动电机；P1—带式输送线驱动变频器；P2—倍数链 1 和倍数链 2 驱动变频器；P3—倍数链 3 驱动变频器；P4—倍数链 4 及动力滚筒输送线驱动变频器。

图 2-2-12　输送单元各驱动电机分布图

(1) 电源电路

电源电路分别为多功能电力仪表电路、变频驱动电路、PLC 以及人机界面(触摸屏)电气线路。图 2-2-13、图 2-2-14 所示分别为变频驱动电路和远程 I/O 模块电源电路。

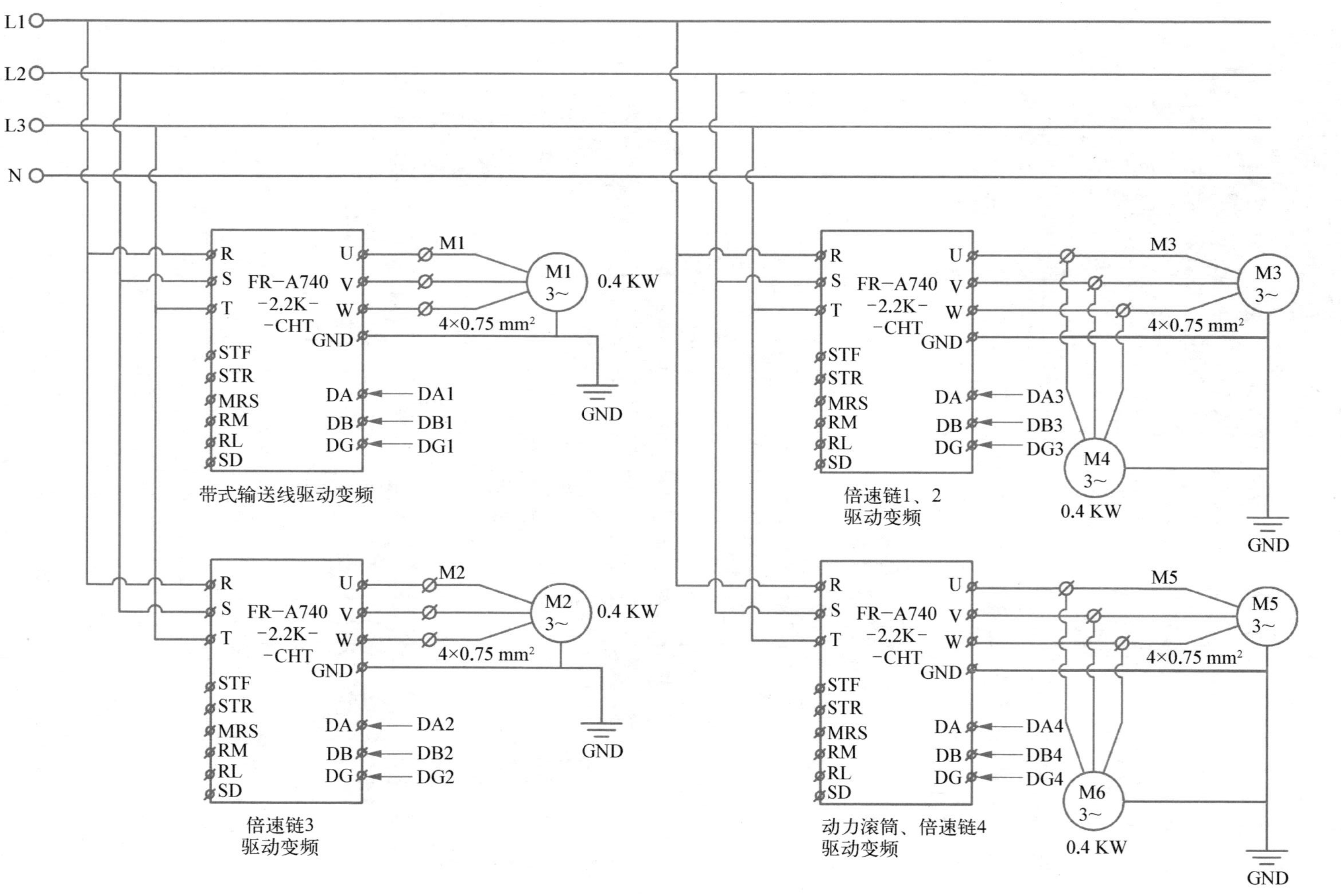

图 2-2-13　变频驱动电路

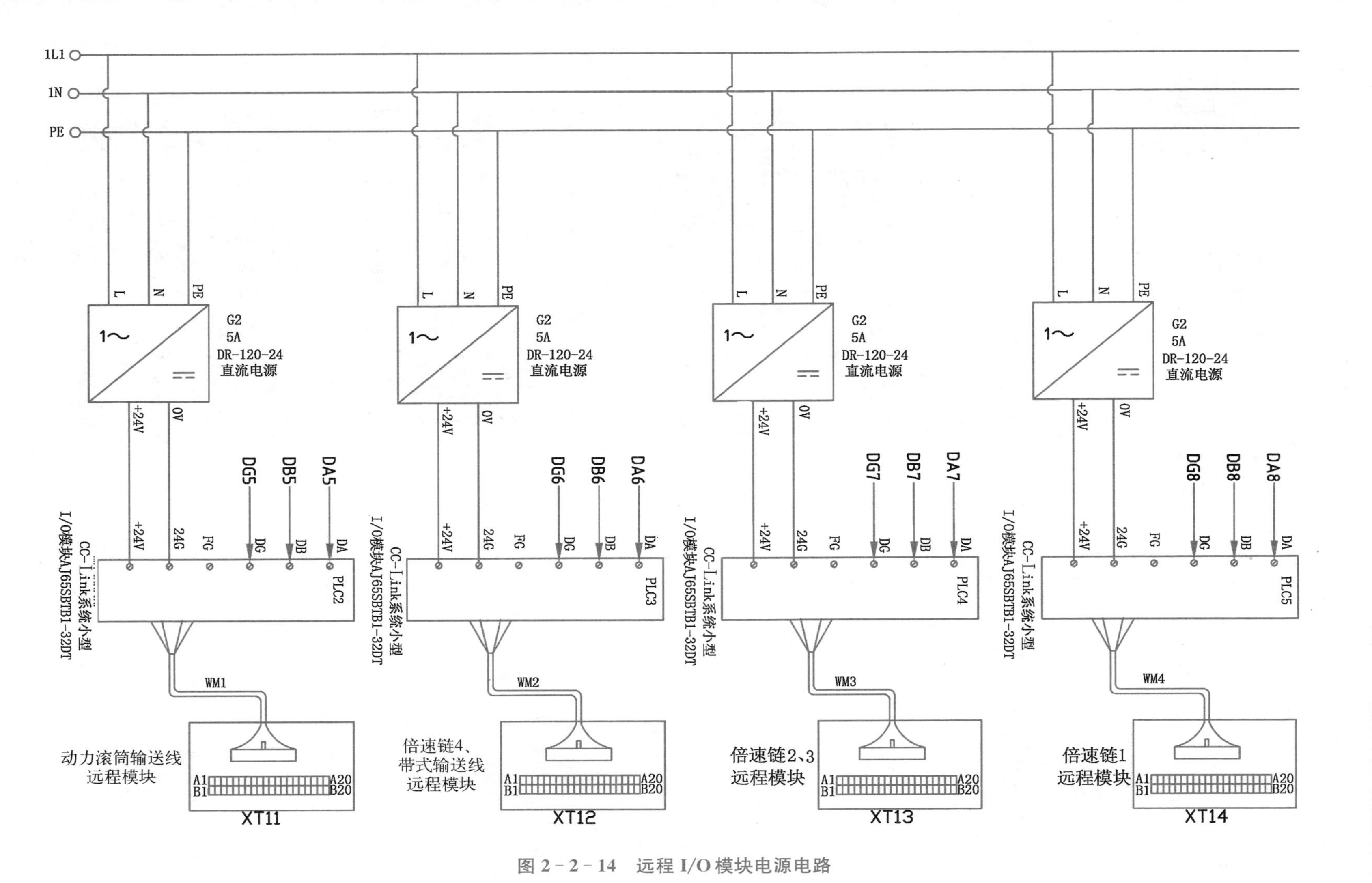

图 2-2-14 远程 I/O 模块电源电路

(2) I/O 单元接口电路

I/O 单元接口电路包括 I/O 输入单元、输出单元接口电路及远程 I/O 单元接口电路(倍速链 1～4 及滚筒输送线远程 I/O 接口)。

图片

倍速链1远程 I/O接口

图片

滚筒输送线远程 I/O接口

视频

输送单元操作与调试

任务实施

先将输送单元的各设备调试到位，再对整体进行联调，实现对整个工作站的控制，具体如下：

(1) 启动输送单元。 闭合输送单元的总控开关。	
(2) 总电控柜面板操作。 ① 闭合面板钥匙开关。 ② 闭合面板电源开关。 ③ 待触摸屏启动完成后按复位按钮，输送单元各单元恢复到初始状态。 ④ 按下启动按钮启动输送单元。	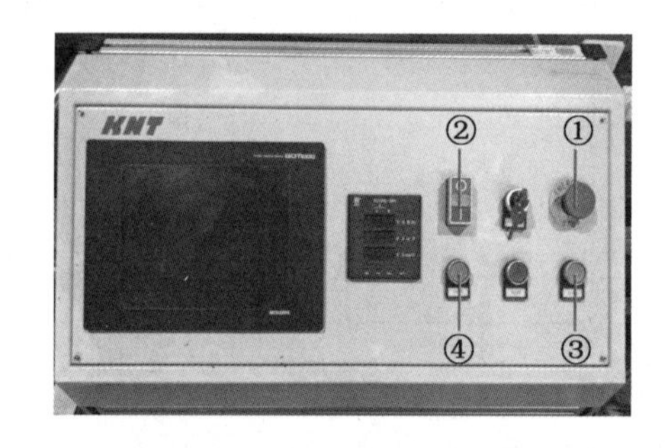
(3) 复位、启动和停止操作也可在触摸屏主界面上进行。	

续　表

<table>
<tr><td>(4) 手动操作输送单元。
单击“手动界面”按钮，进入手动操作界面，可单独控制出库、入库、阻挡器下落、转角机构旋转放行，流转工件及托盘。
按“ESC”按钮返回主界面。</td><td>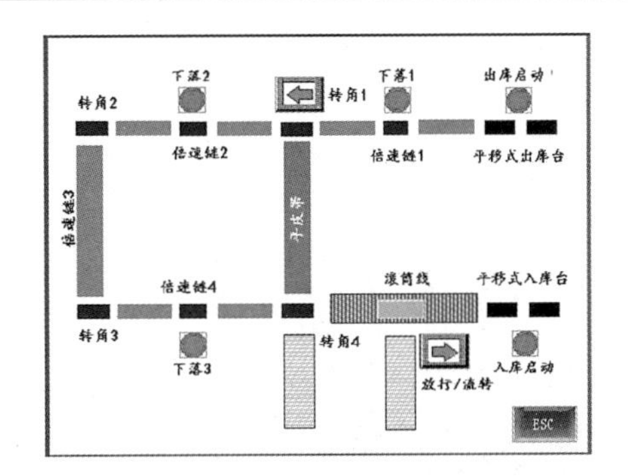
</td></tr>
<tr><td>(5) 单击“变频器控制”，进入各传输机构分别设定速度，完成后按“ESC”按钮返回主界面。</td><td>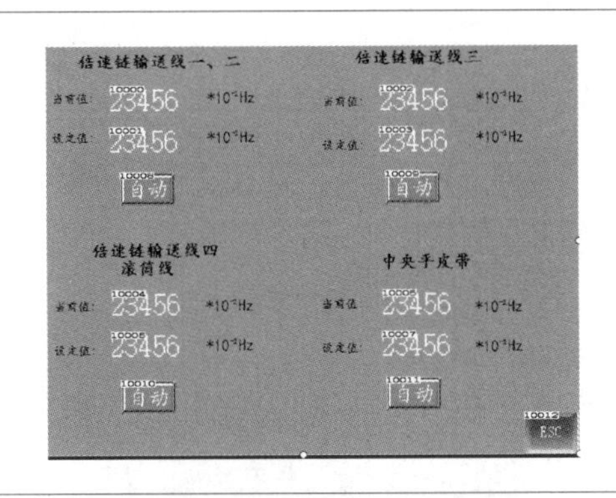
</td></tr>
<tr><td>(6) 操作 E - Factory 软件对输送单元进行联调。
打开软件并选择“系统管理员”，输入密码登录。</td><td>
</td></tr>
<tr><td>(7) 单击主界面的“生产线管理”，选择“生产线手动控制”。</td><td>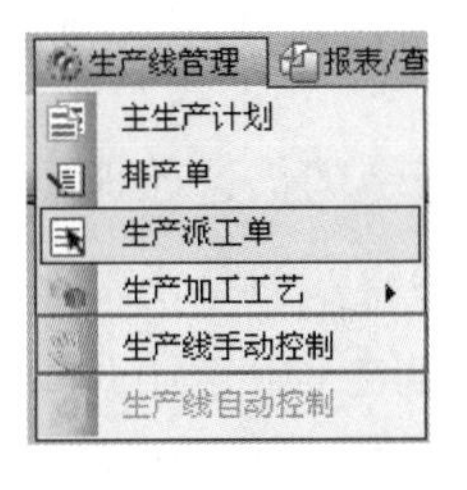
</td></tr>
<tr><td>(8) 手动进行复位、出库、入库、阻挡器下落、合格/不合格产品的流转等操作。</td><td></td></tr>
</table>

续 表

(9) 输送单元的状态设置。	
(10) RFID 单元手动操作。	
(11) 停止输送单元。 ① 按下停止按钮。 ② 断开面板电源开关。 ③ 断开钥匙开关。 断开总控开关。	

任务小结

本任务主要介绍智能制造系统中的输送单元构成、主要部件及功能、电气线路及接口电路。通过学习和实操，了解智能制造系统基本构成和工作原理，掌握输送单元的设置、启停、手动操作和自动运行。

练习

1. 简述倍速链的倍速原理。
2. 简述输送单元的基本组成。
3. 转角机构的作用是什么?
4. 简述顶升平移机构的工作过程。

任务二　分析输送单元控制系统

任务目标

1. 了解输送单元中 PLC 的程序设计流程。

2. 了解输送单元中远程 I/O 分配及配置。

3. 了解变频器、CC - Link 设置操作。

任务相关知识

1. 控制系统的构成

输送单元网络拓扑结构如图 2 - 2 - 15 所示，总控通过以太网与 PLC、触摸屏相连；经 RS485 总线与 RFID 读写器及多功能仪表相连，射频读写器（RFID）用于出库原料信息读取及入库工件信息的写入。PLC 经 RS422 与输送单元的倍速链输送线、带式输送线、动力滚筒输送线的控制变频器以及远程 I/O 模块相连，通过远程 I/O 模块与出库平台、入库平台、倍速链（4 个）、带式输送线、转角机构（4 个）、翻转机构、动力滚筒输送线传感器输入信号及驱动电机、气缸控制信号相连。启动、停止、复位操作按钮及状态指示灯与 PLC 输入/输出模块相连。输送单元控制柜内部以 Q 系列 PLC 模块为主体，如图 2 - 2 - 16 所示，包括电源模块、CPU 模块、通信模块、输入/输出模块等。

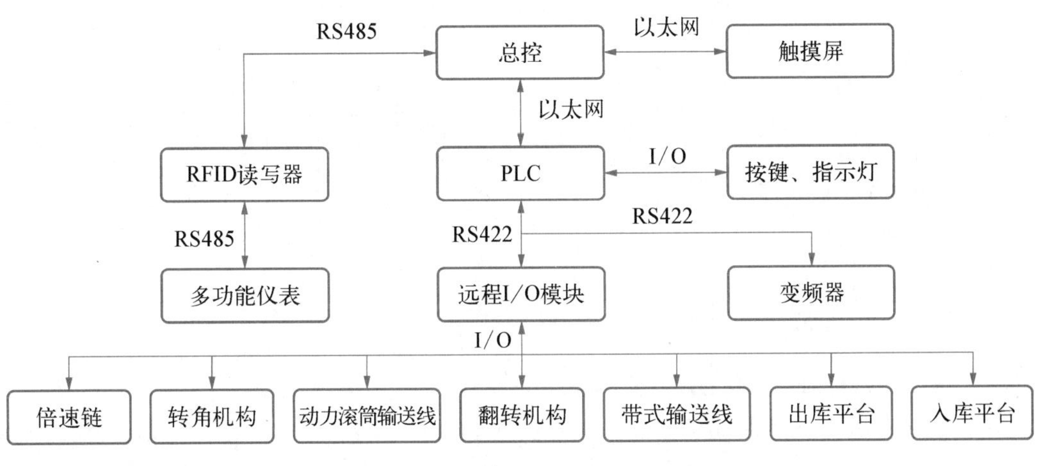

图 2 - 2 - 15　输送单元网络拓扑结构

图 2－2－16 输送单元 PLC 模块

输送单元控制系统主要由 PLC 的 CPU 模块、CC－Link 主站(QJ61BT11N)、输入模块 QX40、输出模块 QY40P 及 4 个从站(变频器 FR－A700)、4 个远程 I/O 模块 AJ65SBTB1－32DT 等构成。主站、变频器、远程 I/O 模块之间通过 CC－Link 网络通信,实现远程控制,系统配置如图 2－2－17 所示。

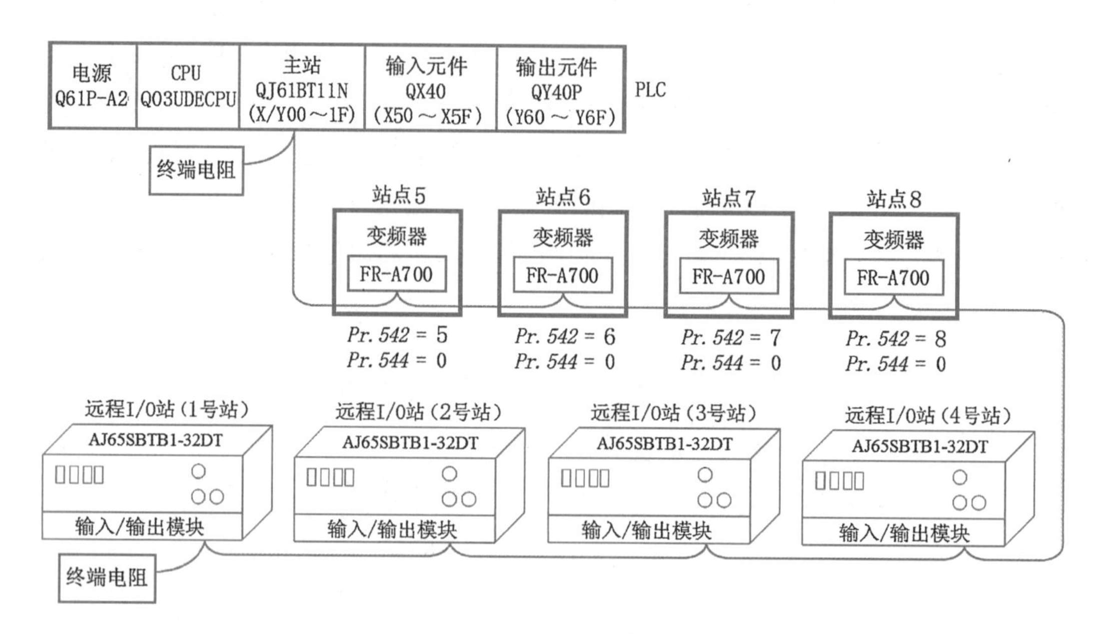

图 2－2－17 输送单元控制系统配置

2. CC－Link 模块 QJ61BT11N

三菱 QJ61BT11N 可以将基于 CC－Link 总线协议的 I/O 模块、智能功能模块和特殊功能模块组成分布式工业网络。其传输速率可以从 156 kbps/625 kbps/2.5 Mbps/5 Mbps/

10 Mbps 中选择，最大传输距离随着传输速率的不同而变化。通过 QJ61BT11N 模块可以将总共 64 个远程 I/O 站、远程设备站、本地站、备用主站或智能设备站连接到一个单独的主站。CC－Link 主站是指控制数据链接系统的站，而远程 I/O 站是仅处理以位为单位的数据的远程站，本地站则是配置 PLC 的 CPU 模块并且可以和主站以及其他本地站通信的站。

主站和远程设备站进行交换的信号(初始化请求、发生出错标志、开关或指示灯的 ON/OFF 状态等)使用远程输入 RX 和远程输出 RY 进行通信，到远程设备站的设定数据使用远程寄存器 RWw 和 RWr 进行通信。QJ61BT11N 模块外形如图 2－2－18 所示。

图 2－2－18
QJ61BT11N 模块外形

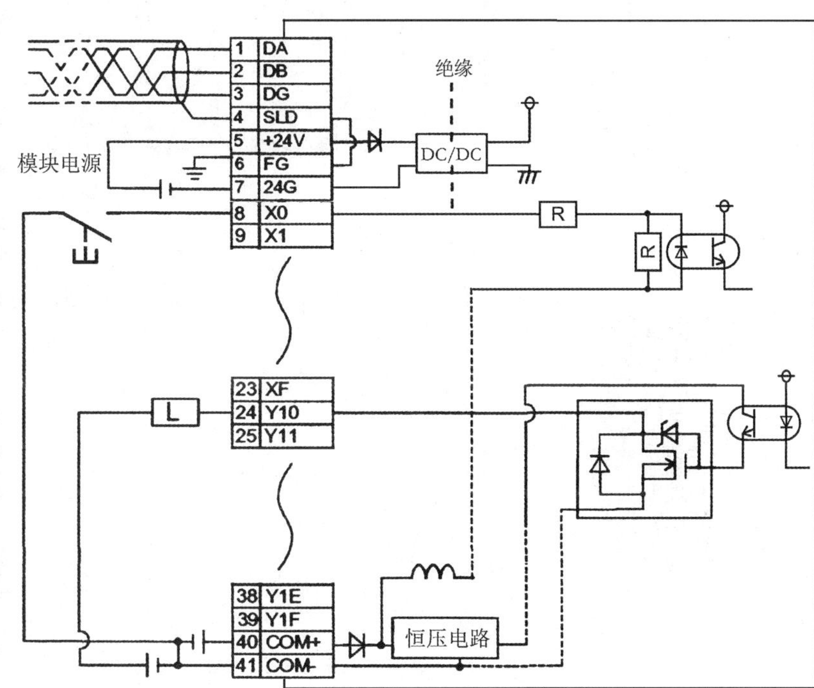

图 2－2－19　AJ65SBTB1－32DT 模块外部接线

3. 远程 I/O 模块 AJ65SBTB1－32DT

远程 I/O 模块 AJ65SBTB1－32DT 为晶体管输出型(漏型)输入/输出模块，输入/输出点数均为 16 点，采用光电隔离，其外部接线如图 2－2－19 所示。

4. 变频器 FR－A700

三菱 FR－A700 变频器是一款高性能矢量变频器，功率范围为 0.4～500 kW，闭环时可进行高精度的转矩/速度/位置控制，无传感器矢量控制可实现转矩/速度控制，加选附件模块 FR－A7NC，可以支持 CC－Link 通信。

三菱 FR－A700 变频器操作面板如图 2－2－20 所示，包括状态显示和操作按键。

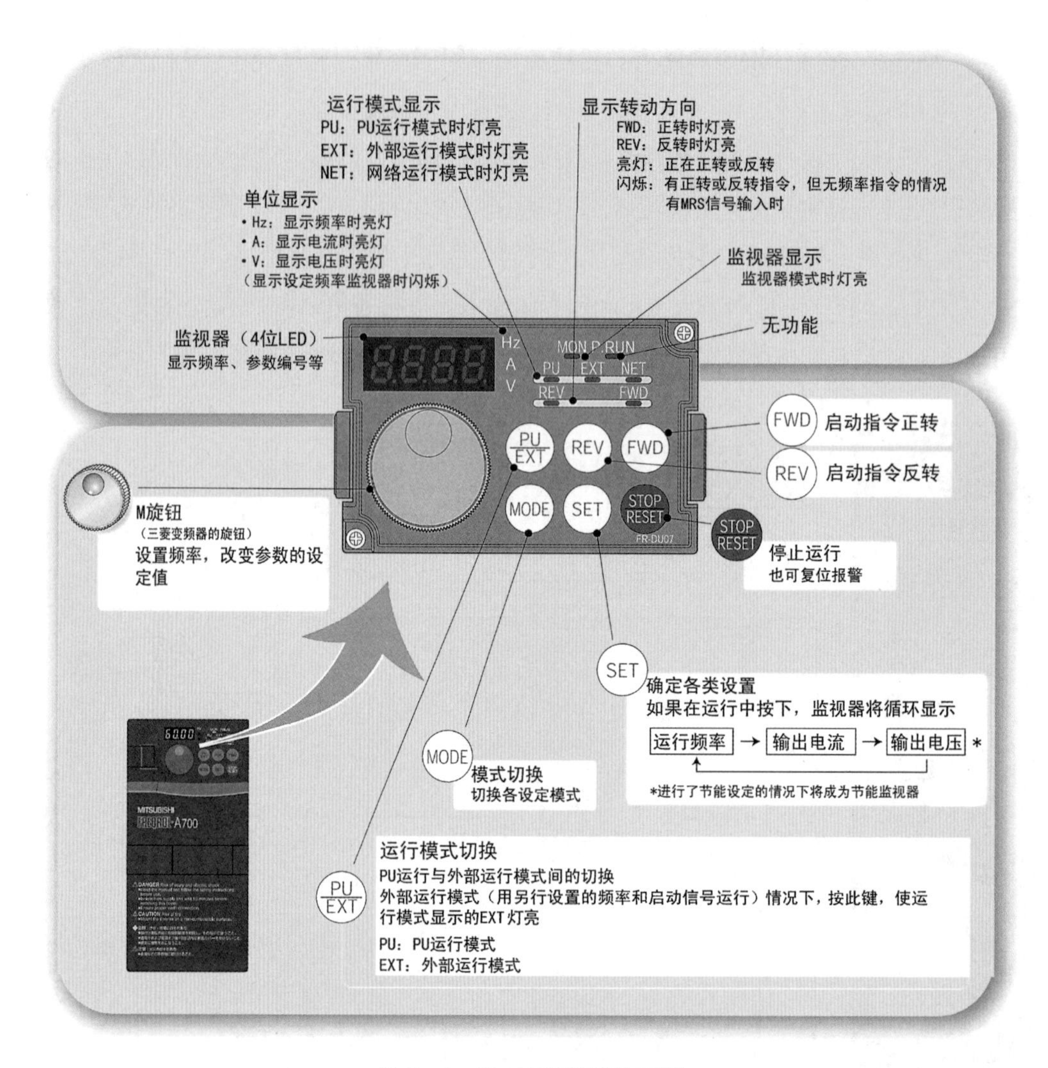

图 2-2-20　变频器操作面板

FR-A700 常用参数说明见表 2-2-1。

表 2-2-1　FR-A700 常用参数说明

序号	参数代号	初始值	范　　围	功 能 说 明
1	P1	120	0～120 Hz	上限频率
2	P2	0	0～120 Hz	下限频率
3	P3	50	0～400 Hz	基准频率
4	P4	50	0～400 Hz	3 速设定(高速)
5	P5	30	0～400 Hz	3 速设定(中速)

续　表

序号	参数代号	初始值	范　　围	功 能 说 明
6	P6	10	0～400 Hz	3 速设定(低速)
7	P7	5	0～3 600 s	加速时间设定
8	P8	5	0～3 600 s	减速时间设定
9	P79	0	0、1、2、3、4、6、7	操作模式选择
10	P160	0	0、9 999	用户参数组读取选择

任务实施

1. 输送单元 I/O 分配

输送单元 I/O 分配、通信信号定义以及状态、报警信号定义分别见表 2-2-2～表 2-2-4。

表 2-2-2　输送单元 I/O 分配

<table>
<tr><th>单元</th><th>信 号 名 称</th><th>输入</th><th>单元</th><th>信 号 名 称</th><th>输出</th></tr>
<tr><td rowspan="4">总控</td><td>启动按钮</td><td>X50</td><td rowspan="7">总控</td><td>启动指示灯</td><td>Y60</td></tr>
<tr><td>停止按钮</td><td>X51</td><td>停止指示灯</td><td>Y61</td></tr>
<tr><td>复位按钮</td><td>X52</td><td>复位指示灯</td><td>Y62</td></tr>
<tr><td>急停按钮</td><td>X53</td><td></td><td>Y63</td></tr>
<tr><td rowspan="9">滚筒输送线、入库平台</td><td>滚筒输送线流入光电传感器</td><td>X1000</td><td>三色灯红</td><td>Y64</td></tr>
<tr><td>滚筒输送线流出传感器</td><td>X1001</td><td>三色灯黄</td><td>Y65</td></tr>
<tr><td>滚筒顶升上端检测</td><td>X1002</td><td>三色灯绿</td><td>Y66</td></tr>
<tr><td>滚筒顶升下端检测</td><td>X1003</td><td rowspan="6">滚筒输送线、入库平台</td><td>滚筒平移驱动电机启动信号</td><td>Y1010</td></tr>
<tr><td>滚筒前阻挡板上端检测</td><td>X1004</td><td>滚筒顶升气缸上升</td><td>Y1011</td></tr>
<tr><td>滚筒前阻挡板下端检测</td><td>X1005</td><td>滚筒顶升气缸下降</td><td>Y1012</td></tr>
<tr><td>滚筒后阻挡板上端检测</td><td>X1006</td><td>滚筒前阻挡上升</td><td>Y1013</td></tr>
<tr><td>滚筒后阻挡板下端检测</td><td>X1007</td><td>滚筒后阻挡下降</td><td>Y1014</td></tr>
<tr><td>滚筒前阻挡板流入检测</td><td>X1008</td><td>入库驱动电机 1(成品)启动</td><td>Y1015</td></tr>
</table>

续 表

单元	信 号 名 称	输入	单元	信 号 名 称	输出
滚筒输送线、入库平台	滚筒顶升装置定位信号	X1009	滚筒输送线、入库平台	入库驱动电机 2(毛坯)启动	Y1016
	滚筒运行按钮	X100A		滚筒前阻挡下降	Y1017
	滚筒放行按钮	X100B		滚筒后阻挡上升	Y1018
	滚筒急停按钮	X100C	倍速链 3	转角机构 3 驱动电机启动	Y1030
	入库托盘到位传感器 1	X100D		转角机构 3 送托盘	Y1031
	入库托盘到位传感器 2	X100E		转角机构 3 等托盘	Y1032
	原料入库启动按钮	X100F		倍速链 3 顶升下降	Y1033
转角机构 3	转角机构 3 托盘到位	X1020		倍速链 3 顶升上升	Y1034
	转角机构 3 等待位置	X1021		倍速链 3 后阻挡下降	Y1035
	转角机构 3 送出位置	X1022		倍速链 3 前阻挡下降	Y1036
倍速链 4	倍速链 4 托盘流入信号	X1023	转角机构 4	转角机构 4 驱动电机启动	Y1037
	倍速链 4 托盘流出信号	X1024		转角机构 4 原位	Y1038
	倍速链 4 顶升上信号	X1025		转角机构 4 转动位	Y1039
	倍速链 4 顶升下信号	X1026	倍速链 2	倍速链 2 顶升下降	Y1050
	倍速链 4 前阻挡定位信号	X1027		倍速链 2 顶升上升	Y1051
	倍速链 4 后阻挡定位信号	X1028		倍速链 2 前阻挡控制	Y1052
	倍速链 4 运行按钮	X1029		倍速链 2 后阻挡控制	Y1053
	倍速链 4 放行按钮	X102A	转角机构 2	转角机构 2 驱动电机启动	Y1054
	倍速链 4 急停按钮	X102B		转角机构 2 托盘进入	Y1055
转角机构 4	转角机构 4 托盘到位	X102C		转角机构 2 托盘送出	Y1056
	转角机构 4 转动位信号	X102D	翻转机构	翻转机构驱动电机启动	Y1057
	转角机构 4 原位信号	X102E	出库平台	出库驱动电机 2 启动	Y1070
带式输送线	带式输送线托盘流出信号	X102F		出库驱动电机 1 启动	Y1071
倍速链 2	倍速链 2 托盘流入信号	X1040	倍速链 1	倍速链 1 前阻挡上升	Y1063
	倍速链 2 托盘流出信号	X1041		倍速链 1 顶升下降	Y1072

续　表

单元	信号名称	输入	单元	信号名称	输出
倍速链 2	倍速链 2 顶升上升信号	X1042	倍速链 1	倍速链 1 顶升上升	Y1073
	倍速链 2 顶升下降信号	X1043		倍速链 1 前阻挡控制	Y1074
	倍速链 2 前阻挡器定位	X1044		倍速链 1 后阻挡控制	Y1075
	倍速链 2 后阻断器定位	X1045	转角机构 1	转角机构 1 驱动电机启动	Y1076
	倍速链 2 运行按钮	X1046		转角机构 1 原位置	Y1077
	倍速链 2 放行按钮	X1047		转角机构 1 转动位置	Y1078
	倍速链 2 急停按钮	X1048	变频器 4	倍速链 4 及滚筒输送线启动	Y1080
转角机构 2	转角机构 2 托盘到位信号	X1049			Y1081
	转角机构 2 接托盘位置	X104A		倍速链 4 及滚筒输送线高速	Y1082
	转角机构 2 送托盘位置	X104B		倍速链 4 及滚筒输送线中速	Y1083
翻转机构	翻转机构放下信号	X104C		倍速链 4 及滚筒输送线低速	Y1084
倍速链 3	倍速链 3 托盘流入信号	X104D	变频器 3	倍速链 3 启动信号	Y10A0
	倍速链 3 托盘流出信号	X104E			Y10A1
带式输送线	带式输送线托盘流入信号	X104F		倍速链 3 高速	Y10A2
出库平台	成品出库启动位置	X1060		倍速链 3 中速	Y10A3
	成品出库停止位置	X1061		倍速链 3 低速	Y10A4
	毛坯出库启动按钮	X1062	变频器 2	倍速链 1、2 启动	Y10C0
	毛坯出库托盘流出	X1063			Y10C1
倍速链 1	倍速链 1 托盘流入信号	X1064		倍速链 1、2 高速	Y10C2
	倍速链 1 托盘流出信号	X1065		倍速链 1、2 中速	Y10C3
	倍速链 1 顶升上信号	X1066		倍速链 1、2 低速	Y10C4
	倍速链 1 顶升下信号	X1067	变频器 1	带式输送线启动	Y10E0
	倍速链 1 前阻挡器定位	X1068			Y10E1
	倍速链 1 后阻挡器定位	X1069		带式输送线高速	Y10E2
	倍速链 1 启动按钮	X106A		带式输送线中速	Y10E3

续 表

单元	信号名称	输入	单元	信号名称	输出
倍速链 1	倍速链 1 放行按钮	X106B	变频器 1	带式输送线低速	Y10E4
	倍速链 1 急停按钮	X106C			
转角机构 1	转角机构 1 托盘到位	X106D			
	转角机构 1 原位置	X106E			
	转角机构 1 转动位置	X106F			

表 2-2-3 输送单元通信信号定义

<table>
<tr><th>单 元</th><th>信号流向</th><th colspan="2">功能/信号</th><th>地 址</th><th>说 明</th><th>备 注</th></tr>
<tr><td rowspan="18">传输线
(D620—D629)</td><td rowspan="12">总控—单元</td><td colspan="2">启动</td><td>D620.6</td><td>1：有效</td><td></td></tr>
<tr><td colspan="2">停止</td><td>D620.7</td><td></td><td></td></tr>
<tr><td colspan="2">复位</td><td>D620.8</td><td></td><td></td></tr>
<tr><td colspan="2">出库启动</td><td>D620.1</td><td>1：有效</td><td></td></tr>
<tr><td colspan="2">传输到位</td><td>D620.2</td><td>1：有效</td><td></td></tr>
<tr><td colspan="2">下落 1</td><td>D620.3</td><td>1：有效</td><td>车床工位阻挡器下落</td></tr>
<tr><td colspan="2">下落 2</td><td>D620.4</td><td>1：有效</td><td>加工中心工位阻挡器下落</td></tr>
<tr><td colspan="2">下落 3</td><td>D620.5</td><td>1：有效</td><td>装配工位阻挡器下落</td></tr>
<tr><td colspan="2">转 1</td><td>D621.0</td><td>1：有效</td><td></td></tr>
<tr><td colspan="2">转 2</td><td>D622.0</td><td>1：有效</td><td></td></tr>
<tr><td colspan="2">原料入库</td><td>D623.0</td><td>1：有效</td><td></td></tr>
<tr><td colspan="2">成品出库</td><td>D623.1</td><td>1：有效</td><td></td></tr>
<tr><td rowspan="6">单元—总控</td><td rowspan="4">状态</td><td>翻转</td><td>D625.0</td><td>1：等待</td><td>检测是否有人进入作业区</td></tr>
<tr><td>运行</td><td>D625.1</td><td>1：运行</td><td></td></tr>
<tr><td>故障</td><td>D625.2</td><td>1：故障</td><td></td></tr>
<tr><td>控制</td><td>D625.3</td><td>1：集控</td><td></td></tr>
<tr><td colspan="2">位置</td><td>D624</td><td>32 状态</td><td></td></tr>
<tr><td colspan="2">报警</td><td>D628/D629</td><td>32 故障</td><td></td></tr>
</table>

表 2-2-4　输送单元状态、报警信号定义

信号类别	地　址	功 能 说 明	信号类别	地　址	功 能 说 明
状态	D624.0	出库运行	状态	D624.10	入库 1 到位
	D624.1	工位 1 托盘到位		D624.11	入库 2 到位
	D624.2	工位 2 托盘到位	报警	D626.0	出库平台复位报警
	D624.3	工位 3 托盘到位		D626.1	倍速链 1 复位报警
	D624.4	圆柱不合格流出		D626.2	倍速链 2 复位报警
	D624.5	空托盘流出		D626.3	倍速链 4 复位报警
	D624.6	成品出库流入		D626.4	滚筒输送线复位报警
	D624.7	成品出库流出		D626.5	入库平台复位报警

2. 变频器参数设置

输送单元的变频器参数设置见表 2-2-5。

表 2-2-5　输送单元的变频器参数设置

序号	参数代号	设　置　值	功 能 说 明
1	P79	2	运行模式为 Net 网络模式
2	P542	4 个变频器分别设置为 5、6、7、8	通信站号设置

3. 远程 I/O 设置

在 GX Works2 中设置各远程 I/O 起始地址，见表 2-2-6。

表 2-2-6　输送单元远程 I/O 设置

子　单　元	输　入	输　出
滚筒输送线、入库平台	起始地址 X1000	起始地址 Y1010
转角机构 3、倍速链 4、带式输送线、转角机构 4	起始地址 X1020	起始地址 Y1030
倍速链 2、转角机构 2、翻转机构、倍速链 3	起始地址 X1040	起始地址 Y1050
倍速链 1、出库平台、转角机构 1	起始地址 X1060	起始地址 Y1070

续 表

子 单 元	输 入	输 出
变频器 4(倍速链 4 及滚筒输送线)		起始地址 Y1080
变频器 3(倍速链 3)		起始地址 Y10A0
变频器 2(倍速链 1、2)		起始地址 Y10C0
变频器 1(带式输送线)		起始地址 Y10E0

远程 I/O 模块站号设置：

用 STATION NO(站号)的拨码开关设置本站中的 4 个远程 I/O 模块，站号分别为 1、2、3、4；用 B RATE(波特率)设置通信波特率	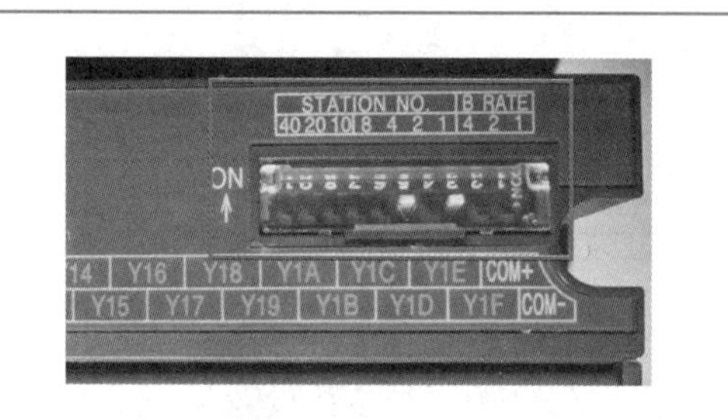

4. 程序编制

输送单元上电后处于初始状态：交流电动机、单相交流电动机处于停止状态；顶升机构处于原位，电磁阀处于初始状态；工作指示灯绿色闪烁。当按下启动后，绿色指示灯转为常亮，交流电动机驱动带式输送线开始运转且始终保持运行状态。

1) 出库平台

启动后，出库平台根据操作模式进行出库 1(毛坯出库)或出库 2(成品出库)操作。根据控制要求编制出库 SFC(状态转移图)程序如下：

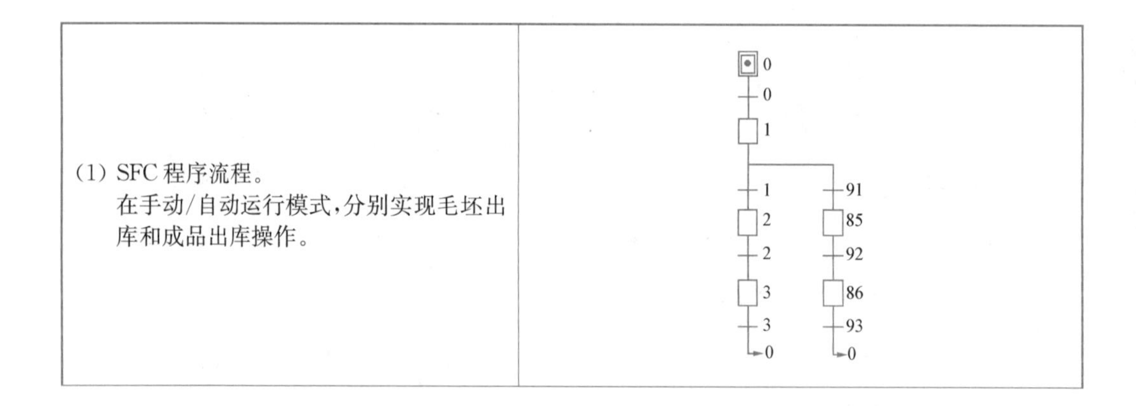

(1) SFC 程序流程。 在手动/自动运行模式，分别实现毛坯出库和成品出库操作。	

续　表

(2) 转移条件 0。 自动或手动运行转入状态 1。	0 M1000 自动运行 [TRAN] M1001 手动运行
(3) 状态 1。 复位出库运行标志。	0 SM400 [RST D624.0 出库运行]
(4) 转移条件 1。 毛坯出库手动或自动运行，且成品入库未启动，转入状态 2。	0 D620.1 出库启动 M1000 自动运行 X1060 出库2启动位置 [TRAN] X1062 出库1启动按钮 M1001 手动运行
(5) 状态 2。 毛坯出库电动机启动，并置位出库运行标志。	0 SM400 [SET Y1071 出库1电动机启动] [SET D624.0 出库运行]
(6) 转移条件 2。 检测到倍速链 1 托盘流入，转入状态 3。	0 X1064 倍速链1托盘流入信号 [TRAN] X53 急停按钮
(7) 状态 3。 停止毛坯出库，复位出库运行标志。	0 SM400 [RST Y1071 出库1电动机启动] [RST D624.0 出库运行]
(8) 转移条件 3。 毛坯出库结束，转入初始状态 0。	0 Y1071 出库1电动机启动 D624.0 出库运行 [TRAN] X53 急停按钮 M1000 自动运行
(9) 转移条件 91。 自动运行，转入状态 85。	0 D623.1 M1000 自动运行 [TRAN]
(10) 状态 85。 成品出库电动机启动，并置位出库标志，启动定时器。	0 SM400 X1061 出库2停止位置 (Y1070 出库2电动机启动) [SET D624.0 出库运行] 7 Y1070 出库2电机启动 K100 (T28)

续 表

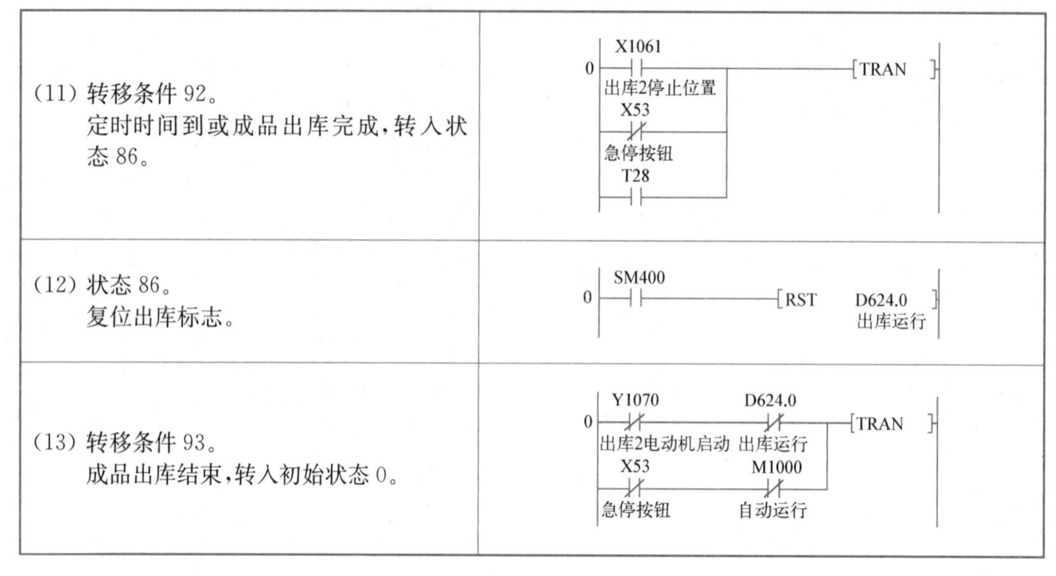

(11) 转移条件 92。 定时时间到或成品出库完成，转入状态 86。	0 X1061 出库2停止位置 X53 急停按钮 T28 [TRAN]
(12) 状态 86。 复位出库标志。	0 SM400 [RST D624.0 出库运行]
(13) 转移条件 93。 成品出库结束，转入初始状态 0。	0 Y1070 出库2电动机启动 D624.0 出库运行 X53 急停按钮 M1000 自动运行 [TRAN]

2）倍速链 1 顶升机构

顶升机构工作流程如下：工件从倍速链 1 到达顶升机构前阻挡器，前阻挡器下降，继续前行至后阻挡器，顶升机构顶起，工件顶升到位，机器人取走工件底座进行加工。加工完成，机器人取出工件底座检查后放至原位，顶升机构下降，倍速链 1 后阻挡器下降，传输至下一工序，其流程图如图 2-2-21 所示。

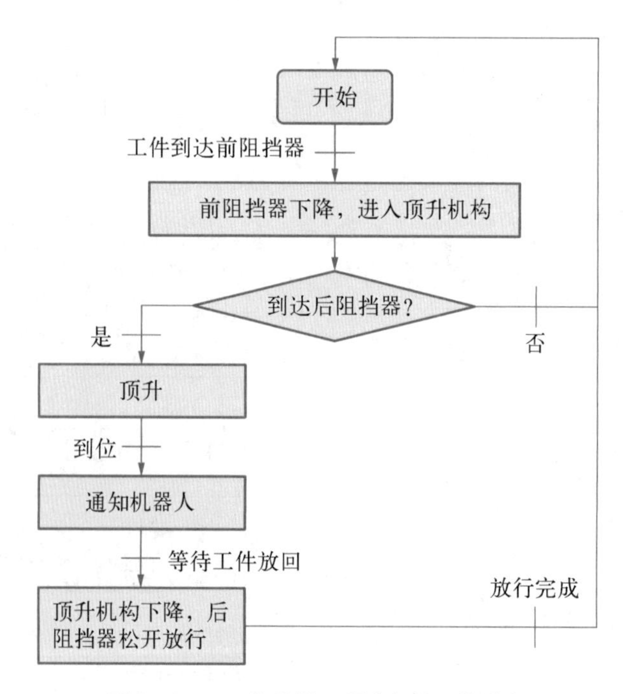

图 2-2-21　倍速链 1 顶升机构工作流程

根据控制要求编制顶升机构 SFC 程序如下：

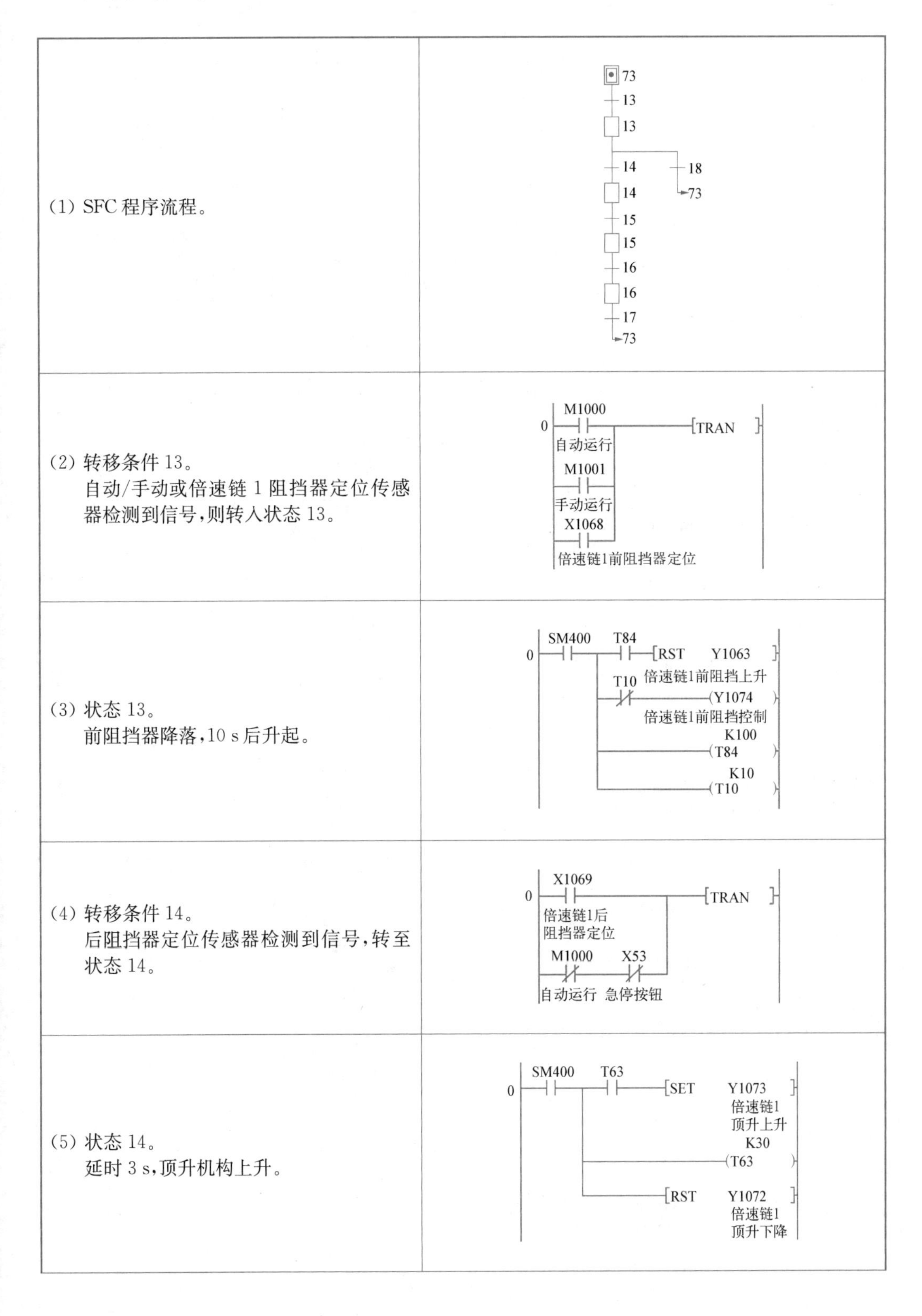

(1) SFC 程序流程。	
(2) 转移条件 13。 自动/手动或倍速链 1 阻挡器定位传感器检测到信号，则转入状态 13。	
(3) 状态 13。 前阻挡器降落，10 s 后升起。	
(4) 转移条件 14。 后阻挡器定位传感器检测到信号，转至状态 14。	
(5) 状态 14。 延时 3 s，顶升机构上升。	

续　表

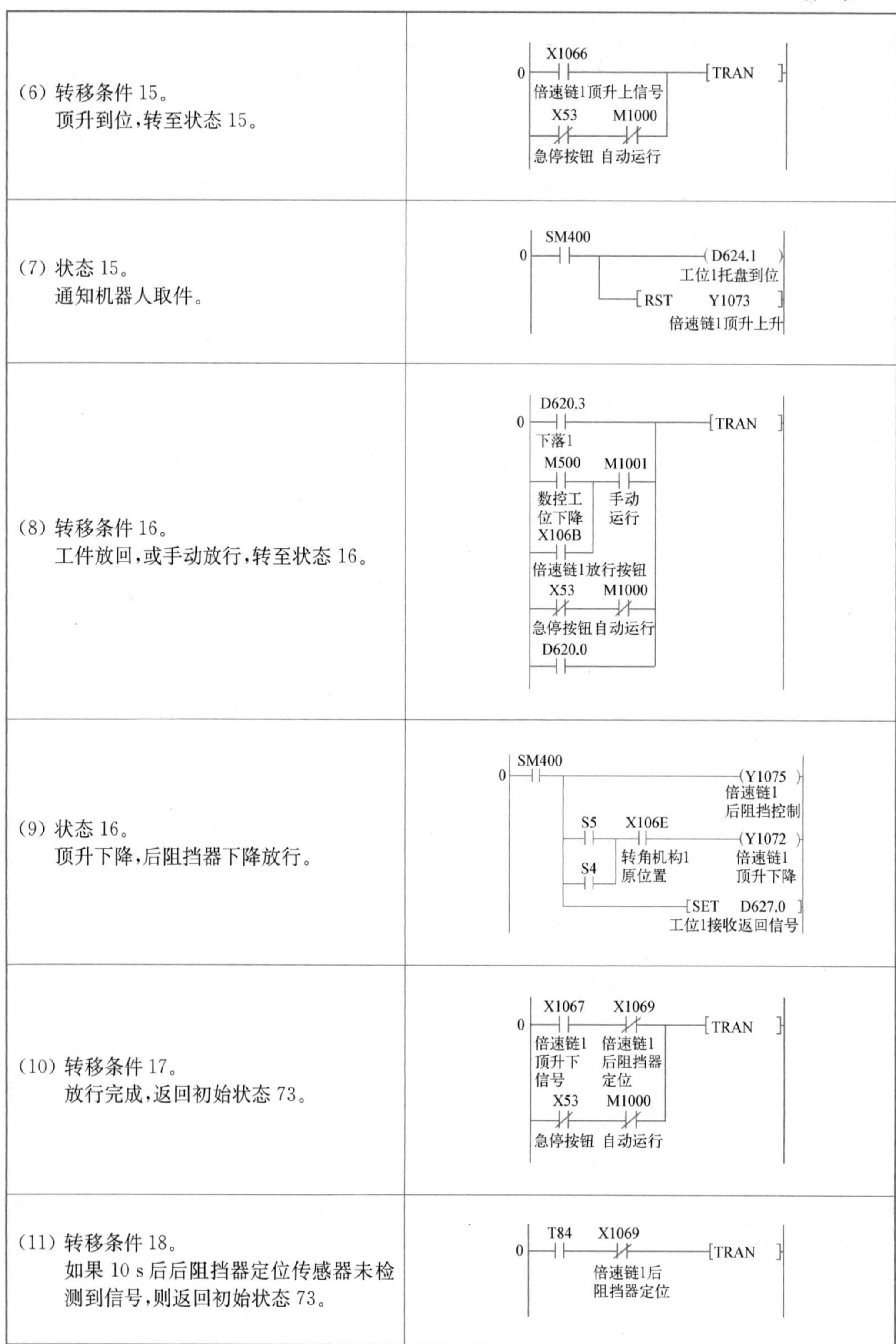

(6) 转移条件 15。 顶升到位,转至状态 15。	0 X1066 倍速链1顶升上信号 [TRAN] X53 急停按钮 M1000 自动运行
(7) 状态 15。 通知机器人取件。	0 SM400 (D624.1 工位1托盘到位) [RST Y1073] 倍速链1顶升上升
(8) 转移条件 16。 工件放回,或手动放行,转至状态 16。	0 D620.3 下落1 [TRAN] M500 数控工位下降 M1001 手动运行 X106B 倍速链1放行按钮 X53 急停按钮 M1000 自动运行 D620.0
(9) 状态 16。 顶升下降,后阻挡器下降放行。	0 SM400 (Y1075 倍速链1后阻挡控制) S5 S4 X106E 转角机构1原位置 (Y1072 倍速链1顶升下降) [SET D627.0] 工位1接收返回信号
(10) 转移条件 17。 放行完成,返回初始状态 73。	0 X1067 倍速链1顶升下信号 X1069 倍速链1后阻挡器定位 [TRAN] X53 急停按钮 M1000 自动运行
(11) 转移条件 18。 如果 10 s 后后阻挡器定位传感器未检测到信号,则返回初始状态 73。	0 T84 X1069 倍速链1后阻挡器定位 [TRAN]

倍速链 2、4 顶升机构与倍速链 1 顶升机构类似，用于配合机床、机器人进行加工、装配操作，因而工作方式基本一致。

动力滚筒顶升机构用于工件的分选，即是否入库或提前下线，因而增加了平移机构：传感器检测到工装托盘，顶升气缸将机构顶起，驱动电机转动带动传动主轴旋转，从而带动防滑带运转，完成工装托盘的转移，或下降前、后阻挡器直接放行。

3）转角机构 1

工件从倍速链 1 到达转角机构 1，如果工件合格则转角机构驱动电机启动，送至倍速链 2；如果工件不合格，则转动 90°，启动平带，延时后启动驱动电机，经平带、转角机构 4 下线，工作流程及状态转移图如图 2－2－22、图 2－2－23 所示。

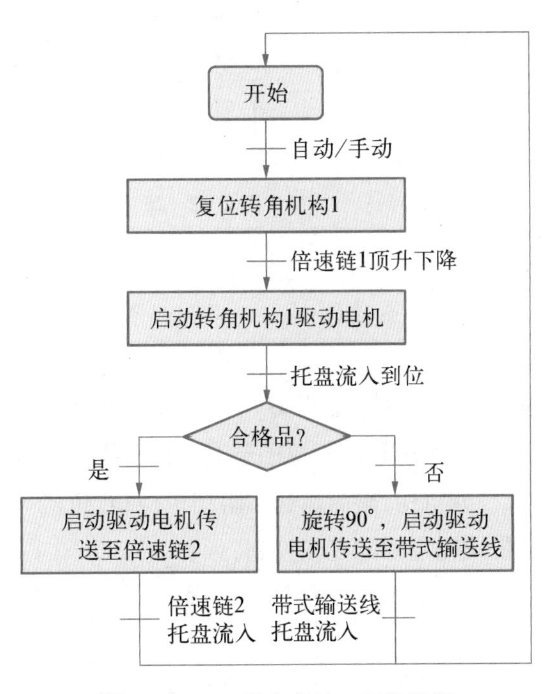

图 2－2－22　转角机构 1 工作流程

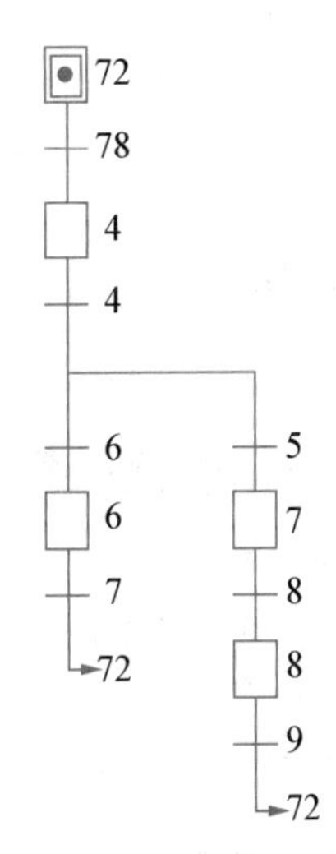

图 2－2－23　转角机构 1 状态转移图

4）入库平台

入库操作包括成品入库和原料入库。成品入库：从动力滚筒输送线流出的工件经入库 1 托架送至立体仓库货叉取件位置，设置入库到位标志；原料入库：经入库 2 托架送至立体仓库货叉取件位置，设置入库到位标志。

立体仓库系统获知到位信号，进行入库操作，将原料或成品送至相应库位。入库平台的工作流程及状态转移图如图 2－2－24、图 2－2－25 所示。

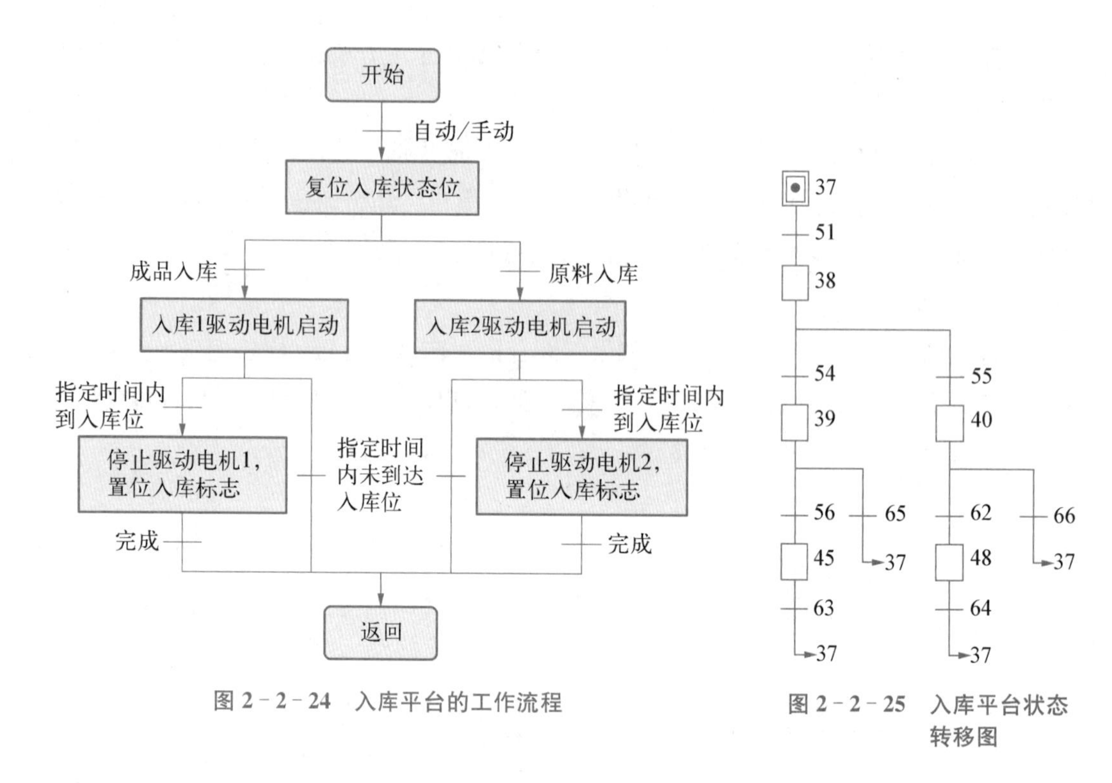

图 2-2-24　入库平台的工作流程

图 2-2-25　入库平台状态转移图

任务小结

输送单元控制系统由 PLC 的 CPU 模块、I/O 模块、远程 I/O 模块及变频器等构成，I/O 模块用于总控启停等控制输入及状态显示；远程 I/O 模块用于滚筒输送线、带式输送线、倍速链等运行状态输入，以及翻转机构、顶升机构、滚筒输送线阻挡机构、转角机构、出入库平台动作控制及滚筒输送线、倍速链、带式输送线的变频控制。

练习

1. 如何将变频器设置为网络运行模式？设置变频器通信站号使用什么参数？
2. CC-Link 主站和远程设备站使用何种方式进行信号通信？
3. CC-Link 总线支持的传输速率有哪些？

任务三　认识并调试 RFID 单元

任务目标

1. 了解 RFID 的工作原理。

2. 了解 RFID 读写器的通信协议及操作命令集。

3. 熟悉 RFID 标签数据的读写操作。

任务相关知识

1. RFID 的组成及工作原理

RFID(radio frequency identification)即射频识别技术,又称电子标签,可通过无线电信号识别特定目标并读写相关数据,而无须识别系统与特定目标之间建立机械或光学接触,常用的有低频(125 Hz～134.2 kHz)、高频(13.56 MHz)、超高频等。RFID 读写器也分移动式和固定式,目前 RFID 技术应用很广,如图书馆、门禁系统、食品安全溯源等。

RFID 技术的基本工作原理并不复杂:标签进入磁场后,接收读写器发出的射频信号,凭借感应电流所获得的能量发送出存储在芯片中的产品信息(无源标签或被动标签),或者由标签主动发送某一频率的信号(有源标签或主动标签),读写器读取信息并解码后,送至中央信息系统进行有关数据处理。

一套完整的 RFID 系统由读写器、应答器(标签或射频卡)及应用程序三个部分组成。读写器发射特定频率的无线电波能量给应答器,用以驱动应答器电路将内部的数据送出,此时读写器便依序接收解读数据,送给应用程序做相应的处理,如图 2-2-26 所示。

2. 通信协议

RFID 读写器通过 RS232 或者 RS485 接口与上位机串行通信,按上位机的命令要求完成相应操作。串行通信接口的数据帧为一个起始位、8 个数据位、一个停止位,无奇偶校验位,默认波特率 57 600 bps。

完整的一次通信过程:上位机发送命令给读写器,并等待读写器返回响应;读写器接收命令后,开始执行命令,然后返回响应;之后上位机接收读写器的响应。

(1) 读写器命令数据块

RFID 读写器命令数据块的组成如图 2-2-27 所示,各字段说明见表 2-2-7。

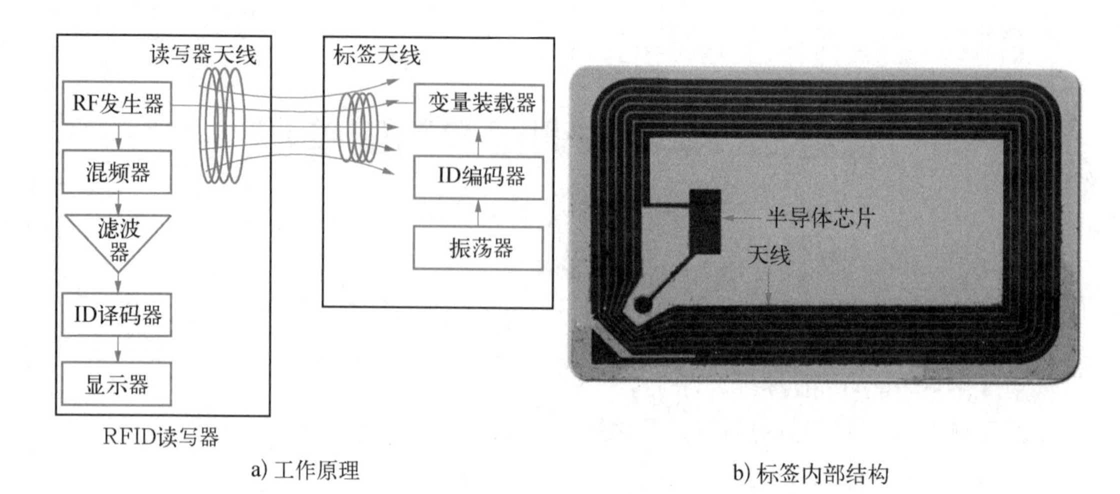

a) 工作原理　　b) 标签内部结构

图 2-2-26　射频识别

Len	Adr	Cmd	Data[]	LSB-CRC16	MSB-CRC16

图 2-2-27　RFID 读写器命令数据块的组成

表 2-2-7　RFID 读写器命令数据块各字段说明

字　段	长度(字节)	说　　明
Len	1	命令数据块的长度,但不包括 Len 本身。即数据块的长度等于 4 加 Data[]的长度。Len 允许的最大值为 96,最小值为 4
Adr	1	读写器地址。地址范围:0x00～0xFE,0xFF 为广播地址,读写器只响应和自身地址相同及地址为 0xFF 的命令。读写器出厂时地址为 0x00
Cmd	1	命令代码
Data[]	不定	参数域。在实际命令中,可以不存在
LSB-CRC16	1	CRC16 低字节。CRC16 是从 Len 到 Data[]的 CRC16 值
MSB-CRC16	1	CRC16 高字节

(2) 读写器响应数据块

RFID 读写器响应数据块的组成如图 2-2-28 所示,各字段说明见表 2-2-8。

Len	Adr	reCmd	Status	Data[]	LSB-CRC16	MSB-CRC16

图 2-2-28　RFID 读写器响应数据块的组成

表 2-2-8　RFID 读写器响应数据块各字段说明

字　段	长度(字节)	说　　明
Len	1	响应数据块的长度,但不包括 Len 本身。即数据块的长度等于 5 加 Data[]的长度
Adr	1	读写器地址
reCmd	1	指示该响应数据块是哪个命令的应答。如果是对不可识别的命令的应答,则 reCmd 为 0x00
Status	1	命令执行结果状态值
Data[]	不定	数据域,可以不存在
LSB-CRC16	1	CRC16 低字节。CRC16 是从 Len 到 Data[]的 CRC16 值
MSB-CRC16	1	CRC16 高字节

(3) 操作命令

超高频 RFID 标签有两种协议：ISO18000-6C 和 ISO18000-6B。EPC C1G2 标签(简称 G2 标签)采用 ISO18000-6C 协议,其操作命令集见表 2-2-9。

表 2-2-9　ISO18000-6C 操作命令集

序号	命令	功　能	序号	命令	功　能
1	0x01	询查标签	9	0x09	不需要 EPC 号读保护设定
2	0x02	读数据	10	0x0a	解锁读保护
3	0x03	写数据	11	0x0b	测试标签是否被设置读保护
4	0x04	写 EPC 号	12	0x0c	EAS 报警设置
5	0x05	销毁标签	13	0x0d	EAS 报警探测
6	0x06	设定存储区读写保护状态	14	0x0e	用户区块锁
7	0x07	块擦除	15	0x0f	询查单标签
8	0x08	根据 EPC 号设定读保护设置	16	0x10	块写

18000-6B 标签(简称 6B 标签)采用 ISO18000-6B 协议,其操作命令集见表 2-2-10 所示。

表 2-2-10　ISO18000-6B 操作命令集

序号	命令	功　　能
1	0x50	询查命令(单张)。这个命令每次只能询查一张电子标签。不带条件询查
2	0x51	条件询查命令(多张)。这个命令根据给定的条件进行询查,返回符合条件的电子标签的 UID。可以同时询查多张电子标签
3	0x52	读数据命令。这个命令读取电子标签的数据,一次最多可以读 32 个字节
4	0x53	写数据命令。写入数据到电子标签中,一次最多可以写 32 个字节
5	0x54	检测锁定命令。检测某个存储单元是否已经被锁定
6	0x55	锁定命令。锁定某个尚未被锁定的电子标签

(4) 标签存储区

G2 标签分四个区:保留区(又称密码区)、EPC 区、TID 区和用户区。

① 保留区:保留区有 4 个字。前两个字是销毁密码,后两个字是访问密码。可读可写,保留区的两个密码区的读写保护特性可以分别设置。

② EPC 区:标签 EPC 号存储在该区,其中第 0 个字是 PC 值和标签 EPC 号的 CRC16。第 1 个字是 PC 值,该值指示标签 EPC 号长度,从第 2 个字开始才是标签的 EPC 号数据。可读可写。

③ TID 区:该区存储的数据是由标签生产商设定的 ID 号。可读不可写。

④ 用户区:是用户数据区。可读可写。

6B 标签只有一个存储空间,最低 8 个字节是标签的 UID,并且不能被改写。后面的字节都是可改写的,也可以被锁定,但是一旦锁定后,则不能再次改写,也不能解锁。

3. 超高频电子标签 UHFReader18

UHFReader18(图 2-2-29)是一款高性能的 UHF 超高频电子标签一体机,结合专有的高效信号处理算法,在保持高识读率的同时,实现对电子标签的快速读写处理,可广泛应用于物流、门禁系统、生产过程控制等。

图 2-2-29　超高频电子标签一体机

(1) 特点

UHFReader18 电子标签的主要特点如下:

① 充分支持 ISO18000-6B、EPC CLASS1 G2 标准。

② 工作频率 902～928 MHz。

③ 以广谱跳频(FHSS)或定频发射方式工作。

④ 输出功率达至 30 dBm(可调)。

⑤ 8dBi/12dBi 两类天线配置选择，典型读取距离为 3～5 m/10 m。

⑥ 支持自动方式、交互应答方式、触发方式等多种工作模式。

⑦ 低功耗设计，单+9 V 电源供电。

⑧ 支持 RS232、RS485、韦根等多种用户接口。可选配 TCP/IP 网络接口。

(2) 接口

UHFReader18 电子标签接口说明见表 2-2-11。

表 2-2-11　电子标签接口说明

线　色	说　　明	线　色	说　　明
红	+9 V	橙	RS485 R−
黑	GND	棕	GND
黄	韦根 DATA0	白	RS232 RXD
蓝	韦根 DATA1	绿	RS232 TXD
紫	RS485 R+	灰	外部触发(TTL 电平)

注：对于配置 TCP/IP 网络接口的型号 UHFReader18TCP，附加有一个标准 RJ45 网络插口。

任务实施

1. 信号连接

在打开端口之前，需将读写器与串口、天线正确连接，再接通电源。具体操作过程如下：

(1) 电源线采用航空插头连接，注意对准连接器缺口连接电源线。	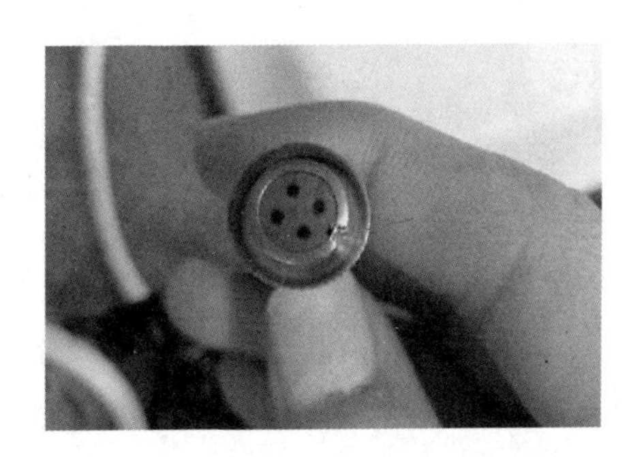

续 表

(2) 通信线连接至 DB9 接头，未使用的预留线用黑胶布隔离。	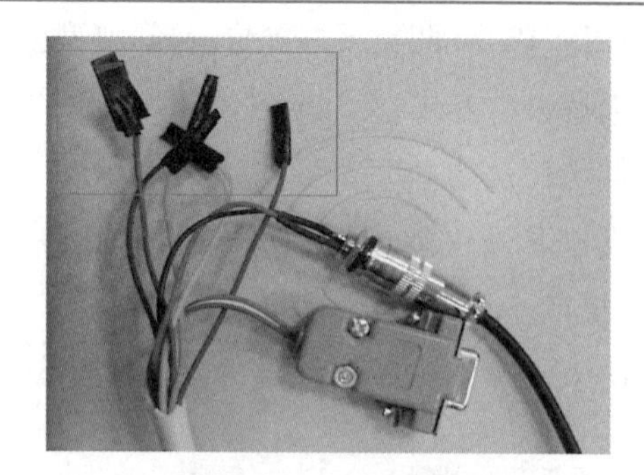
(3) 将读写器通信线连接至计算机串口。	

2. 读写器操作

1) UHFReader18demomain.exe 软件读写操作

(1) 按上述步骤进行连线，运行 UHFReader18demomain.exe，打开读写器操作界面。 菜单栏包括“读写器参数设置界面”“EPCC1 - G2 Test”“18000 - 6B Test”和“频点分析”四部分。	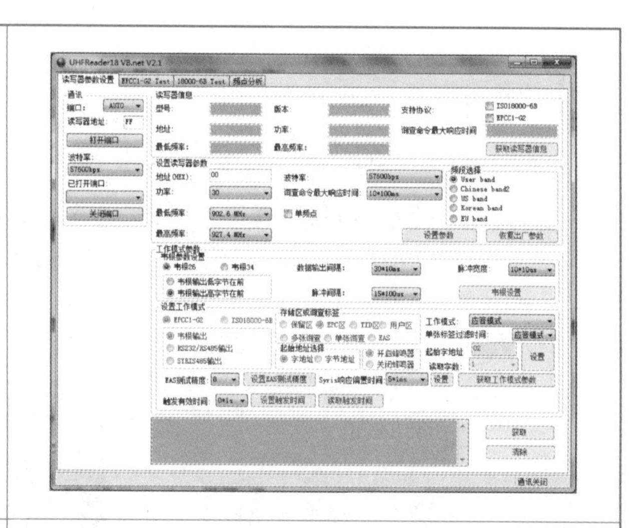
(2) 读写器地址等于 FF 时，为广播方式，与该串口连接的读写器均会响应。读写器地址等于其他值时，则读写器信息中地址为该值的才会响应。	通讯 端口:　AUTO 读写器地址:　FF 打开端口

续　表

步骤说明	界面
(3) 若读写器连上计算机 COM1～COM9 其中之一，则以指定的波特率 57 600 bps 通过连接的端口与读写器通信，此时连接的端口显示在“已打开端口”里。	 已打开端口： COM1 关闭端口
(4) 若未连接，则弹出信息提示窗口。	 信息提示 串口通讯错误 确定
(5) 读写器参数设置。地址设置不能为 0xFF。	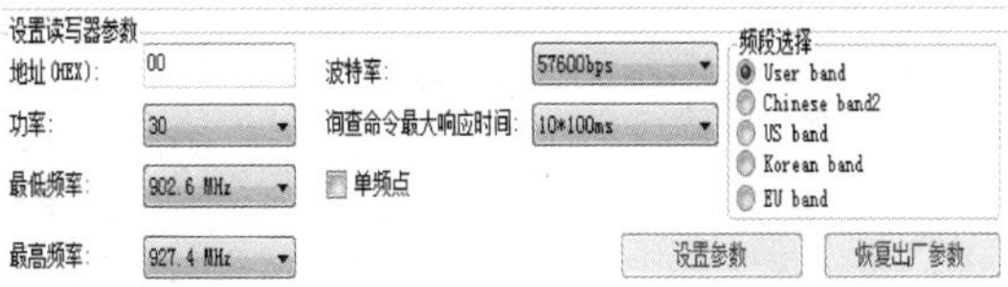 设置读写器参数 地址(HEX): 00　波特率: 57600bps 功率: 30　询查命令最大响应时间: 10*100ms 最低频率: 902.6 MHz　单频点 最高频率: 927.4 MHz 频段选择: User band / Chinese band2 / US band / Korean band / EU band 设置参数　恢复出厂参数
(6) 韦根协议参数设置。	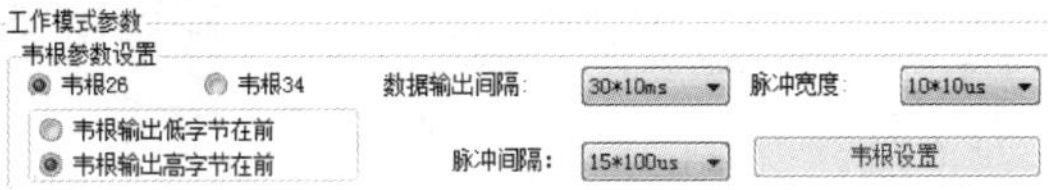 工作模式参数 韦根参数设置 韦根26　韦根34　数据输出间隔: 30*10ms　脉冲宽度: 10*10us 韦根输出低字节在前 韦根输出高字节在前　脉冲间隔: 15*100us　韦根设置
(7) 工作模式设置。	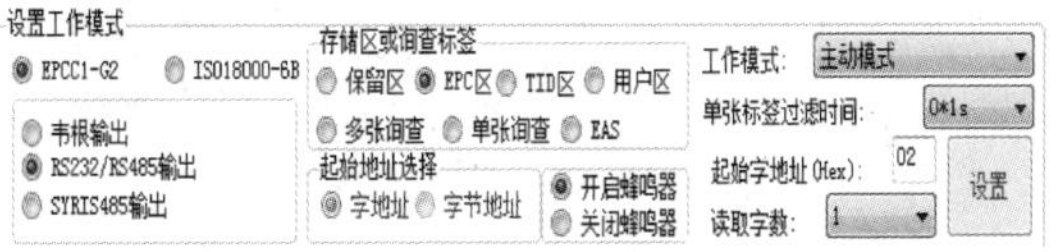 设置工作模式 EPCC1-G2　ISO18000-6B 韦根输出 / RS232/RS485输出 / SYRIS485输出 存储区或询查标签: 保留区 EPC区 TID区 用户区 多张询查 单张询查 EAS 起始地址选择: 字地址 字节地址 开启蜂鸣器 关闭蜂鸣器 工作模式: 主动模式 单张标签过滤时间: 0*1s 起始字地址(Hex): 02 读取字数: 1 设置
(8) G2 标签读操作。首先打开端口，单击菜单“EPCC1 - G2 Test”，单击“查询标签”。	 询查标签 询查标签间隔时间: 50ms　查询标签 TID询查条件 起始地址: 02　数据字数: 04　TID询查 序号 | EPC号 | EPC长度 | 次数 1 | AE534012580A04E0 | 08 | 21
(9) 标签号询查：勾选“TID 询查”，输入 TID 的起始地址(00)及数据字数(03)，单击“查询标签”。	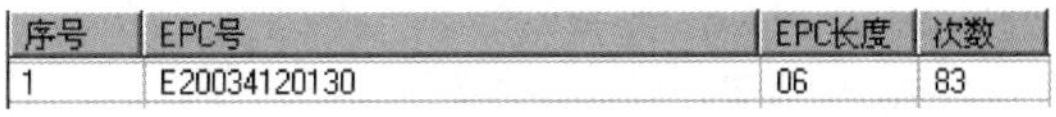 序号 | EPC号 | EPC长度 | 次数 1 | E20034120130 | 06 | 83
(10) 读数据：单击“读数据/写数据/块擦除”下拉箭头选择询查的标签，选择“EPC 区”，填写起始地址等信息。起始地址为“0x00”，读长度设为“4”，访问密码设为“00000000”。单击“读”按钮，读数据成功，右侧显示读取的数据。	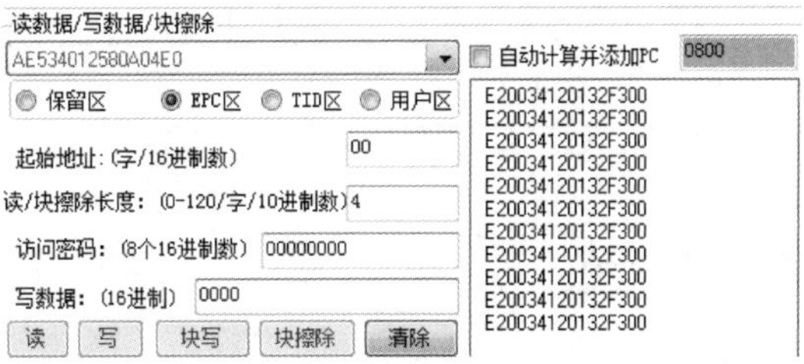 读数据/写数据/块擦除 AE534012580A04E0　自动计算并添加PC 0800 保留区 EPC区 TID区 用户区 起始地址：(字/16进制数) 00 读/块擦除长度：(0-120/字/10进制数) 4 访问密码：(8个16进制数) 00000000 写数据：(16进制) 0000 读 写 块写 块擦除 清除 E20034120132F300（共11行）

续 表

(11) 写数据：单击“读数据/写数据/块擦除”下拉箭头选择询查的标签，选择“EPC 区”，填写起始地址等信息。单击“写”按钮，左下角可看到写数据的状态信息。	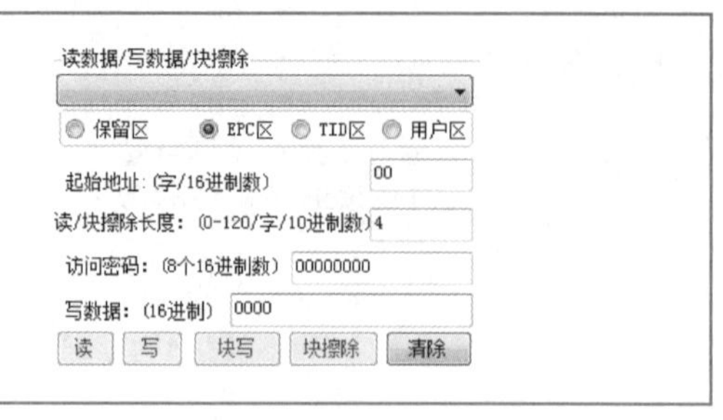

2）E－Factory 软件 RFID 读写操作

RFID 也可利用 E－Factory 软件进行手动读写操作，步骤如下：

(1) 打开 E－Factory 软件并登录，进入主界面。	
(2) 单击主界面的“生产线管理”，选择“生产线手动控制”。	
(3) 读数据：输入工位号，单击“读取”；写数据：输入工位号及要写的内容，单击“写入”。	

任务小结

RFID 是自动识别技术的一种，通过无线射频方式进行非接触双向数据通信，利用无线射频方式对记录媒体（电子标签或射频卡）进行读写，从而达到识别目标和数据交换的目的，广泛应用于物流、食品、生产、图书馆、门禁系统等领域。通过任务学习，了解 RFID 的工作原理，ISO18000 - 6C 和 ISO18000 - 6B 协议特点及命令集，熟悉超高频电子标签 UHFReader18 的接口及数据读写的一般操作过程。

视频

E-Factory软件
RFID读写操作

练习

1. 什么是 RFID？简述其数据读取过程。
2. ISO18000 - 6B 协议中读、写标签数据的命令是什么？
3. 什么是 G2 标签？

项目三 自动化立体仓库与堆垛机单元的运行调试

项目描述

图2-3-1所示为智能制造系统的自动化立体仓库与堆垛机单元，简称立体库单元，是智能制造系统的从站之一，主要由立体仓库（成品库和毛坯库）、巷道式地轨自动堆垛机和控制柜等组成，负责生产线毛坯、成品的入库和出库。在本项目中，先从对工作站的认识入手，然后分析该工作站的控制系统，训练控制器PLC的程序设计，最后对整个工作站进行调试。在该单元，可根据智能制造系统中工业视觉检测单元对水晶外形的检测结果将工件进行分类入库；使用组态技术进行监控，使用PLC控制技术对各执行装置进行控制；使用升降伺服电机驱动，由链条带动三级货插做升降运动；使用水平伺服电机驱动，由同步带拖动堆垛机做水平移动；三级货插伸缩运动采用直流电机驱动，完成取、放货功能；使用E-Factory软件对该单元进行控制管理。

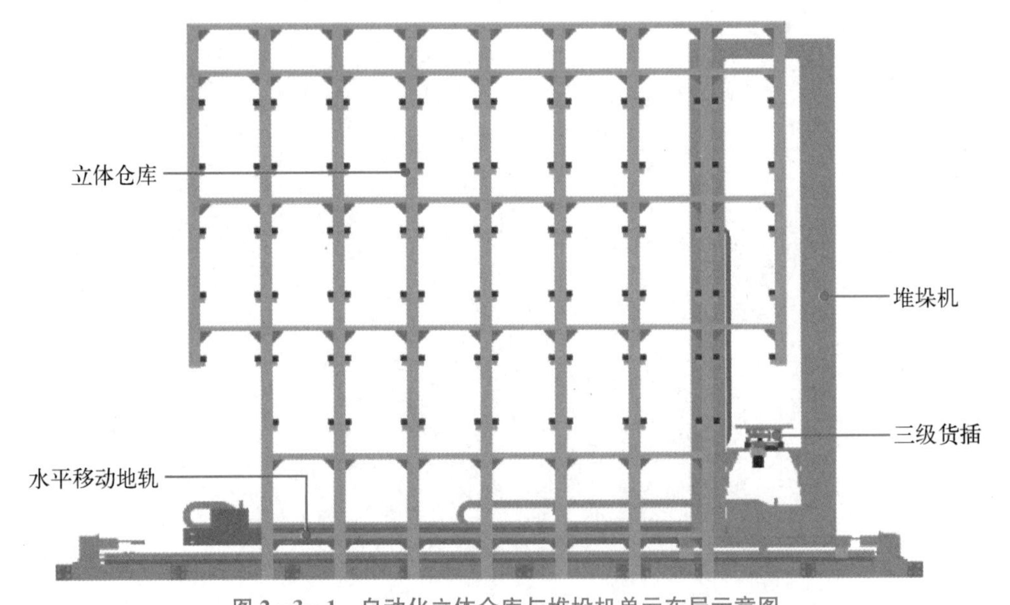

图2-3-1　自动化立体仓库与堆垛机单元布局示意图

任务一　认识自动化立体仓库与堆垛机单元

任务目标

视频

立体库单元组成及功能

1. 熟知立体库单元的硬件组成及功能。
2. 了解立体库单元的工作过程。
3. 掌握立体库单元的入库、出库操作方法。

任务相关知识

1. 立体库单元的组成

(1) 立体仓库

立体仓库部分如图 2-3-2 所示，由左、右原材料库和成品库两部分货架构成。左、右立体库位各设计 6 行 8 列仓位，可分别放置毛坯原材料和已加工好的工装托盘。立体库单元工作时，首先将原材料托盘出库，由输送单元传输至生产线加工单元；待产品加工完毕后，在入库位置将加工完毕的工装托盘入库，放入指定的库位。

图 2-3-2　立体库单元布局实物图

(2) 巷道式地轨自动堆垛机

巷道式地轨自动堆垛机主要由升降伺服机构、水平移动机构和三级货插三部分组成。三级货插随着升降伺服机构和水平伺服机构做垂直和水平方向的运动,从而实现精准到达对应的库位。

① 升降伺服机构

立体库单元的升降伺服机构如图 2-3-3 所示,由伺服电机、拖链齿轮、极限开关等构成。该升降伺服机构由伺服电机控制上下升降运动,带动三级货插在立体仓库货架的不同行库位运动。具体的功能及要求:升降伺服电机转动,由链条带动三级货插做升降运动,此传动方式能够承受较大载荷,提高了堆垛机升降过程的安全性。

图 2-3-3 升降伺服机构实物图

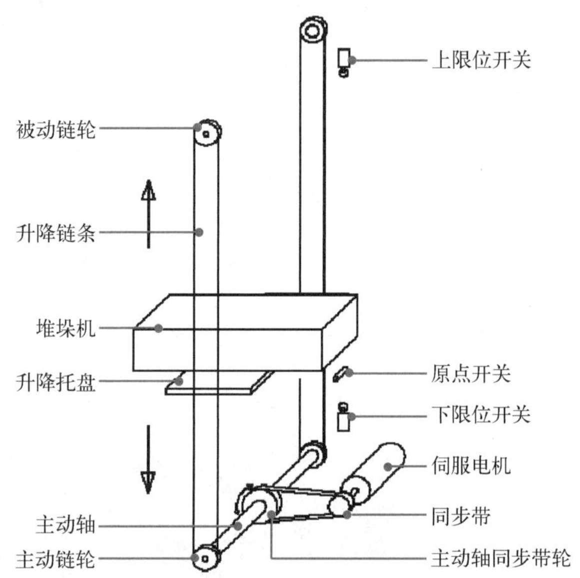

图 2-3-4 拖链齿轮升降机构传动示意图

拖链齿轮升降机构传动示意图如图 2-3-4 所示,伺服电机(三菱 HF-KP3 带抱闸,可防止断电后货物坠落)旋转,通过同步带带动主动轴转动,主动轴两端各固定一个主动链轮,主动轴转动使主动链轮转动,通过链条牵引三级货插做上下运动,从而完成货物的升降功能,原点开关是上下移动的参考点,上下限位开关是三级货插上下移动的极限位置。

② 水平移动机构

立体库单元的水平移动机构如图 2-3-5 所示,由伺服电机、带轮、水平移动地轨、限位开关、尼龙防撞机构等组成。该水平移动机构负责自动堆垛机沿地轨做水平运动,方便堆垛机在立体仓库的不同列库位运动。具体的功能及要求:地轨水平伺服驱动电机转动,由同步带拖动堆垛机做水平移动,此传动方式传动平稳,噪声小。

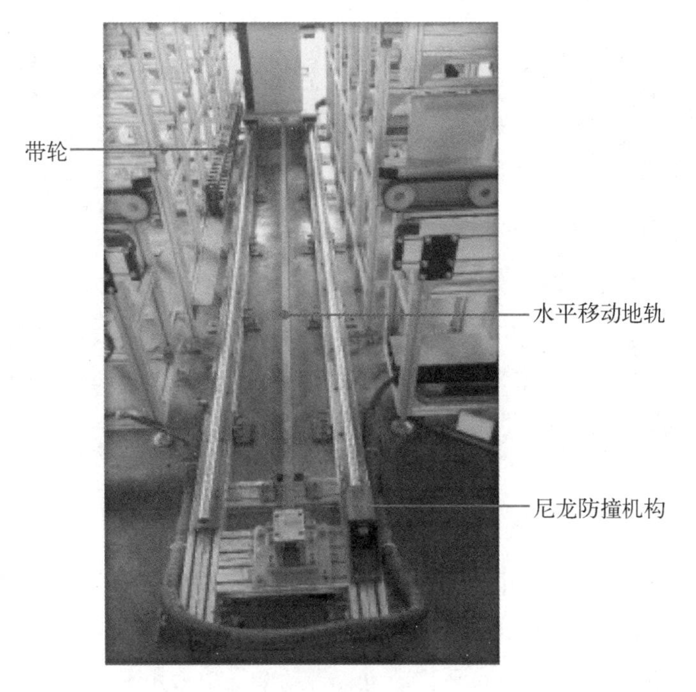

图 2－3－5　水平移动机构实物图

水平移动机构传动示意图如图 2－3－6 所示，伺服电机（三菱 HF－KP3）使主动带轮转动，主动带轮旋转拖动同步带做平移运动，因为同步带与堆垛机底板通过同步带压块固连，所以同步带移动会使堆垛机做水平方向移动，原点开关是水平移动的参考点，左右限位开关是堆垛机水平移动的极限位置。

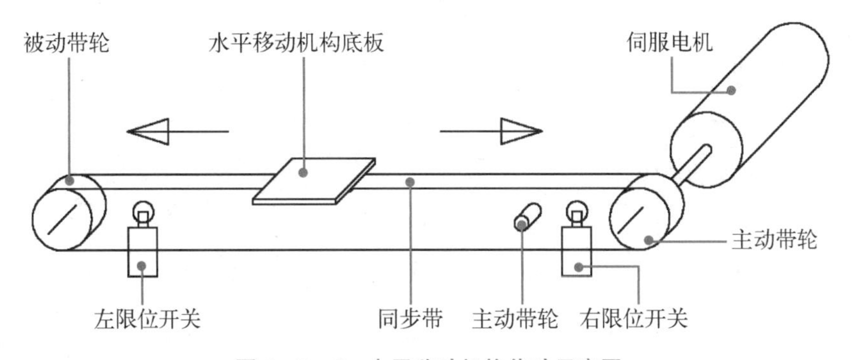

图 2－3－6　水平移动机构传动示意图

③ 三级货插

立体库单元的三级货插安装在升降伺服机构上，如图 2－3－7 所示，由直流电机、上托板、中层架、底架、限位开关和光电传感器等组成。升降伺服机构带动三级货插一并运动，具体的功能及要求：该机构通过控制直流电机的正反转运动，带动三级货插上托板、中层架和底架之间的伸缩运动，从而实现对工装托盘的插取和放置任务。

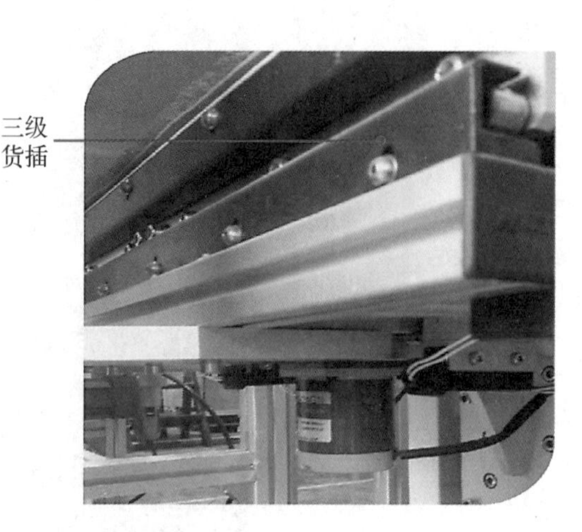

图 2-3-7 三级货插实物图

三级货插的传动示意图如图 2-3-8 所示。直流电机(Z2D-24DN 带减速机,速比为 1∶75)旋转,电机同步带轮带动中层架齿条做水平移动,因为中层架齿条和中层架用螺钉固定在一起,中层架齿条的水平移动也会带动中层架做水平移动;从动齿轮固定在中层架上,从而从动齿轮的中心也做水平移动;由于底架齿条和底架在一起固定不动,从动齿轮中心的平移会使从动齿轮做旋转运动,进而带动上托板齿条进行水平移动,完成对工件托盘的插取工作。

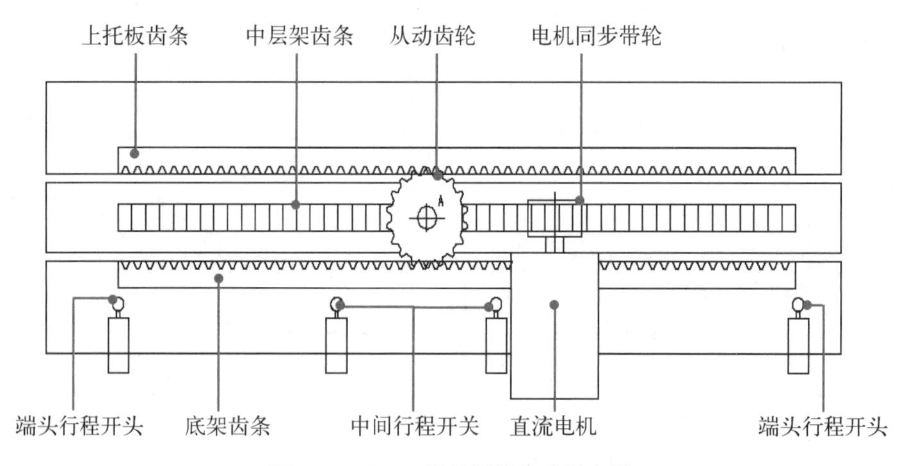

图 2-3-8 三级货插的传动示意图

经过对机械传动结构分析可知,直流电机的运动带动三级货插做伸缩运动。图 2-3-9 为三级货插伸出示意图,其中底架是保持不变的,由中层架的齿轮带动堆垛机上托板伸出运动;反之亦然,由中层架拖动上托板做缩回运动。最终实现三级货插对工装托盘的插取、放置运动。

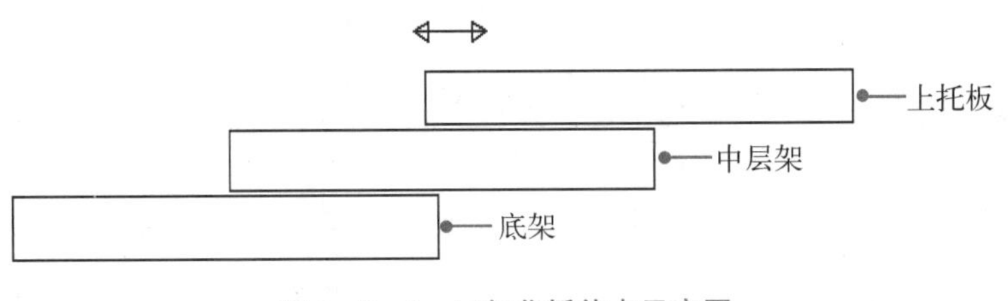

图 2-3-9　三级货插伸出示意图

(3) 电控柜

电控柜是立体库单元的控制系统，是工作站运行的核心部件，该部分主要由电控柜内部元件和电控柜面板器件构成，如图 2-3-10 所示。

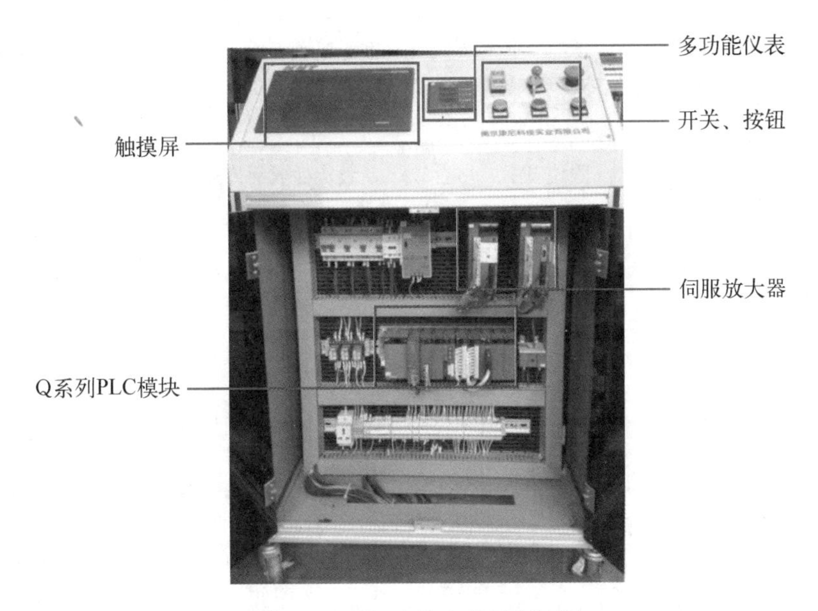

图 2-3-10　立体库单元电控柜

电控柜面板主要包含触摸屏、多功能仪表、开关、按钮等。触摸屏主要负责人机交互，在触摸屏上可以进行单机与联机控制状态的切换；面板上的多功能仪表用于监视运行电压、电流和功率；面板上的开关、按钮分别控制本工作站的总电源上电、系统启动、复位、停止、急停等。

电控柜内部主要包括 Q 系列 PLC 模块、伺服放大器、断路器、接触器等。该部分主要实现对堆垛机的控制，如水平伺服机构、升降伺服机构和堆垛机的定位运动控制。

(4) 检测元件和控制元件

表 2-3-1 是立体库单元检测元件和控制元件一览表，可查阅本单元检测元件、控制元件等编号、名称、功能和安装位置，可依据立体库单元 PLC 控制接线图熟悉检测和控制元件安装接线方法。

表 2-3-1 立体库单元检测元件和控制元件一览表

	序号	产品编号	名 称	功 能	安装位置
检测元件	1	SQ1	机械传感器	堆垛机水平正限位	水平地轨
	2	SQ2	机械传感器	堆垛机水平负限位	水平地轨
	3	B1	电感式传感器	堆垛机水平原点	水平地轨
	4	SQ3	机械传感器	堆垛机垂直正限位	堆垛机上端
	5	SQ4	机械传感器	堆垛机垂直负限位	堆垛机偏下
	6	B2	电感式传感器	堆垛机垂直原点	堆垛机下端
	7	SQ5	微动开关	三级货插成品库外限位	三级货插上
	8	SQ6	限位开关	三级货插成品库中间限位	三级货插上
	9	SQ7	限位开关	三级货插毛坯库外限位	三级货插上
	10	SQ8	限位开关	三级货插毛坯库中间限位	三级货插上
	11	S1	光电传感器	货插成品库有无托盘检测	三级货插上
	12	S2	光电传感器	货插毛坯库有无托盘检测	三级货插上
	13	S3	光电传感器	三级货插上有无托盘检测	三级货插上
控制元件	1	M1	伺服电机	堆垛机水平移动电机	水平地轨
	2	M2	伺服电机	堆垛机垂直移动电机	堆垛机
	3	M3	直流电机	三级货插驱动电机	三级货插上
	4	KA1	电磁阀	垂直伺服抱闸开关	控制柜
	5	KA2	电磁阀	三级货插正转驱动	控制柜
	6	KA3	电磁阀	三级货插反转驱动	控制柜
	7	H1	绿色按钮灯	启动按钮	控制面板
	8	H2	红色按钮灯	停止按钮	控制面板
	9	H3	黄色按钮灯	复位按钮	控制面板
	10	H5	系统指示灯	系统工作状态指示	控制柜上端

2. 立体库单元的操作流程

视频

立体库单元开关机操作

先将单个设备调试到位，再对整体进行联调，通过操作 E－Factory 实现对整个单元的控制。具体操作如下：

<table>
<tr><td>(1) 启动立体库单元。
闭合立体库单元的总控开关。</td><td></td></tr>
<tr><td>(2) 电控柜面板操作。
① 闭合面板钥匙开关。
② 闭合面板电源开关。
③ 待触摸屏启动完成后按复位按钮，立体库单元恢复初始状态。
④ 按下启动按钮启动立体库单元。</td><td>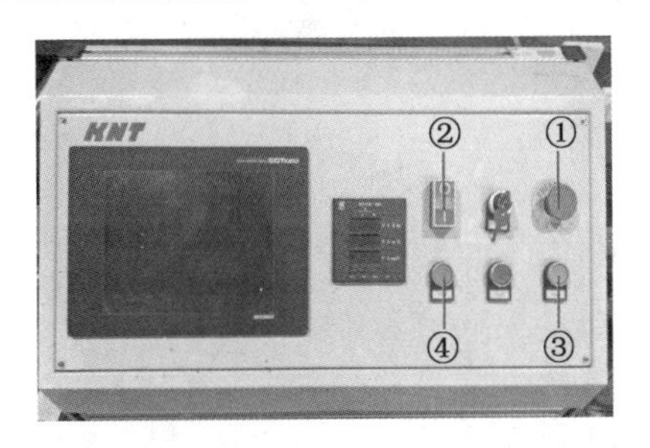
</td></tr>
<tr><td>(3) 停止立体库单元。
① 按下停止按钮。
② 关闭面板电源开关。
③ 断开钥匙开关。
断开总控开关。</td><td>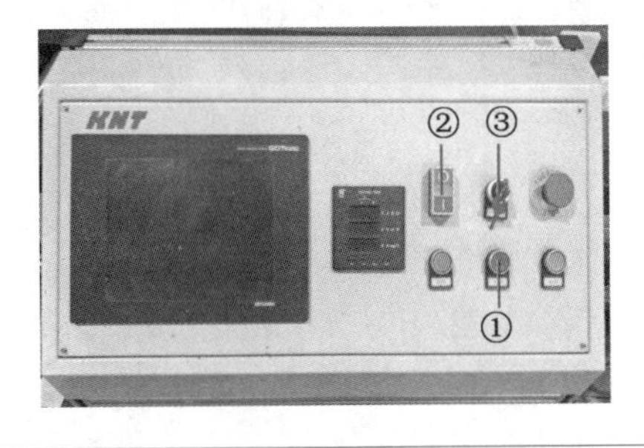
</td></tr>
<tr><td>(4) 触摸屏主界面操作。
单击复位、启动和停止按钮可实现立体库启停及复位操作；单击选择某一托盘类型（方水晶、圆水晶、圆柱），单击输入行、列编号，按“入库请求”则可配套输送单元的入库操作，实现托盘入库。</td><td>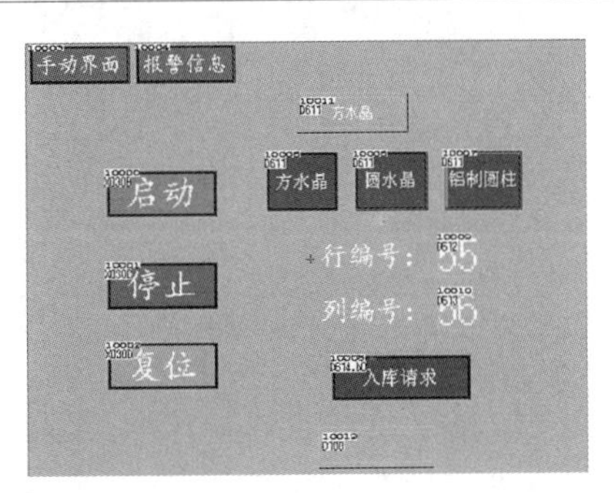
</td></tr>
</table>

续 表

(5) 手动操作控制。 ① 单击“手动控制”按钮，进入三级货插手动界面，可单独控制三级货插“货插毛坯库侧”“货插成品库侧”和“货插回中间位置”三种运动。 ② 手动输入电机“JOG 速度”，单击 X 轴正向和反向 JOG 按钮，堆垛机以设定的速度沿水平左右方向运动；单击 Z 轴正向和反向 JOG 按钮，堆垛机以设定的速度沿垂直方向上下运动。 ③ 按“ESC”按钮返回主界面。	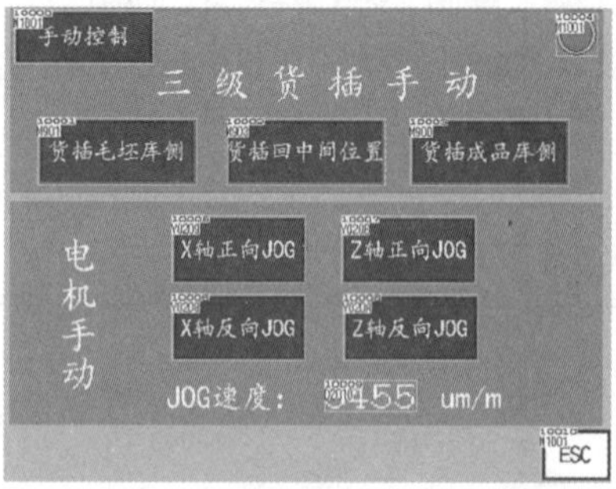
(6) 单击“报警信息”，进入报警界面，可查看当前立体库单元出现的报警信息。完成后按“ESC”按钮返回主界面。	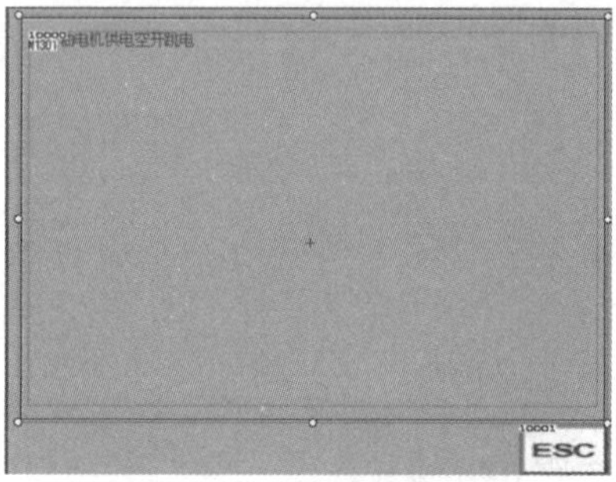
(7) 操作 E－Factory 软件对立体库单元进行联调。 打开软件并选择“系统管理员”，输入密码登录。	
(8) 单击主界面的“生产线管理”，选择“生产线手动控制”。	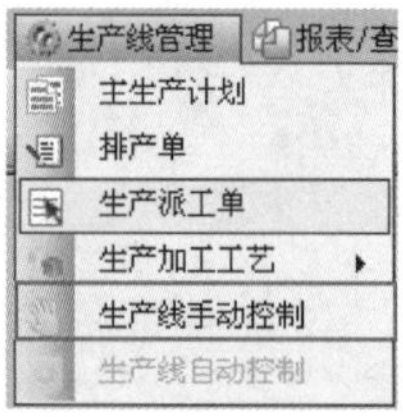
(9) 手动进行复位、上电、停机操作。选择原料库、成品库，输入行、列确认库位号，执行入库、出库或停止操作。	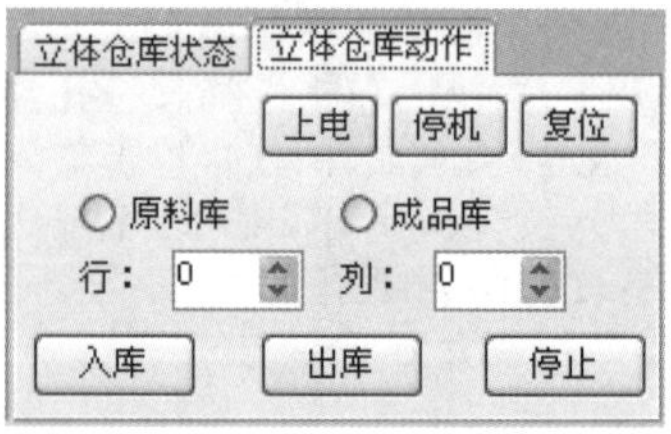

续　表

(10) 立体仓库的状态信息显示。 立体库单元的控制模式是手动还是自动、堆垛机的位置状态以及报警状态。	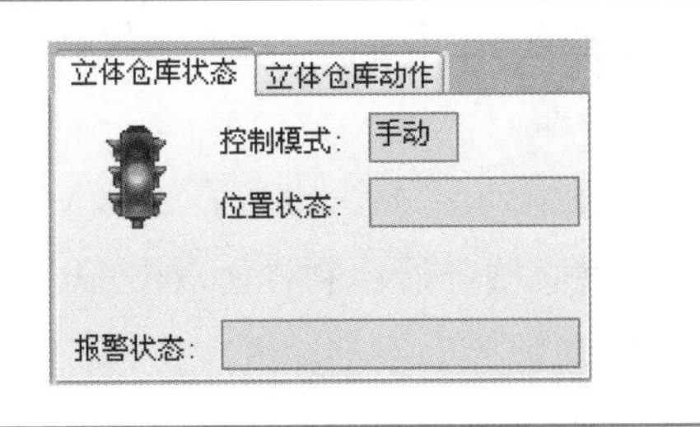

任务实施

将方水晶托盘入库至 5 行 5 列库位，再将已入库的方水晶托盘出库。

立体库单元出入库调试

1. 原材料入库操作

首先将工装托盘手动放置于输送单元入库平台，然后在总服务器控制界面双击 E - Factory 软件，登录后，在主界面中单点“生产线管理”，选择“生产线手动控制”，如图 2 - 3 - 11 所示，单击“立体仓库动作”，按照上面操作流程第(9)步骤，选择“原料库”，手动输入库位号：行 5、列 5，单击“入库”。

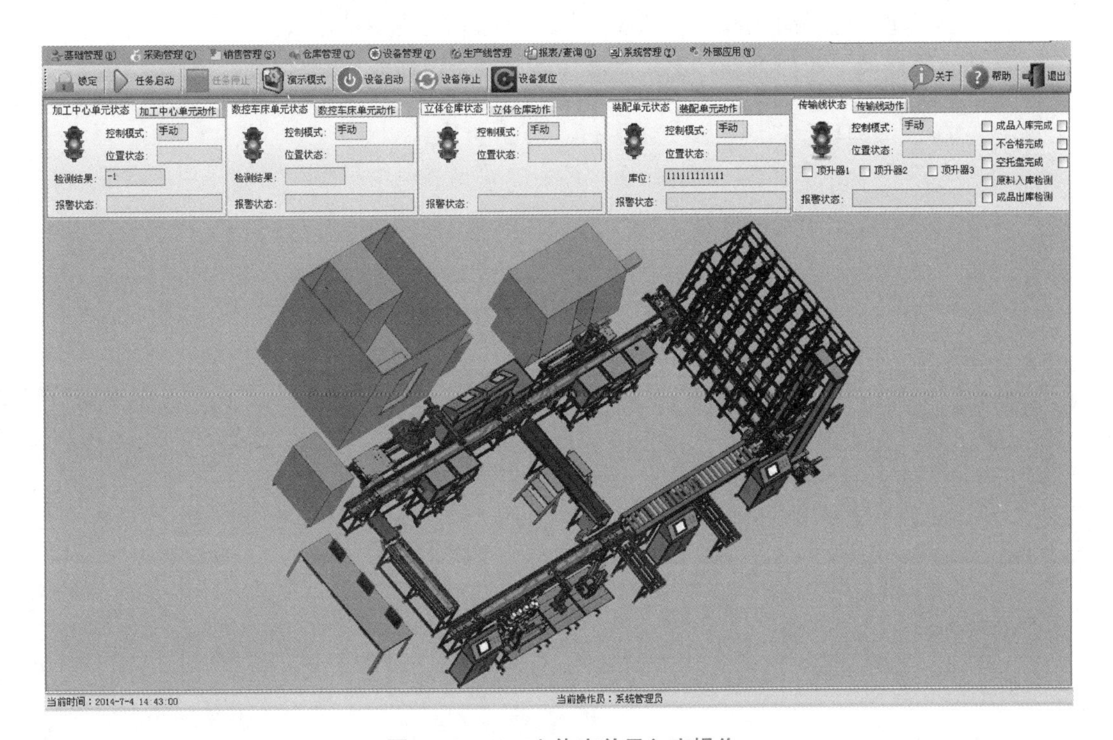

图 2 - 3 - 11　立体库单元入库操作

接下来，入库平台传送机构将托盘送至待拾取位置，堆垛机运行至待拾取位置，三级货插伸出运动将托盘插取，再将托盘放置到指定的5行5列库位；待放置成功后，堆垛机回归原点位置。

2. 出库操作

首先在总服务器控制界面双击E-Factory软件，登录后，与原材料入库相同操作步骤后选择“原料库”，手动输入库位号：行5、列5，单击“出库”。

接下来，堆垛机借助升降伺服机构和水平移动机构运动至指定的5行5列库位，伸出上托板插取，并将托盘放置到输送单元原料出库平台；待放置成功后，堆垛机回归原点位置。

任务小结

通过完成本任务了解智能制造系统中的立体库单元构成、主要部件及功能、工作流程，掌握立体库单元启停、复位、出库、入库操作设置，学会立体库单元的手动操作和自动运行。

练习

1. 简述升降伺服机构、水平移动机构的传动原理。
2. 立体库单元主要组成部分有哪些？各组成部分的功能是什么？
3. 三级货插的工作原理是什么？三级货插如何实现插取、放置托盘？

任务二　分析自动化立体仓库与堆垛机单元控制系统

任务目标

1. 了解自动化立体仓库与堆垛机单元中 PLC 程序设计的流程。
2. 了解自动化立体仓库与堆垛机单元中远程 I/O 分配及配置。
3. 了解入库及出库控制程序设计。

任务相关知识

1. 控制系统的构成

立体库单元的控制系统以 PLC 控制器为核心，相关控制器件安装在电控柜中。任务一中介绍了电控柜主要包括电控柜面板和柜体内部，其中电控柜内部主要以 Q 系列 PLC 模块为主体，如图 2－3－12 所示，包括电源模块 Q61P、CPU 模块 Q03UDECPU、CC－Link IE 控制模块 QJ71GP21－SX、输入模块 QX40、输出模块 QY40 和定位模块。

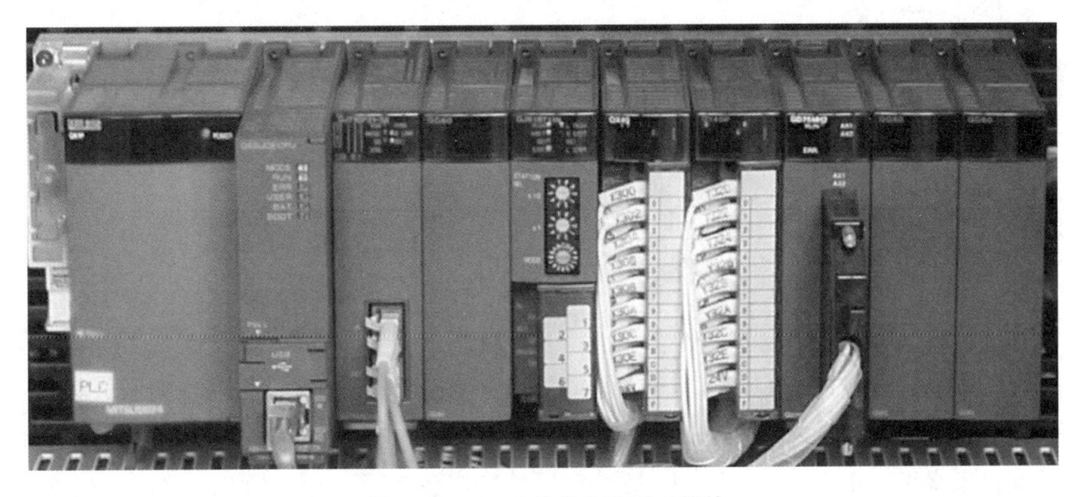

图 2－3－12　立体库单元 PLC 模块

立体库单元网络拓扑结构如图 2－3－13 所示，总控通过以太网与 PLC、触摸屏相连，通过总控台上位机可以调用或下载它们的程序和参数，同时，上位机上安装了生产管理监控软件，监控整个生产过程；PLC 与三级货插、水平移动机构、升降伺服机构之间采用 I/O

通信；PLC 与水平行走机构、升降行走机构采用 SSCNETⅢ光纤通信。立体库单元的启动、停止、复位操作按钮及状态指示灯与 PLC 输入输出模块相连。

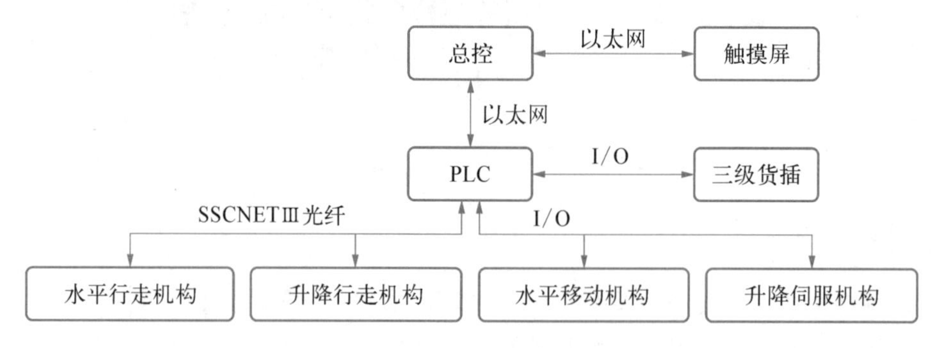

图 2-3-13　立体库单元网络拓扑结构

2. 运动控制模块 QD75MH2

运动控制模块 QD75MH2 也可称为定位模块，立体库单元通过 PLC 模块中的 QD75MH2 实现对伺服电机的运动控制，如图 2-3-14 所示。

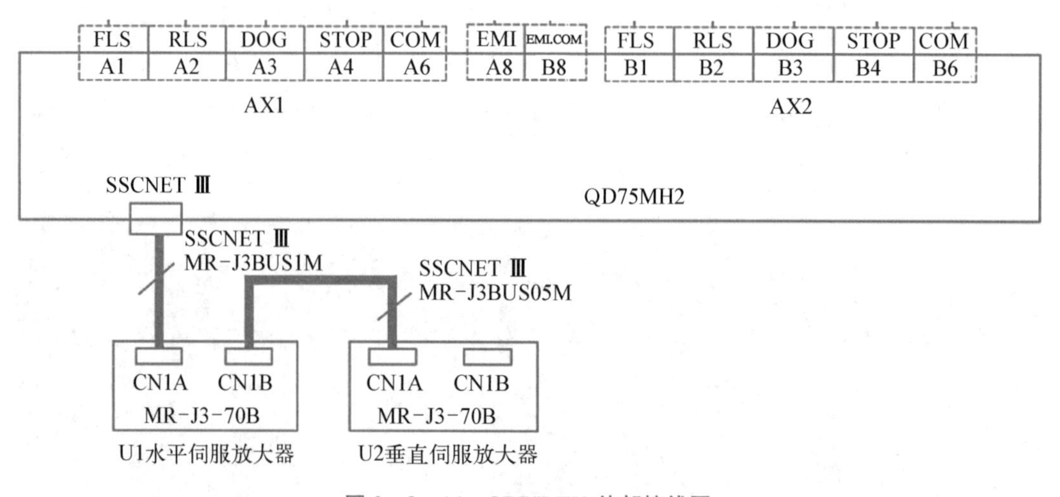

图 2-3-14　QD75MH2 外部接线图

QD75MH2 通过 SSCNETⅢ光纤与立体库中水平伺服放大器和垂直伺服放大器通信，QD75MH2 定位模块发出的脉冲送给伺服放大器进行对电动机的控制，从而控制堆垛机做水平和垂直方向的运动，最终实现精准定位。运动控制原理如图 2-3-15 所示。

立体库单元使用 QD75MH2 对两个轴进行定位，其中轴 AX1 对水平伺服运动定位，轴 AX2 对垂直(升降)伺服运动定位。

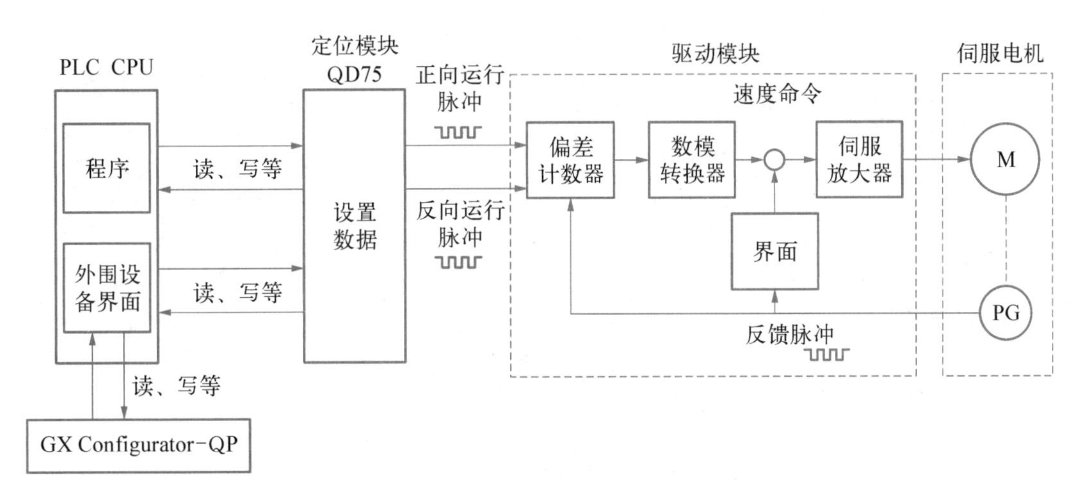

图 2-3-15　运动控制原理

任务实施

1. 立体库控制要求

立体库单元既是智能制造系统的起始端，也是智能制造系统的最末端，承担着出库和入库的任务。该单元的控制由复位、入库、出库三部分组成。

具体要求：启动前，首先进行三级货插位置的判定。若三级货插已完成复位，则接收 PLC 系统发出的信息(库位信息和材料信息)，反之进行上电复位。立体库单元接收到系统信息后，等待 PLC 通知出库或入库。若出库，则 PLC 控制伺服放大器驱动电机完成堆垛机移动至指定库位，三级货插执行取料操作，并放置到出库位置，再回至原等待位置；若入库，三级货插在输送单元的入库平台处取料，PLC 控制伺服放大器驱动电机完成堆垛机移动至指定库位，三级货插执行放料操作，再回到货插等待位置。

2. PLC 参数设置

双击 GX Works2 的导航栏/工程/参数/PLC 参数打开对话框，进行 PLC 模块组态参数设置，I/O 分配设置如图 2-3-16 所示；内置以太网端口参数设置见表 2-3-2；共设置了 9 个程序，该部分待 PLC 编程部分详述。

3. 立体库单元 I/O 分配

PLC 与自动堆垛机、三级货插等立体库单元外围设备间均采用 I/O 通信。表 2-3-3 为立体库单元 I/O 分配。立体库单元通信信号定义、报警信号见表 2-3-4 和表 2-3-5。

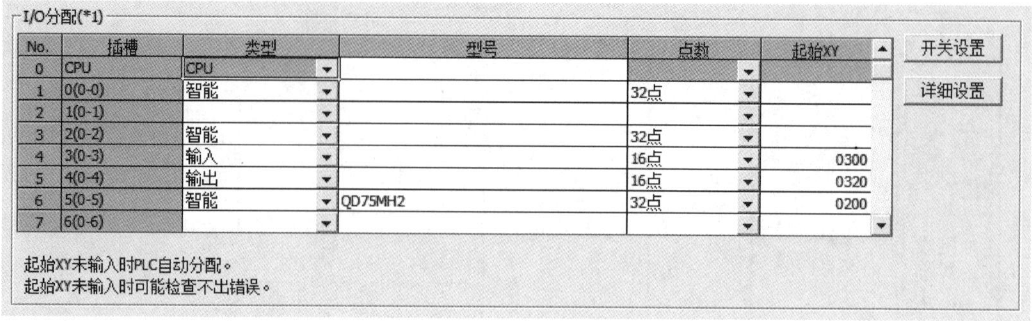

I/O分配(*1)

No.	插槽	类型	型号	点数	起始XY
0	CPU	CPU			
1	0(0-0)	智能		32点	
2	1(0-1)				
3	2(0-2)	智能		32点	
4	3(0-3)	输入		16点	0300
5	4(0-4)	输出		16点	0320
6	5(0-5)	智能	QD75MH2	32点	0200
7	6(0-6)				

开关设置

详细设置

起始XY未输入时PLC自动分配。
起始XY未输入时可能检查不出错误。

图 2-3-16　I/O 分配设置

表 2-3-2　内置以太网端口参数设置

序　号	参　　数	设 置 值
1	输入格式	十进制数
2	IP 地址	192.168.3.14
3	通信数据代码	二进制码通信

表 2-3-3　立体库单元 I/O 分配

输入	说　　明	输出	说　　明
X300	货插成品库侧外限位	Y320	垂直伺服制动
X301	货插成品库侧中间限位	Y321	货插转向成品库
X302	货插毛坯库侧中间限位	Y322	货插转向毛坯库
X303	货插毛坯库侧外限位	Y323	水平伺服 STOP
X304	货插成品库侧有无检测	Y324	垂直伺服 STOP
X305	货插毛坯库侧有无检测	Y325	伺服强制 STOP
X306	货插上有无物品检测	Y326	启动指示灯
X307	水平伺服报警	Y327	停止指示灯
X308	垂直伺服报警	Y328	复位指示灯
X309	水平伺服断路器	Y329	报警指示灯

续　表

输入	说　明	输出	说　明
X30A	垂直伺服断路器		
X30B	启动按钮	Y200	PLC READY 信号
X30C	停止按钮	Y201	SERVO ON
X30D	复位按钮	Y204	水平轴停止信号
X30F	急停按钮	Y205	垂直轴停止信号
X200	QD75 READY 信号	Y208	水平轴正向 JOG
X201	同步标志	Y209	水平轴反向 JOG
X208	水平轴出错	Y20A	垂直轴正向 JOG
X209	垂直轴出错	Y20B	垂直轴反向 JOG
X20C	水平轴 BUSY	Y210	水平轴定位启动
X20D	垂直轴 BUSY	Y211	垂直轴定位启动

表 2-3-4　立体库单元通信信号定义

<table>
<tr><th>单　元</th><th>信号流向</th><th colspan="2">功能/信号</th><th>地　址</th><th>说　明</th></tr>
<tr><td rowspan="11">立体库
(D600—D609)</td><td rowspan="9">总控—单元</td><td colspan="2">出库</td><td>D600.0</td><td>1：启动</td></tr>
<tr><td colspan="2">入库</td><td>D601.0</td><td>1：启动</td></tr>
<tr><td colspan="2">启动</td><td>D602.0</td><td>1：有效</td></tr>
<tr><td colspan="2">停止</td><td>D602.1</td><td>1：有效</td></tr>
<tr><td colspan="2">复位</td><td>D602.2</td><td></td></tr>
<tr><td rowspan="2">左右</td><td>原料库</td><td>D603.0</td><td>1：原料库</td></tr>
<tr><td>成品库</td><td>D604.0</td><td>1：成品库</td></tr>
<tr><td colspan="2">行</td><td>D605</td><td>0—6</td></tr>
<tr><td colspan="2">列</td><td>D606</td><td>0—11</td></tr>
<tr><td rowspan="2">单元—总控</td><td rowspan="2">状态</td><td>等待</td><td>D607.0</td><td>1：等待</td></tr>
<tr><td>运行</td><td>D607.1</td><td>1：运行</td></tr>
</table>

续 表

单 元	信号流向	功能/信号		地 址	说 明
立体库（D600—D609）	单元—总控	状态	故障	D607.2	1：故障
			控制	D607.3	1：集控
			出库完成	D607.4	
		位置		D608	16 状态
		报警		D610	16 故障

表 2-3-5　立体库单元报警信号

单 元	地 址	功 能 说 明	信 号
位置	D608.0	X 原点	状态信号
	D608.1	Y 原点	状态信号
	D608.2	Z 原点	状态信号
	D608.3	X 出库位	状态信号
	D608.4	X 货架位	状态信号
	D608.5	X 入库位	状态信号
	D608.6	Y 出库位	状态信号
	D608.7	Y 货架位	状态信号
	D608.8	Y 入库位	状态信号
	D608.9	Z 到正位	状态信号
	D608.10	Z 到反位	状态信号
	D608.11	接收到入库命令	收到指令，开始运行
	D608.12	入库结束	任务完成，清除收到的入库命令
	D608.13	接收到出库命令	收到指令，开始运行
	D608.14	出库结束	任务完成，清除收到的出库命令
	D610.0	X 左极限报警	状态信号

续　表

单　元	地　址	功能说明	信　　号
报警	D610.1	X 右极限报警	状态信号
	D610.2	Y 左极限报警	状态信号
	D610.3	Y 右极限报警	状态信号
	D610.4	X 伺服报警	状态信号
	D610.5	Y 伺服报警	状态信号
	D610.6	原料货架有货物报警	状态信号
	D610.7	成品货架有货物报警	状态信号

4. CC - Link IE 控制网络单元模块设置

双击 GX Works2 的菜单栏/工程/参数/网络参数/以太网/CC IE/MELSECNET，打开对话框，进行 CC - Link IE 控制网络单元模块参数设置，具体设置见表 2 - 3 - 6。

表 2 - 3 - 6　CC - Link IE 控制网络单元模块参数设置

序号	参数设置	设置值	功能说明
1	网络类型	CC IE Control(常规站)	立体库单元为控制网络单元的从站
2	起始 I/O 号	0000	网络单元起始 I/O 设置
3	组号	0	网络组号设置
4	站号	2	网络站号设置
5	模式	在线	网络模式设置

5. 运动控制模块 QD75MH2 参数设置

在 GX Works2 的菜单栏/工程/智能功能模块右击，添加 QD75MH2 定位模块，再进行参数的设置，见表 2 - 3 - 7。

表 2-3-7 运动控制模块参数设置

项 目	参 数	轴 1(AX1)	轴 2 (AX2)
基本参数 1	单位设置	0：mm	0：mm
	每转的脉冲数	262144 pulse	262144 pulse
	每转的移动量	10000.0 um	8040.0 um
基本参数 2	速度限制值	60000.00 mm/min	60000.00 mm/min
	加速时间 0	2000 ms	2000 ms
	减速时间 0	2000 ms	2000 ms
详细参数 1	软件行程限位上限值	2900000.0 um	1700000.0 um
	软件行程限位下限值	—60000.0 um	—51200.0 um
详细参数 2	加速时间 1	1500 ms	1500 ms
	加速时间 2	1500 ms	1500 ms
	加速时间 3	1500 ms	1500 ms
	减速时间 1	1500 ms	1500 ms
	减速时间 2	1500 ms	1500 ms
	减速时间 3	1500 ms	1500 ms
	JOG 速度限制值	30000.00 mm/min	20000.00 mm/min
原点回归基本参数	原点回归方式	⑤计数型②	⑤计数型②
	原点回归方向	1：负方向	1：负方向
	原点回归速度	8000.00 mm/min	3000.00 mm/min
	爬行速度	1000.00 mm/min	1000.00 mm/min
	原点回归重试	1：根据限位开关进行回归	1：根据限位开关进行回归
原点回归详细参数	近点 DOG ON后的移动量	20000.0 um	10000.0 um
	原点回归加速时间选择	1：1500	1：1500
	原点回归减速时间选择	1：1500	1：1500
伺服放大器系列	伺服系列	1：MR-J3-B	1：MR-J3-B
基本设置参数	负载惯性力矩比	3.8 倍	3.8 倍

6. 程序编制

下载包

立体库单元
PLC程序

立体库单元 PLC 编程主要由复位、伺服控制、按钮控制、出入库、库位行和列移动、手动、自动等几部分程序构成。在此重点介绍立体库中心环节复位过程、出入库过程的程序编写。

1）复位过程

立体库单元复位过程根据 PLC 反馈的传感器和微动开关信号驱动电机运动实现复位。立体库单元上电后，按下复位按钮或触摸屏上的复位触点后，首先三级货插进行位置判断，若三级货插成品库中间限位开关 SQ6 压下而三级货插毛坯库中间限位开关 SQ8 没有信号，则货插驱动电机控制三级货插向毛坯库方向运动；若三级货插毛坯库中间限位开关 SQ8 压下而三级货插成品库中间限位开关 SQ6 没有信号，则货插驱动电机控制三级货插向成品库方向运动；当三级货插成品库中间限位开关 SQ6 和毛坯库中间限位开关 SQ8 同时压下时，代表三级货插复位完成。

三级货插复位完成后，定位模块控制水平与垂直电机向对应轴的原点侧方向移动，在接收到水平 B1 传感器与垂直 B2 传感器的原点信号后运动至堆垛机等待位置，到达等待位置则复位完成。复位流程如图 2-3-17 所示。

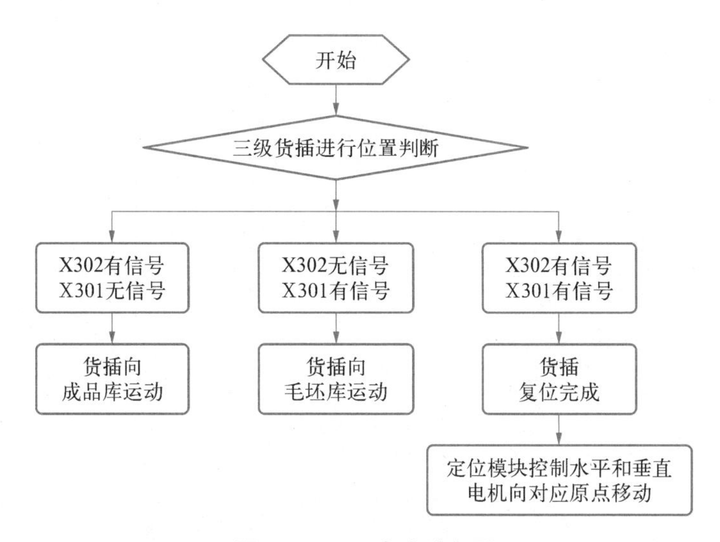

图 2-3-17　复位流程图

根据控制要求编制立体库单元复位程序块：

（1）等待复位，并对货插复位位元件批量复位。 BKRST M1101 K15： 指将 M1101 开始的连续 15 个位（软元件）批量复位。	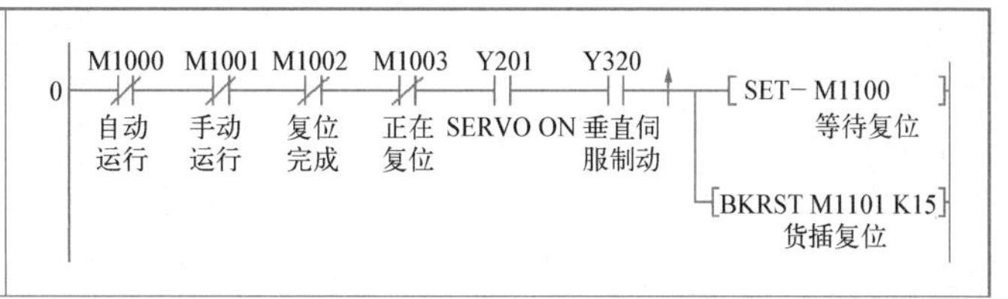

续 表

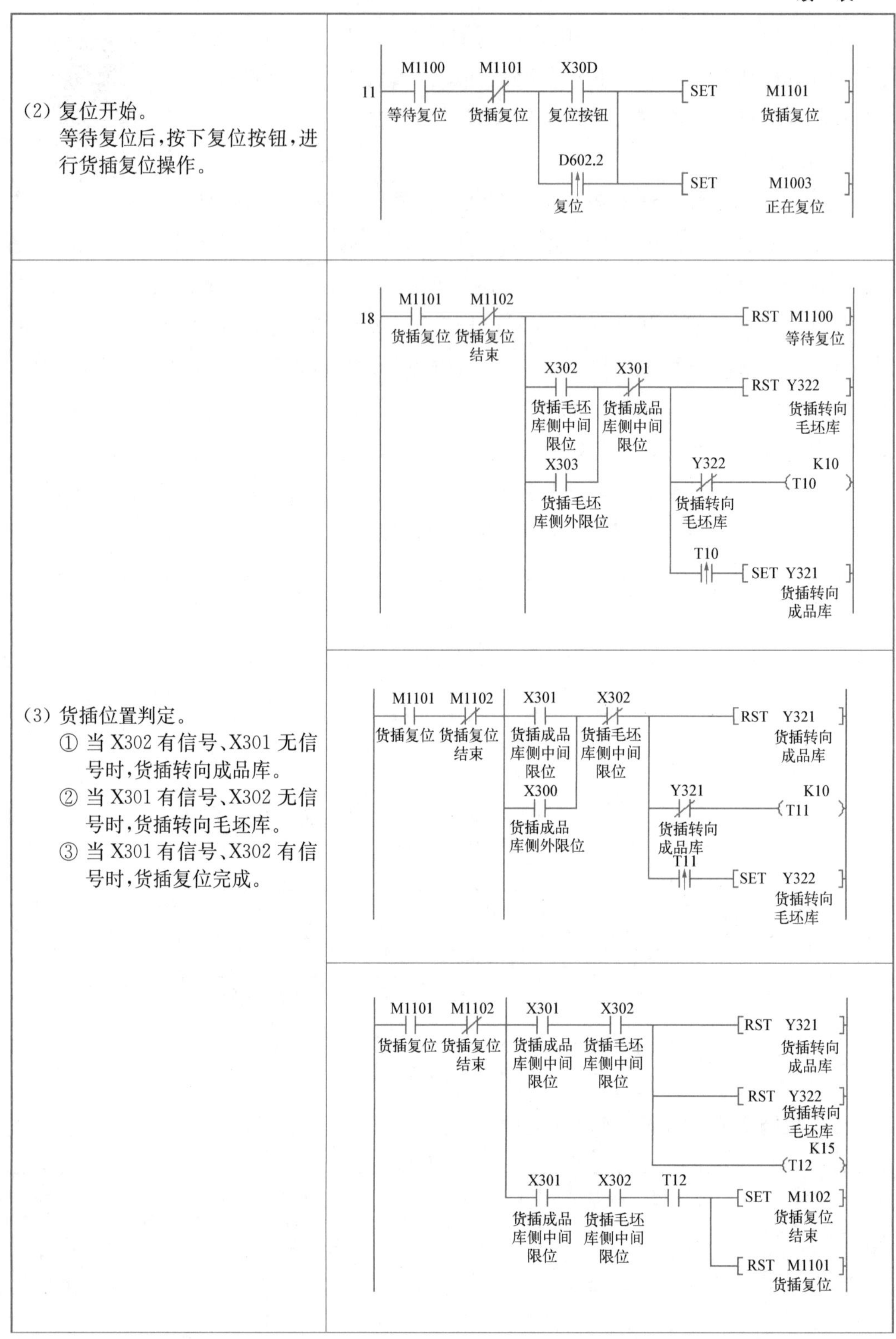

(2) 复位开始。 等待复位后，按下复位按钮，进行货插复位操作。	
(3) 货插位置判定。 ① 当 X302 有信号、X301 无信号时，货插转向成品库。 ② 当 X301 有信号、X302 无信号时，货插转向毛坯库。 ③ 当 X301 有信号、X302 有信号时，货插复位完成。	

续　表

（4）定位模块控制电机做水平 X 轴和 Z 轴复位运动。 PSTRT1、PSTRT2 为定位模块专用指令，用于起动指定轴的定位。U20 表示 QD75 的起始 I/O 地址为 20。	91 M1102（货插复位结束） M1103（X轴复位） M1105（X轴复位完成） [MOV K9001 D212] X轴起动编号 X208（水平轴出错） [ZP.PSTRT1 U20 D210 M210] X轴起动系统区 X轴正常完成标志 M210（X轴正常完成标志） [SET M1105] X轴复位完成 [RST M1103] X轴复位
	111 M1102（货插复位结束） M1104（Z轴复位） M1106（Z轴复位完成） [MOV K9001 D222] Z轴起动编号 X209（垂直轴出错） [ZP.PSTRT2 U20 D220 M220] Z轴起动系统区 Z轴正常完成标志 M220（Z轴正常完成标志） [SET M1106] Z轴复位完成 [RST M1104] Z轴复位

2）出入库过程

立体库单元的出入库过程包含入库和出库两个过程，入库和出库运动过程即完成放料和取料操作，详细的原理如下：

（1）入库过程

立体库单元入库过程是堆垛机根据指令实现的工装托盘从起始点放置到指定库位的过程。立体库单元处于运行状态下，并且堆垛机处于待工作状态时，当接收到上位机给予的入库启动命令后，堆垛机由等待位置即入库位置伸出三级货插，上升一段距离将托盘举起，货插缩回完成取工装托盘过程。PLC 给予的定位指令驱动电机运行至对应行列后，伸出三级货插后下降再缩回，完成工装托盘放置过程。

托盘入库完成后，启动定位指令控制堆垛机回到等待位置，到达等待位置后向上位机发送入库完成信号。

（2）出库过程

立体库单元出库过程是堆垛机根据指令实现的工装托盘从起始点到库位点，再到取料放置到出库位置的过程。立体库单元处于运行状态下，并且堆垛机处于待工作状态时，当接到上位机给予的出库启动命令后，堆垛机由等待位置即入库位置启动定位指令运行至对应行列后伸出三级货插，上升一段距离将托盘举起，货插缩回完成取托盘过程。启动定位指令控制堆垛机运动至出库位置，伸出货插后下降再缩回，完成托盘放置过程。

托盘出库完成后，启动定位指令控制堆垛机回到等待位置，到达等待位置后向上位机发送出库完成信号。

根据控制要求编制出入库工作流程图如图 2-3-18 所示。

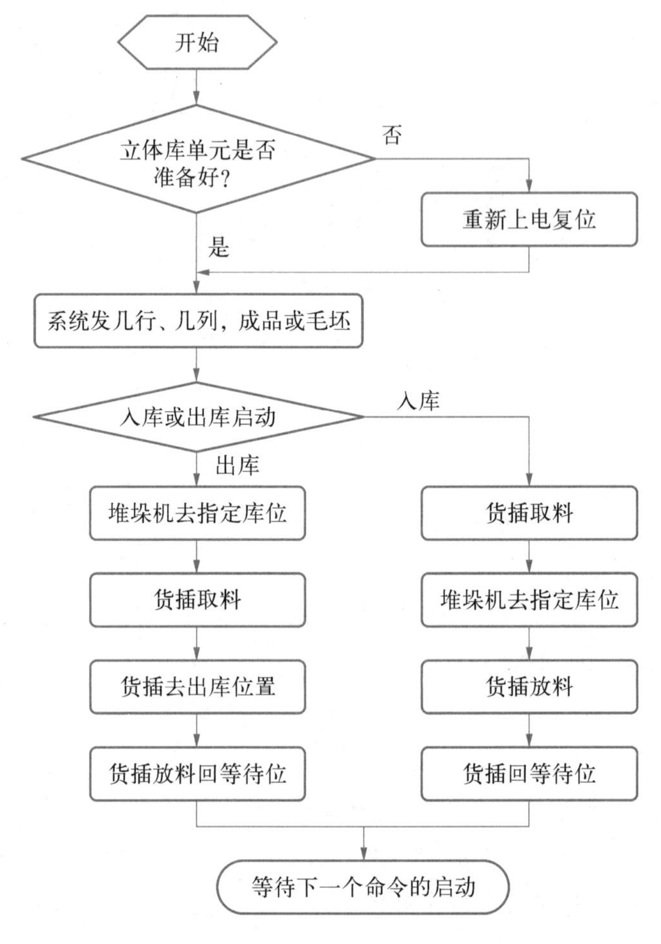

图 2-3-18　出入库工作流程图

任务小结

本任务主要介绍了立体库单元的控制系统构成、网络拓扑结构、运动控制模块 QD75MH2 工作原理及外部接线图。通过立体库复位、出入库操作的任务实施，学会 PLC 的参数配置、I/O 分配、程序编制。PLC 与三级货插、堆垛机及其他外围设备之间的通信采用 I/O 通信，PLC 与水平、升降行走机构采用 SSCNETⅢ光纤通信。采用 QD75MH2 发出脉冲给伺服放大器实现对驱动电机的控制，从而带动堆垛机做水平和升降定位运动。

练习

1. 立体库单元涉及的通信方式有哪些？
2. 简述三级货插复位的工作流程。
3. 立体库单元中如何实现堆垛机水平和垂直方向的运动控制？

任务三　设计并调试立体库单元人机界面

任务目标

1. 了解立体库单元人机界面的操作软件。
2. 熟悉立体库单元人机界面的设计及调试。

任务相关知识

1. 智能制造系统的人机界面

智能制造系统由一个主站（总控单元）和五个从站组成。每个从站都有对应的控制系统。安装在电控柜面板上的触摸屏为系统的人机交互设备，如图 2－3－19 所示。用户可利用触摸屏实现人机交互，实现从站的手动控制、状态信息或报警信息的查看。各从站采用三菱触摸屏 GT1275－VNBA，用户可利用 GT Designer3 软件平台实现人机交互界面的设计。

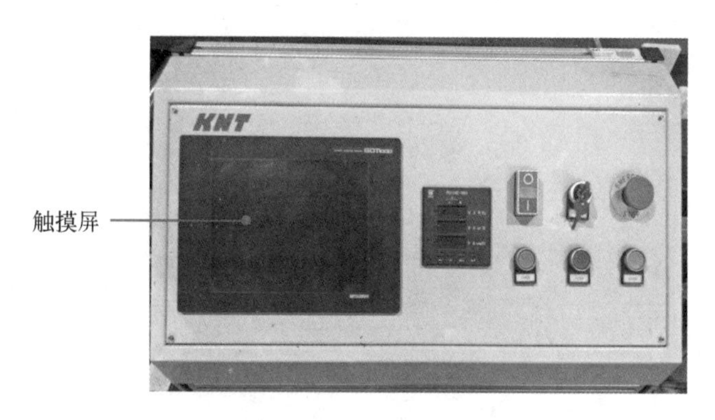

图 2－3－19　电控柜面板

2. GT Designer3 软件介绍

三菱触摸屏编程软件 GT Designer3 是用于三菱电机自动化 GOT 1000 系列图形操作终端的画面设计软件，集成有 GT Simulator3 仿真软件，具有仿真模拟的功能。GT Designer3 可进行工程和画面创建、图形绘制、对象配置和设置、公共设置以及数据传输等，用户在 GT Simulator3 软件下可实现在 PC 上模拟 GOT 运行仿真，如图 2－3－20 所示。

视频

组态软件介绍

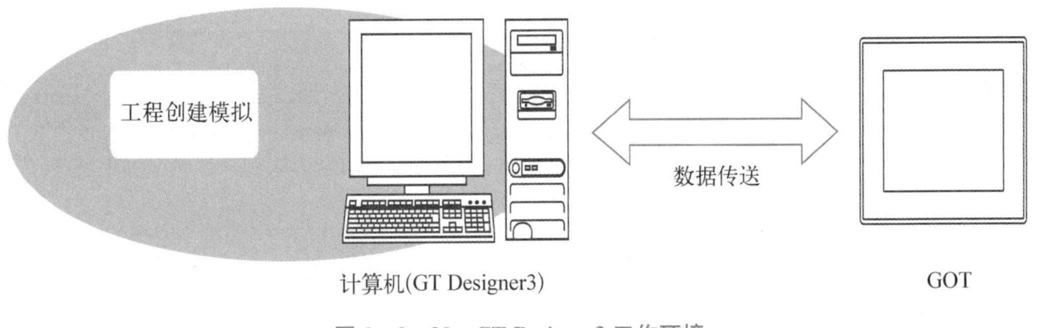

图 2-3-20　GT Designer3 工作环境

GT Designer3 软件主界面主要包括标题栏、工具栏、工作窗口等，如图 2-3-21 所示，各部分功能介绍见表 2-3-8。

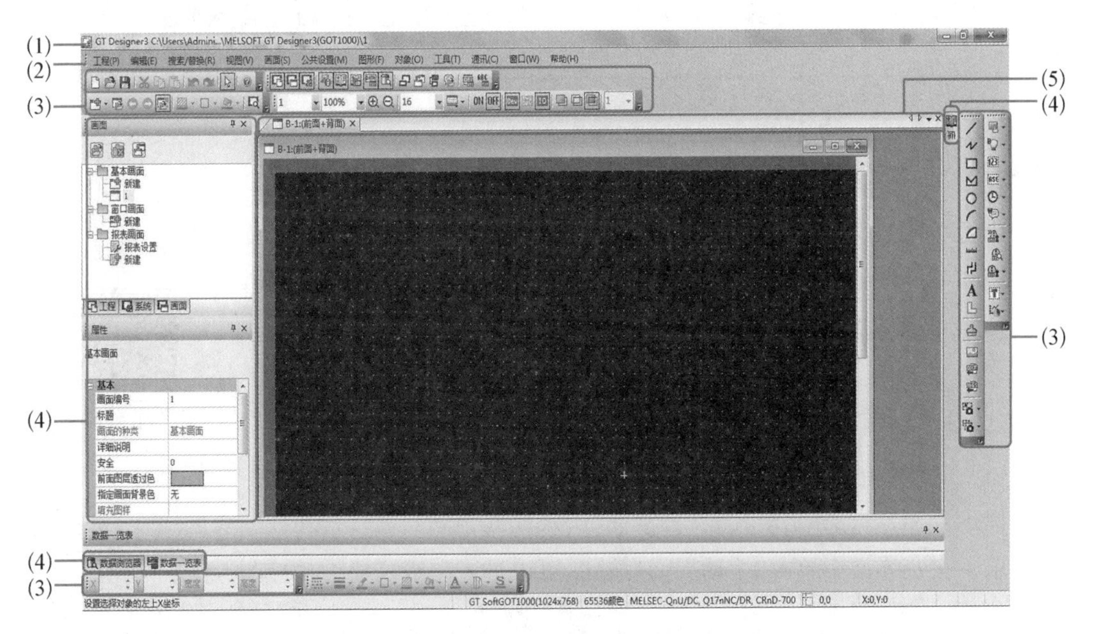

图 2-3-21　GT Designer3 软件主界面

表 2-3-8　软件主界面各部分功能介绍

序号及名称	说　　明
(1) 标题栏	显示软件名。根据编辑中的工程的保存格式，会显示工程名(工作区格式)或带完整路径的文件名(单文件格式)
(2) 菜单栏	可以通过下拉菜单操作软件
(3) 工具栏	可通过按钮等操作软件

续 表

序号及名称	说　　明
(4) 折叠窗口	可折叠于软件窗口上的窗口,包括工程窗口、系统窗口、画面窗口、属性窗口、库窗口、数据浏览器窗口、数据检查一览表窗口、输出窗口、画面图像一览表窗口、分类一览表窗口等
(5) 编辑器页	显示工作窗口中的画面编辑器或相关窗口
(6) 工作窗口	显示画面编辑器、“环境设置”窗口、“GOT 设置”窗口等
(7) 画面编辑器	配置图形、对象,创建要在 GOT 中显示的画面
(8) 状态栏	根据光标的位置,图形、对象的选择状态,会显示如下内容: ● 光标所指项目的说明; ● 正在编辑的工程的 GOT 机种、颜色设置、连接机器的设置(机种); ● 所选图形、对象的坐标

任务实施

1. 立体库单元人机界面要求

视频

组态软件操作与运行

利用 GT Designer3 软件在 PC 中设计出立体库单元人机界面,包含立体库单元主界面、三级货插手动控制界面和报警提示界面,如图 2-3-22～图 2-3-24 所示。将设计界面下载至 GOT 触摸屏中调试,验证界面的正确性。具体的任务要求:

(1) 主界面包括启动、停止、复位功能,可切换到手动控制界面和报警提示界面;可选择工装托盘(方水晶、圆水晶或铝制圆柱),行和列编号的输入,进行入库请求。在主界面中单击“手动界面”按钮,可以进入三级货插手动控制界面。

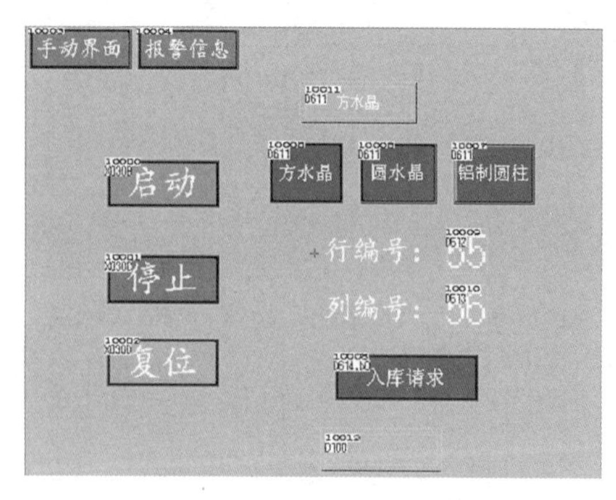

图 2-3-22　立体库单元主界面

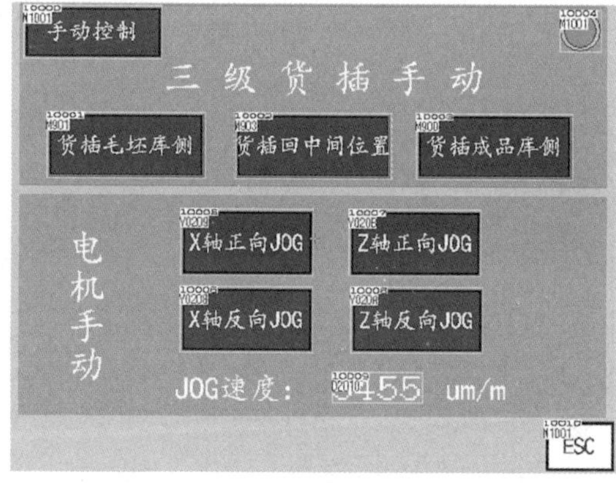

图 2-3-23　三级货插手动控制界面

(2) 三级货插手动控制界面中，可实现货插手动和电机手动控制两部分功能。三级货插手动可实现堆垛机 X 和 Z 方向(即水平移动、垂直移动)按运动 JOG 速度的单步运行控制，也可对三级货插进行货插在毛坯库、中间位置和成品库的手动控制。

(3) 在主界面中单击“报警信息”按钮，进入报警信息提示界面，查阅当前的错误警示。

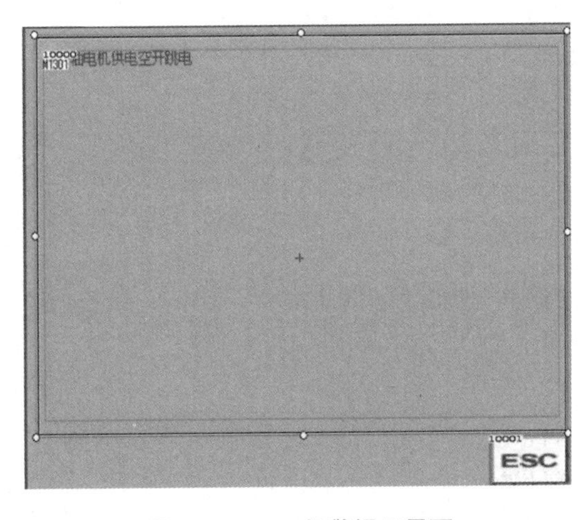

图 2-3-24　报警提示界面

2. 人机界面设计

1) 创建工程

打开 GT Designer3 软件，新建工程，对工程系统参数、连接器、以太网等参数，按以下步骤设置：

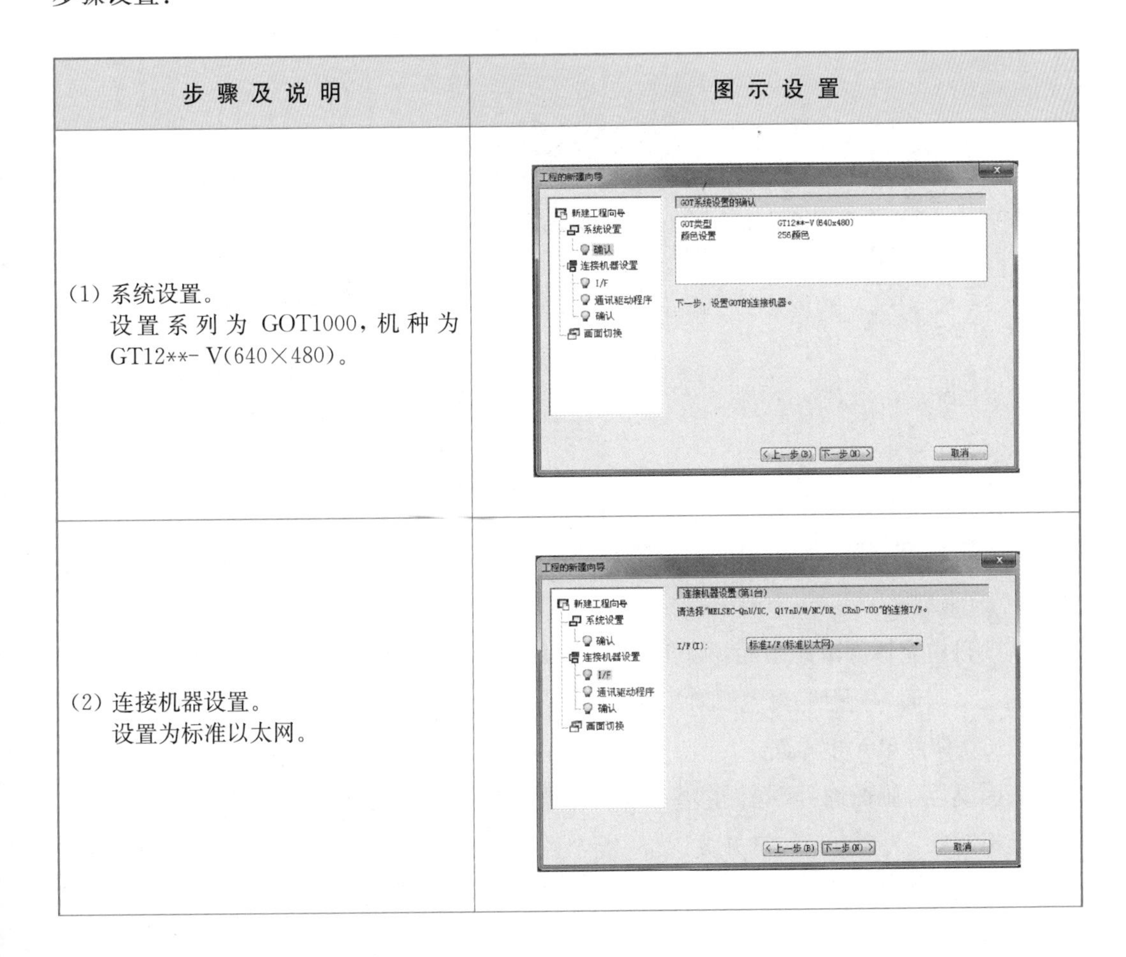

步骤及说明	图示设置
(1) 系统设置。 设置系列为 GOT1000，机种为 GT12**- V(640×480)。	
(2) 连接机器设置。 设置为标准以太网。	

续 表

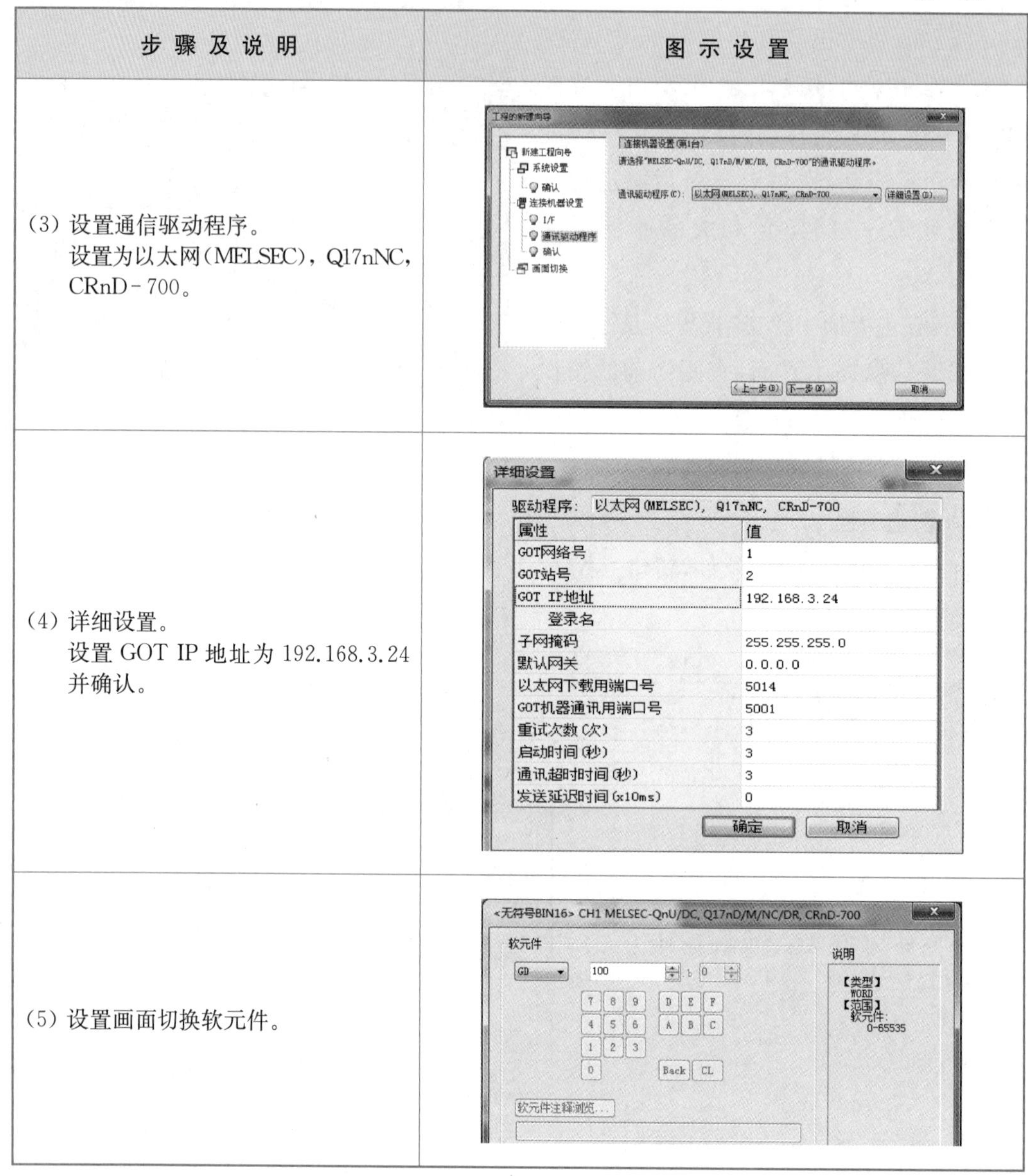

步骤及说明	图示设置
(3) 设置通信驱动程序。 设置为以太网(MELSEC),Q17nNC,CRnD-700。	
(4) 详细设置。 设置 GOT IP 地址为 192.168.3.24 并确认。	
(5) 设置画面切换软元件。	

2) 画面编辑

本项目中立体库单元画面包含 B-1 主界面、B-3 货插手动控制界面和 B-5 报警提示界面三个画面,画面编辑主要对画面属性、不同画面中对应对象的添加及设置展开。

(1) 立体库单元主界面

画面属性:画面编号 1,标题“主界面”,前景色为灰色,填充图样为方形。

编辑对象:7 个自动按键开关、文本、2 个数值显示/输入、2 个画面切换开关和 2 个字注释。详细设置如下:

名　　称	设 置 说 明
启动开关	选择“对象”→“开关”→“位开关”，双击设置其属性。 ● 文本：字符串是“启动”，字体为楷体，字号为 40 点，颜色为白色。 ● 样式：图形属性中边框色为黑色，背景色为灰色，开关色为绿色，填充图样方形。 ● 动作：位动作→点动 X030B，位的 ON/OFF 输出软元件 Y0326。
停止开关	选择“对象”→“开关”→“位开关”，双击设置其属性。 ● 文本：字符串是“停止”，字体为楷体，字号为 40 点，颜色为白色。 ● 样式：图形属性中边框色为黑色，背景色为灰色，开关色为红色，填充图样方形。 ● 动作：位动作→点动 X030C，位的 ON/OFF 输出软元件 Y0327。
复位开关	选择“对象”→“开关”→“位开关”，双击设置其属性。 ● 文本：字符串是“复位”，字体为楷体，字号为 40 点，颜色为白色。 ● 样式：图形属性中边框色为黑色，背景色为灰色，开关色为黄色，填充图样方形。 ● 动作：位动作→点动 X030D，位的 ON/OFF 输出软元件 Y0328。
方水晶选择开关	选择“对象”→“开关”→“字开关”，双击设置其属性。 ● 文本：字符串是“方水晶”，字体为宋体，字号为 20 点，颜色为白色。 ● 样式：图形属性中边框色为黑色，背景色为黑色，开关色为蓝色，填充图样为方形。 ● 软元件：D611。 设置值：常数 1。
圆水晶选择开关	选择“对象”→“开关”→“字开关”，双击设置其属性。 ● 文本：字符串是“圆水晶”，字体为宋体，字号为 20 点，颜色为白色。 ● 样式：图形属性中边框色为黑色，背景色为黑色，开关色为蓝色，填充图样为方形。 ● 软元件：D611。 设置值：常数 2。
铝制圆柱选择开关	选择“对象”→“开关”→“字开关”，双击设置其属性。 ● 文本：字符串是“圆柱”，字体为宋体，字号为 20 点，颜色为白色。 ● 样式：图形属性中边框色为黑色，背景色为黑色，开关色为蓝色，填充图样为方形。 ● 软元件：D611。 设置值：常数 3。
入库请求开关	选择“对象”→“开关”→“位开关”，双击设置其属性。 ● 文本：字符串是“入库请求”，字体为宋体，字号为 22 点，颜色为白色。 ● 样式：图形属性中边框色为黑色，背景色为黑色，开关色为蓝色，填充图样方形。 ● 动作：位动作→位反转 D614.B0。

续 表

名　　称	设 置 说 明
手动界面开关 	选择“对象”→“开关”→“位开关”，双击设置其属性。 ● 文本：字符串是“手动界面”，字体为楷体，字号为 24 点，居中，颜色为白色。 ● 样式：图形属性中边框色为黑色，背景和开关色为灰色，填充图样为方形。 ● 动作：画面切换至“3 基本”。
报警信息开关 	选择“对象”→“开关”→“画面切换开关”，双击设置其属性。 ● 文本：字符串是“报警信息”，字体为楷体，字号为 24 点，居中，颜色为白色。 ● 样式：图形属性中边框色为黑色，背景和开关色为灰色，填充图样为方形。 ● 动作：画面切换至“报警界面 5”。
文本显示 	选择“图形”→“文本”，编辑文本信息，字符串是“行编号：”“列编号：”，字体为楷体，字号为 32 点，颜色为白色，背景色为灰色。
行数值显示/输入 	立体库库位行设定值，选择“对象”→“数值显示/输入”→“数值输入”，双击设置其属性。 ● 软元件/样式：D612，数值尺寸：3×3(宽×高)，显示位数：2，数值颜色：白色。 ● 输入范围：[0,6]，设置 A<B，B=7。
列数值显示/输入 	立体库库位列设定值，选择“对象”→“数值显示/输入”→“数值输入”，双击设置其属性。 ● 软元件/样式：D613，数值尺寸：3×3(宽×高)，显示位数：2，数值颜色：白色。 ● 输入范围：[0,7]，设置 A<B，B=8。
字注释显示 	选择“对象”→“注释显示”→“字注释”，双击设置软元件/样式和显示注释。 ● 软元件/样式： 注释显示种类：字软件 D611。 引用条件(设置如下)： 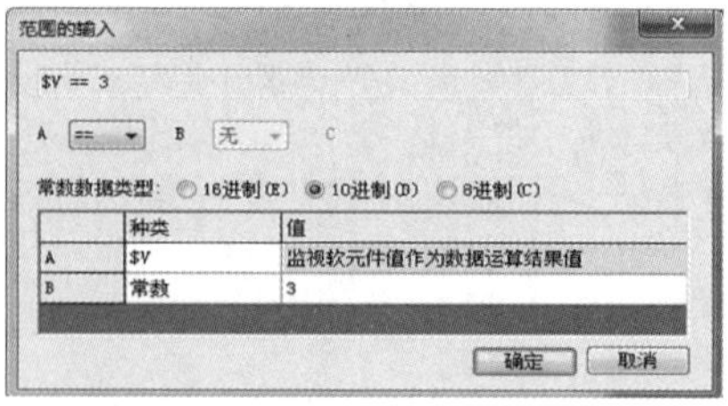 ● 显示注释： 注释类型：注释组。 注释组号：固定值 3。 公共条件：16 点阵标准，文本尺寸 1×1。 注释：注释 1 为方水晶，注释 2 为圆水晶，注释 3 为铝制圆柱，设置字注释显示的文本颜色为白色。

续　表

名　称	设 置 说 明
单元状态字注释	选择“对象”→“注释显示”→“字注释”，双击设置软元件/样式和显示注释。 ● 软元件/样式： 注释显示种类：字软件 D100。 引用条件：范围输入设置 A==B,B=9。 ● 显示注释： 注释类型：注释组。 注释组号：固定值 9。 公共条件：16 点阵标准，文本尺寸 1×1。 注释：设置注释号 1～9，用于显示 9 种不同状态。详细注释如下： 注释号 1：等待复位。 注释号 2：正在复位。 注释号 3：系统等待上位机指令。 注释号 4：设备有异常。 注释号 5：毛坯件入库中。 注释号 6：成品件入库中。 注释号 7：毛坯件出库中。 注释号 8：成品件出库中。 注释号 9：复位完成。

(2) 三级货插手动控制界面

画面属性：画面编号 3，标题“手动操作”，前景色为灰色，填充图样为方形。

编辑对象：8 个自动按键开关、1 个位指示灯、文本、数值显示/输入和 1 个返回按键开关。详细设置如下：

名　称	设 置 说 明
手动控制开关	选择“对象”→“开关”→“位开关”，双击设置其属性。 ① 文本：字符串是“手动控制”，字体为楷体，字号为 24 点，颜色为白色。 ② 样式：图形属性中边框和背景色为黑色，开关色为蓝色，填充图样为方形。 ③ 动作：位动作→位反转 M1001。
货插向毛坯库侧运动开关	选择“对象”→“开关”→“位开关”，双击设置其属性。 ● 文本：字符串是“货插毛坯库侧”，字体为楷体，字号为 24 点，颜色为白色。 ● 样式：图形属性中边框和背景色为黑色，开关色为蓝色，填充图样为方形。 ● 动作：位动作→点动 M901，位的 ON/OFF 输出软元件 Y0322。
货插向中间位置运动开关	选择“对象”→“开关”→“位开关”，双击设置其属性。 ● 文本：字符串是“货插回中间位置”，字体为楷体，字号为 24 点，颜色为白色。 ● 样式：图形属性中边框和背景色为黑色，开关色为蓝色，填充图样为方形。 ● 动作：位动作→位反转 M903，位的 ON/OFF 输出软元件 M903。

续 表

名　称	设 置 说 明
货插向成品库侧运动开关	选择“对象”→“开关”→“位开关”，双击设置其属性。 ● 文本：字符串是“货插成品库侧”，字体为楷体，字号为 24 点，颜色为白色。 ● 样式：图形属性中边框和背景色为黑色，开关色为蓝色，填充图样为方形。 ● 动作：位动作→点动 M900，位的 ON/OFF 输出软元件 Y0321。
电机 X 轴正向运动开关	选择“对象”→“开关”→“位开关”，双击设置其属性。 ● 文本：字符串是“X 轴正向 JOG”，字体为楷体，字号为 24 点，颜色为白色。 ● 样式：图形属性中边框和背景色为黑色，开关色为蓝色，填充图样为方形。 ● 动作：位动作→点动 M408，位的 ON/OFF 输出软元件 Y0208；位动作→位复位 Y0209，与“X 轴反向 JOG”互锁。
电机 X 轴反向运动开关	选择“对象”→“开关”→“位开关”，双击设置其属性。 ● 文本：字符串是“X 轴反向 JOG”，字体为楷体，字号为 24 点，颜色为白色。 ● 样式：图形属性中边框和背景色为黑色，开关色为蓝色，填充图样为方形。 ● 动作：位动作→点动 M409，位的 ON/OFF 输出软元件 Y0209；位动作→位复位 Y0208，与“X 轴正向 JOG”互锁。
电机 Z 轴正向运动开关	选择“对象”→“开关”→“位开关”，双击设置其属性。 ● 文本：字符串是“Z 轴正向 JOG”，字体为楷体，字号为 24 点，颜色为白色。 ● 样式：图形属性中边框和背景色为黑色，开关色为蓝色，填充图样为方形。 ● 动作：位动作→点动 M410，位的 ON/OFF 输出软元件 Y020A；位动作→位复位 Y020B，与“Z 轴反向 JOG”互锁。
电机 Z 轴反向运动开关	选择“对象”→“开关”→“位开关”，双击设置其属性。 ● 文本：字符串是“Z 轴反向 JOG”，字体为楷体，字号为 24 点，颜色为白色。 ● 样式：图形属性中边框和背景色为黑色，开关色为蓝色，填充图样为方形。 ● 动作：位动作→点动 M411，位的 ON/OFF 输出软元件 Y020B；位动作→位复位 Y020A，与“Z 轴正向 JOG”互锁。
指示灯	选择“对象”→“指示灯”→“位指示灯”，双击设置其属性。 ● 软元件/样式： 指示灯种类：位。 软元件：M1001。 图形：Circle_6。 图形属性：边框和背景色为黑色，指示灯色为灰色，填充图样为方形。

续　表

名　　称	设　置　说　明
电机运动 JOG 速度数值显示/输入	三级货插电机 JOG 运行速度设定值，选择“对象”→“数值显示/输入”→“数值输入”，双击设置其属性。 ● 软元件/样式：D2010，数值尺寸：3×2(宽×高)，显示位数：4，数值颜色：白色。 ● 输入范围：[0,100]，设置 A<=B，B=100。
返回开关	选择“对象”→“开关”→“位开关”，双击设置其属性。 ● 文本：字符串是“ESC”，字体为黑体，字号为 22 点，颜色为蓝色。 ● 样式：图形属性中边框和背景色为黑色，开关色为白色，填充图样为方形。 ● 动作：位动作→画面切换至 1 基本；位动作→位复位 M1001。

(3) 报警提示界面编辑

画面属性：画面编号 5，标题“报警界面”，前景色为灰色，填充图样为方形。

在画面 5 中添加用户报警显示和 1 个返回按键开关。

<table>
<tr><th>名　　称</th><th>设　置　说　明</th></tr>
<tr><td>用户报警显示</td><td>选择“对象”→“报警显示”→“用户报警显示”，双击设置其属性。
● 样式：图形为长方形，边框和底色为灰色；字体：16 点阵标准，文本尺寸 1×1(宽×高)；对齐：左对齐；显示顺序：升序。
● 软元件中设置报警点数：10；注释类型：基本注释；注释数：多个；详细显示目标：注释窗口；详细号：连续其中软元件 M1301～M1303，M1308，M1309 备注报警文字注释。
<table>
<tr><th>软元件</th><th>详细号</th><th>注 释 选 择</th></tr>
<tr><td>M1301</td><td>1</td><td>水平轴电机供电空开跳电</td></tr>
<tr><td>M1302</td><td>2</td><td>垂直轴电机供电空开跳电</td></tr>
<tr><td>M1303</td><td>3</td><td>三级货插上检测有托盘</td></tr>
<tr><td>M1308</td><td>8</td><td>水平轴异常</td></tr>
<tr><td>M1309</td><td>9</td><td>垂直轴异常</td></tr>
</table></td></tr>
<tr><td>返回开关</td><td>选择“对象”→“开关”→“位开关”，双击设置其属性。
● 文本：字符串是“ESC”，字体为楷体，字号为 40 点，颜色为蓝色。
● 样式：图形属性中边框和背景色为灰色，开关色为白色，填充图样为方形。
● 动作：位动作→画面切换至 1 基本；位动作→位复位 M1001。</td></tr>
</table>

3）程序调试

将设计好的立体库单元画面下载至GOT触摸屏中，程序运行调试。

（1）程序下载

任务二中介绍了主站总控台与各从站触摸屏采用以太网通信。将已经设计好的立体库单元人机界面程序借用总控台上位机通过以太网下载至立体库单元GOT触摸屏中。

打开GT Designer3软件主界面，选择菜单栏“通讯”→“写入到GOT…”，选择连接方式“Ethernet”，设置GOT IP地址，单击“通讯测试”，开始程序下载，如图2-3-25所示。

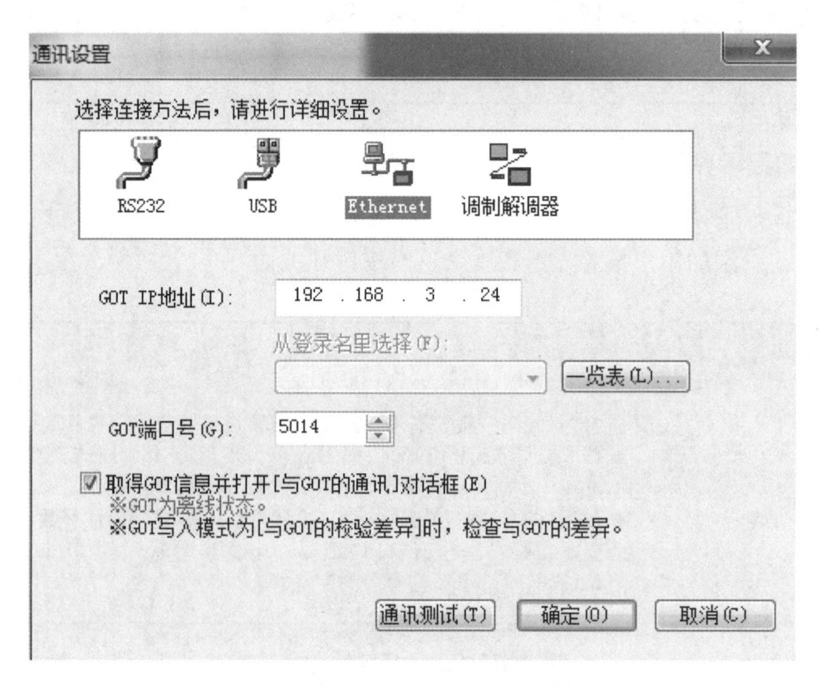

图2-3-25 “通讯设置”对话框

（2）人机界面调试

程序下载完成后，立体库单元上电，单击电控柜“复位”按钮，待复位完成后，单击“启动”按钮，等待触摸屏画面，进入画面操作，调试人机界面程序。

视频

立体库单元人机界面手动调试

任务小结

本任务主要介绍人机界面设计软件GT Designer3的功能，通过立体库单元的界面设计任务实施，掌握人机界面设计中工程创建、画面编辑以及程序下载与调试流程的操作方法与步骤。

练习

1. 人机界面与总控单元之间采用什么通信方式？
2. 人机界面设计的基本流程有哪些？

项目四 数控车床工作站的操作编程与运行调试

项目描述

数控车床工作站(图 2-4-1)是整个智能制造系统的工作站之一,该工作站主要由数控车床、工业机器人、视觉单元、清理单元、检测单元等组成。本工作站负责进行铝制圆柱工件的数控加工、清理、尺寸检测,水晶工件的形状判断。在本工作站中,使用数控车床对铝制圆柱工件进行加工,使用工业机器人进行上下料,使用视觉技术对水晶工件进行形状的判断,使用组态技术进行监控,使用 PLC 控制技术对各执行装置进行控制,使用网络通信技术与系统中的其他站进行通信,还可以使用 E-Factory 软件对本工作站进行控制。本项目先从工作站的认识入手,了解工作站的组成、功能及工作流程,了解工作站的运行操作流程,然后分析工作站的控制系统,训练控制器 PLC 的程序设计,然后对视觉单元进行认识并了解它的使用方法,使用视觉软件实现对水晶工件形状的判断,最后进行工业机器人的程序设计等。

视频

数控车床工作站工作过程

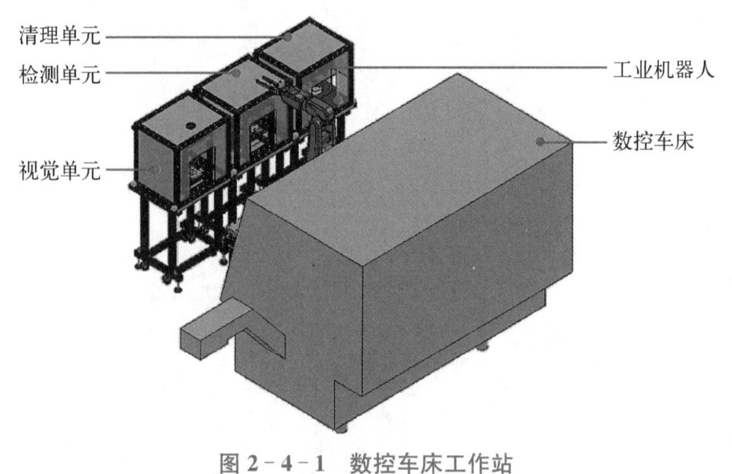

图 2-4-1 数控车床工作站

任务一　认识并操作数控车床工作站

任务目标

1. 了解数控车床工作站的功能及工作流程。
2. 了解数控车床工作站的组成。
3. 掌握数控车床工作站的运行操作流程。

任务相关知识

1. 数控车床工作站的功能及工作流程

数控车床工作站(图 2－4－2)的功能：使用数控车床对铝制圆柱工件进行加工，加工完毕对工件进行清理，清理干净后检测工件尺寸，视觉单元使用欧姆龙视觉系统对水晶工件的形状进行判断。

图 2－4－2　数控车床工作站实物图

工作流程：先进行工件的判断，如果是铝制圆柱工件，则送入数控车床进行加工，加工完后进行清理和检测；如果是水晶工件则使用视觉单元判断水晶的外形。工作流程如图 2－4－3 所示。

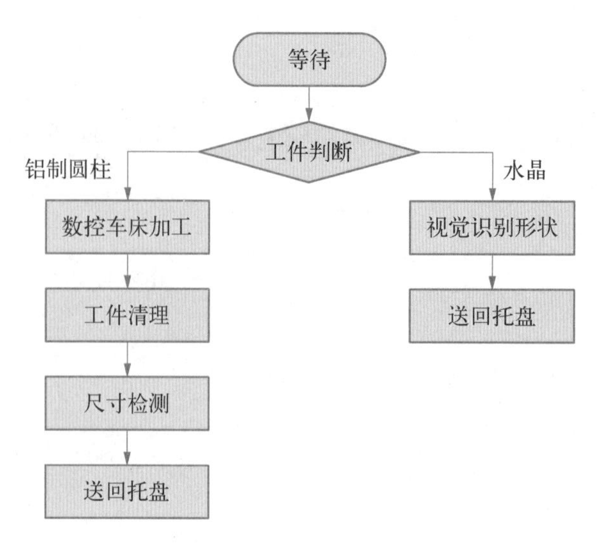

图 2-4-3　工作流程图

2. 数控车床工作站的组成

(1) 数控车床

本工作站使用了 CKX6840 数控车床，如图 2-4-4、图 2-4-5 所示。该数控车床为智能制造系统中的加工设备，使用的是 FANUC 0i Mate 数控系统，车床配备了切削工件所用的附件及刀具，除具备标准功能外，还具备以下功能：① 自动开关门功能；② 自动装夹工件；③ 与 PLC 通信。

图 2-4-4　CKX6840 数控车床

图 2-4-5　数控车床的操作面板

(2) 行走上下料机器人

机器人及行走机构如图 2-4-6 所示。机器人本体使用的是 ABB 工业机器人 IRB 120，重为 25 kg，高度为 700 mm，它有 6 个关节，安装方式可以是落地式、倾斜式、倒置式，最大运动半径为 580 mm，重复精度可达±0.01 mm，防护等级为 IP30。IRB 120 具有敏捷、紧凑、轻量的特点，控制精度与路径精度俱优，是物料搬运与装配应用的理想选择。行走上下料机器人由机器人本体、行走机构、机器人控制器、示教器等组成。其行走机构由三菱 MR－J3－B 伺服系统控制(图 2－4－7)，可以精确定位机器人的行走位置。

图 2－4－6　机器人及行走机构

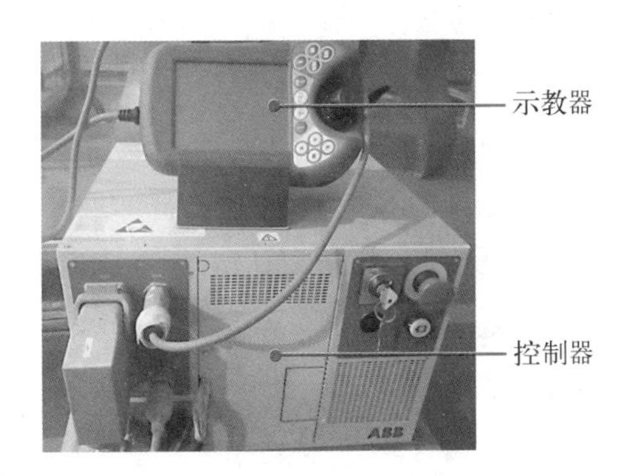

图 2－4－7　机器人控制器

(3) 清理及检测单元

清理单元如图 2－4－8 所示，包含吹气支撑台、吹气吹嘴及升降气缸，功能为清理数控车床加工后遗留于工件上的切屑。

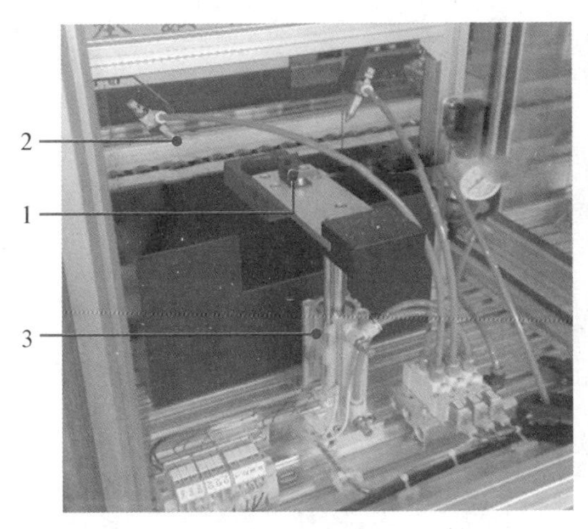

1—吹气支撑台；2—吹气吹嘴；3—升降气缸。

图 2－4－8　清理单元

1—激光测距传感器；2—检测台。

图 2－4－9　检测单元

检测单元如图 2－4－9 所示，使用的是 LOD2 系列的激光测距传感器，用于测量车床加工后的工件尺寸。该传感器的相关参数如下：

光学参数：

测量距离：26～34 mm

分辨率：2～6 μm

光源：激光 655 nm

光点：0.1 mm×0.1 mm(30 mm 处)

测量时间：0.5 ms

电气参数：

电源：18～30 V DC

残余电压：≤15%×Ub

开路电流：≤50～150 mA

开关量输出：Q1,Q2。亮通 PNP,暗通 NPN

模拟量输出：0～10 V　4～20 mA　RS422

机械参数：

外壳：塑料

重量：70 g

M12 接口：8P

环境参数：

使用温度：−10～+40 ℃/−20～+60 ℃

防护电流：1,2,3

安全激光：2 级

防护等级：IP67

标准：IEC 60947－5－2

激光测距传感器的结构如图 2－4－10 所示,电气接线图如图 2－4－11 所示。

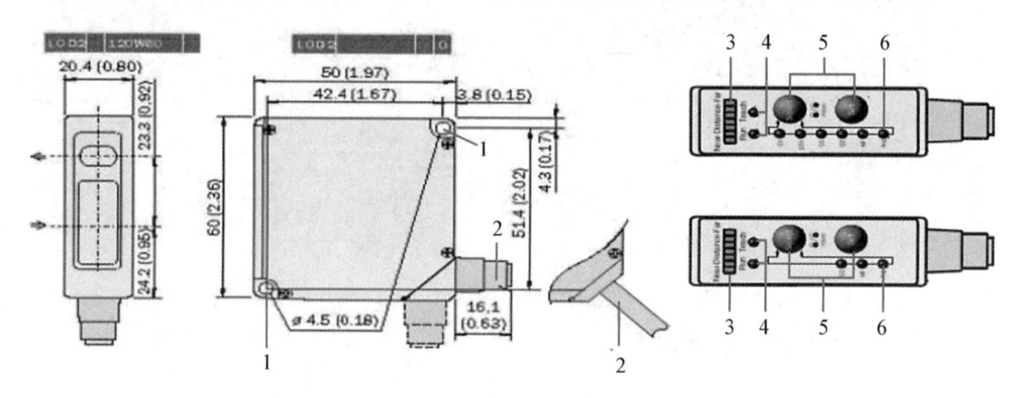

1—接收器;2—发射器;3—光学镜头;4—90°旋转接头;5—LED(黄色、绿色);6—控制旋钮。

图 2－4－10　激光测距传感器的结构

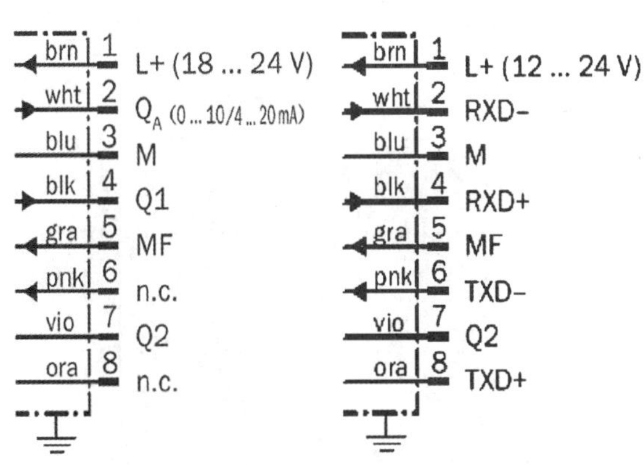

图 2-4-11　激光测距传感器电气接线图

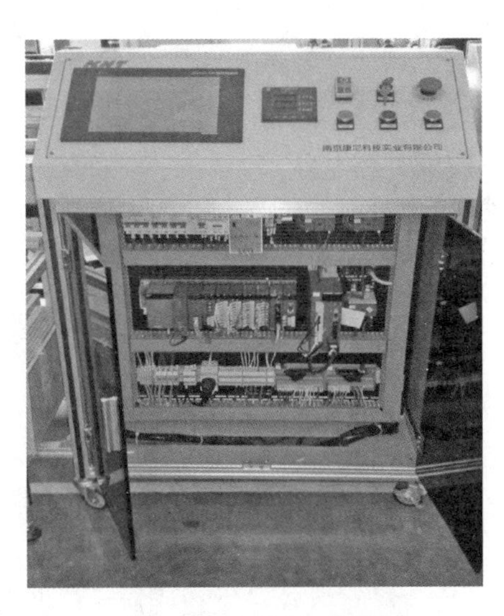

图 2-4-12　电气控制柜

（4）电气控制柜

电气控制柜中主要有 PLC 各模块（核心控制设备）、空气开关、电流互感器、伺服放大器等，如图 2-4-12～图 2-4-14 所示。

图 2-4-13　空气开关、电流互感器

图 2-4-14　伺服放大器

本站中使用的 Q 系列 PLC 是三菱公司推出的大/中型的 PLC，是从原 A 系列 PLC 基础上发展过来的，其性能水平先进，可以满足各种中等复杂机械、自动生产线的控制需求。它采用了模块化的结构形式，组成与规模灵活可变。

Q 系列 PLC 模块如图 2-4-15 所示，包括电源模块、CPU 模块、CC-Link IE 网络通信模块、输入输出模块、定位模块和串行通信模块等。CPU 模块型号为 Q03UDECPU。CC-Link IE 网络通信模块型号为 QJ71GP21-SX，PLC 通过它组成 CC-Link IE 通信的光纤环网交互系统，实现主从站之间的 PLC 通信联系。输入输出模块是用于 PLC 与机器人、数控车床、视觉单元、清理单元、检测单元等进行通信的模块。定位模块型号为 QD75MH2，用于控制伺服放大器，从而驱动机器人在行走导轨上移位。串行通信模块型号为 QJ71C24N，通过 RS422 与 LOD2 激光测距传感器进行通信。

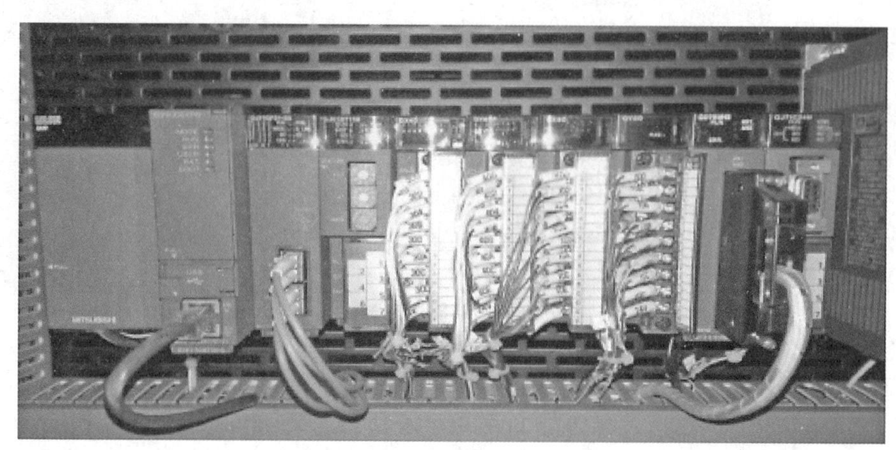

a) 总图

b) 电源模块

c) CPU模块

d) CC-Link IE

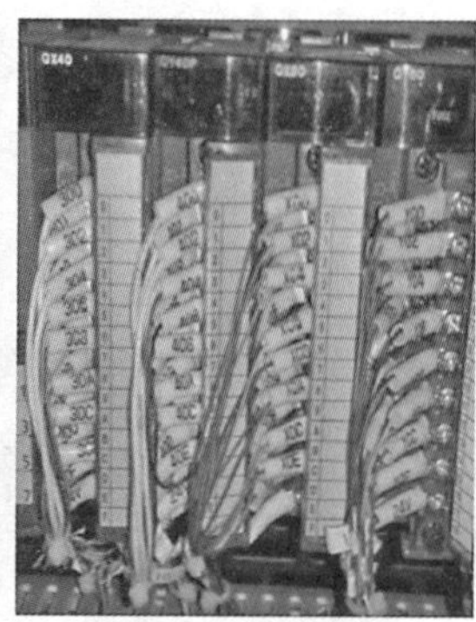

e) 输入输出模块

f) 定位模块　g) 串行通信模块

图 2-4-15　Q 系列 PLC 模块

电控柜面板(图 2-4-16)上的触摸屏型号为三菱 GOT1000 系列 GT1275-VNBA，用于进行人机对话；面板上的多功能仪表型号为 PD194E-9H4，用于监视运行电压、电流和功率；面板上的开关、按钮功能分别是控制本工作站的总电源上电，(控制)系统启动、复位、停止、急停等。

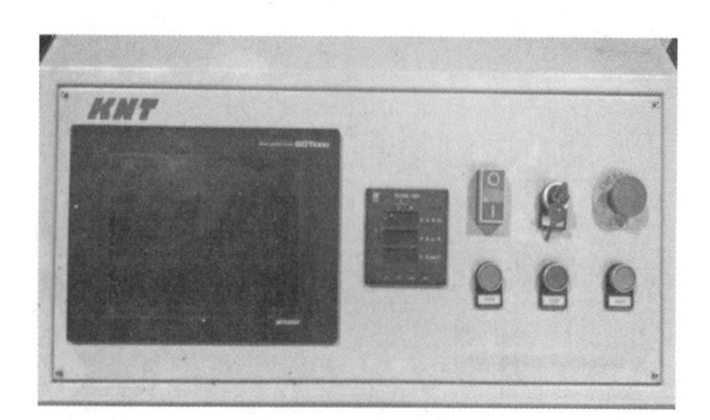

图 2-4-16　电控柜面板

(5) 视觉单元

视觉单元(图 2-4-17)用于判别水晶的外形，本站中选择了欧姆龙 FZ4 视觉系统

(图 2-4-18),它借助四核处理器,大幅提升速度,采用形状检索技术,即使图像重叠、倾斜和变形,也能确保识别图像图形的精度以及处理高分辨率图像的速度。本视觉系统中使用的工业照相机如图 2-4-19 所示,它负责捕捉工件的图像。图 2-4-20 所示为对捕捉到的图像进行分析和处理的控制器。图 2-4-21 所示为本视觉单元所使用的光源。图 2-4-22 是欧姆龙公司 FZ 系列专门的信号线 FZ-VP,信号线左端是连接 FZ 控制器的 50PIN 脚端子,另一端是 50 根分路信号线。每根信号线分别用一种颜色表示,并

图 2-4-17　视觉单元

图 2-4-18　FZ4 视觉系统

图 2-4-19　工业照相机

图 2-4-20　视觉控制器

图 2-4-21　视觉光源

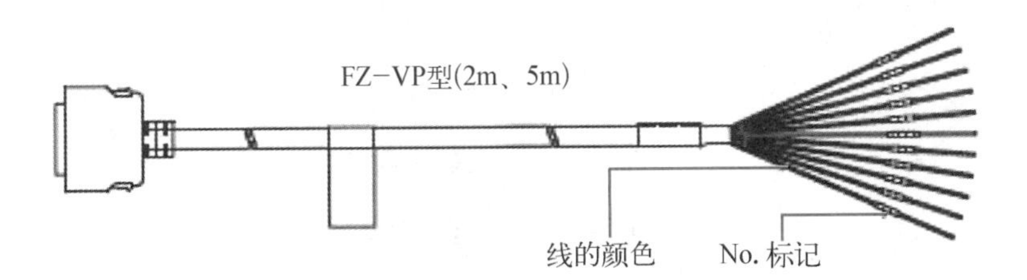

图 2-4-22　FZ 系列专门的信号线 FZ-VP

标有唯一识别符(A1～A25，B1～B25)，信号线是视觉单元重要的组成部分之一，承担着信号输入输出的重要职责，表 2-4-1 为每条信号线的功能，表 2-4-2 为输入输出规格。

表 2-4-1　信号线功能一览表

No.	信号名称	线的颜色	标记(红)	功　能
A1	COMIN	橙	■	输入信号用公共端
A2	空	灰	■	(请不要连接)
A3	空	白	■	(请不要连接)
A4	空	黄	■	(请不要连接)
A5	空	粉红	■	(请不要连接)
A6	DI1	橙	■■	命令输入
A7	DI3	灰	■■	
A8	DI5	白	■■	
A9	DI7	黄	■■	
A10	STGOUT1	粉红	■■	闪光触发输出(※1)
A11	STGOUT3	橙	■■■	闪光触发输出(※1)
A12	ERROR	灰	■■■	发生故障时 ON
A13	COMOUT1	白	■■■	控制信号用公共端
A14	空	黄	■■■	(请不要连接)
A15	空	粉红	■■■	(请不要连接)
A16	空	橙	■■■■	(请不要连接)
A17	COMOUT2	灰	■■■■	输出信号用公共端
A18	DO1	白	■■■■	数据输出
A19	DO3	黄	■■■■	
A20	DO5	粉红	■■■■	
A21	DO7	橙	■■■■■	
A22	DO9	灰	■■■■■	

续　表

No.	信号名称	线的颜色	标记(红)	功　　能
A23	DO11	白	▬	数据输出
A24	DO13	黄	▬	
A25	COMOUT3	粉红	▬	输出信号用公共端
No.	**信号名称**	**线的颜色**	**标记(黑)**	**功　　能**
B1	RESET	橙	■	控制器重启
B2	空	灰	■	(请不要连接)
B3	空	白	■	(请不要连接)
B4	STEP	黄	■	测量触发信号
B5	DSA	粉红	■	数据发送请求信号
B6	DI0	橙	■■	命令输入
B7	DI2	灰	■■	
B8	DI4	白	■■	
B9	DI6	黄	■■	
B10	STGOUT0	粉红	■■	闪光触发输出(※1)
B11	STGOUT2	橙	■■■	闪光触发输出(※1)
B12	RUN	灰	■■■	测量模式下 ON
B13	BUSY	白	■■■	执行处理时 ON
B14	GATE	黄	■■■	在设定的输出时间时 ON
B15	OR	粉红	■■■	综合判断结果
B16	READY	橙	■■■■	允许图像输入时 ON
B17	DO0	灰	■■■■	数据输出
B18	DO2	白	■■■■	
B19	DO4	黄	■■■■	
B20	DO6	粉红	■■■■	
B21	DO8	橙	▬	

续 表

No.	信号名称	线的颜色	标记(黑)	功 能
B22	DO10	灰	▬	数据输出
B23	DO12	白	▬	
B24	DO14	黄	▬	
B25	DO15	粉红	▬	

表 2-4-2 输入输出规格

输入信号 RESET、DI0～DI7、DSA	
输入电压	DC 12～24 V±10%
ON 电流	最小 5 mA
ON 电压	最小 8.8 V
OFF 电流	最大 0.5 mA
OFF 电压	最大 1.1 V
ON 延迟	5 ns 以下
OFF 延迟	0.1 ms 以下
输入信号 STEP	
输入电压	DC 12～24 V±10%
ON 电流	最小 5 mA
ON 电压	最小 8.8 V
OFF 电流	最大 0.5 mA
OFF 电压	最大 0.8 V
ON 延迟	0.1 ms 以下
OFF 延迟	0.1 ms 以下
备注	ON 电流/ON 电压是指 OFF→ON 状态时的电流值或电压值，ON 电压为 COMIN 和各输入端子之间的电位差。OFF 电流/OFF 电压是指 ON→OFF 状态时的电流值或电压值，OFF 电压为 COMIN 和各输入端子之间的电位差

续　表

输出信号 BUSY、RUN、OR、GATE、ERROR、DO0～DO15、READY、STGOUT0～1	
输出电压	DC 12～24 V ±10%
负荷电流	45 mA 以下
ON 残留电压	2 V 以下
OFF 泄漏电流	0.2 mA 以下
备注	使用 STGOUT0 或 STGOUT1 时，需连接 COMIN 端子

任务实施

熟悉数控车床工作站的操作，看看工作站是如何完成铝制圆柱工件的数控车削加工、工件的清理、工件尺寸的检测及水晶工件形状判断的。

先将单个设备调试到位，再对整体进行联调，通过操作 E－Factory 实现对整个工作站的控制。

启停控制操作	
(1) 启动数控车床工作站，闭合工作站的总控开关。	
(2) 电控柜面板操作。 ① 接通面板钥匙开关。 ② 接通面板电源开关。 ③ 待触摸屏启动完成后按复位按钮，工作站各单元恢复初始状态。 ④ 按下启动按钮启动工作站。	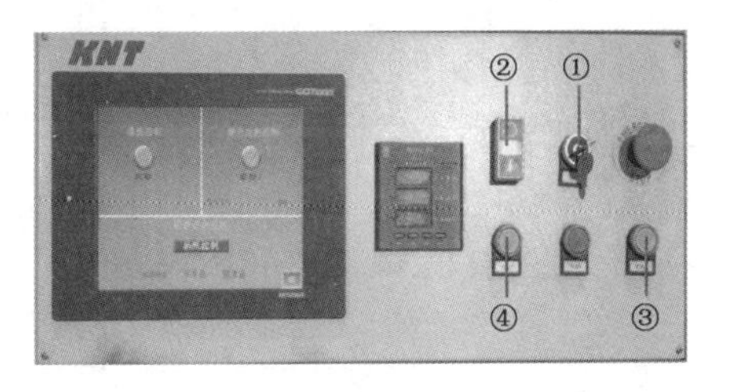

续 表

启停控制操作	
(3) 打开清理、检测单元以及工业机器人夹具的气源。	
(4) 停止工作站。 ① 按下停止按钮。 ② 关闭面板电源。 ③ 断开钥匙开关。 断开总控开关。	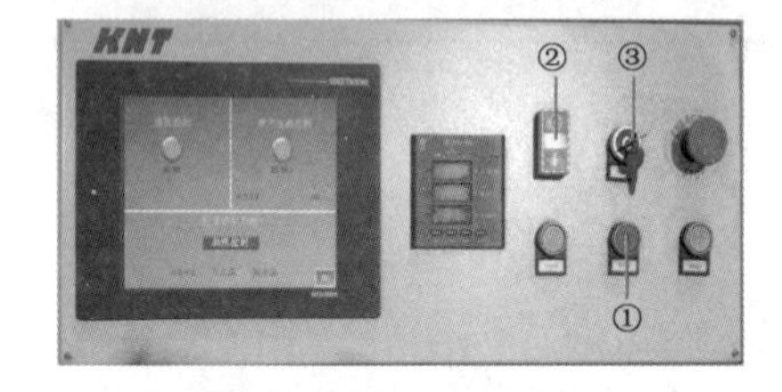
工业机器人操作	
(1) 接通工业机器人控制柜电源等待启动。	
(2) 将机器人控制模式调到自动模式挡位。	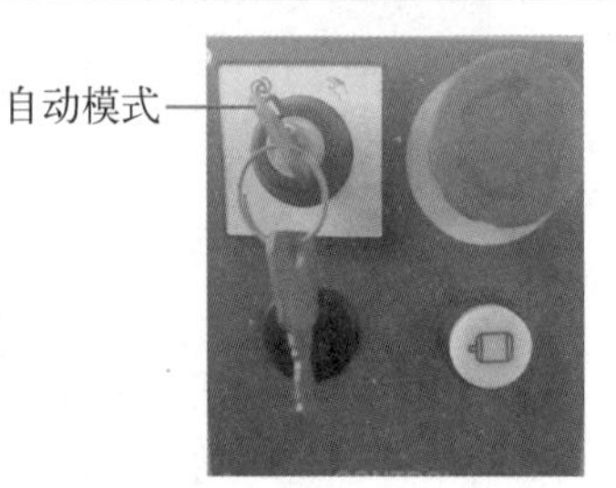
(3) 单击“确定”,在示教器界面进行运行模式确认。	

续 表

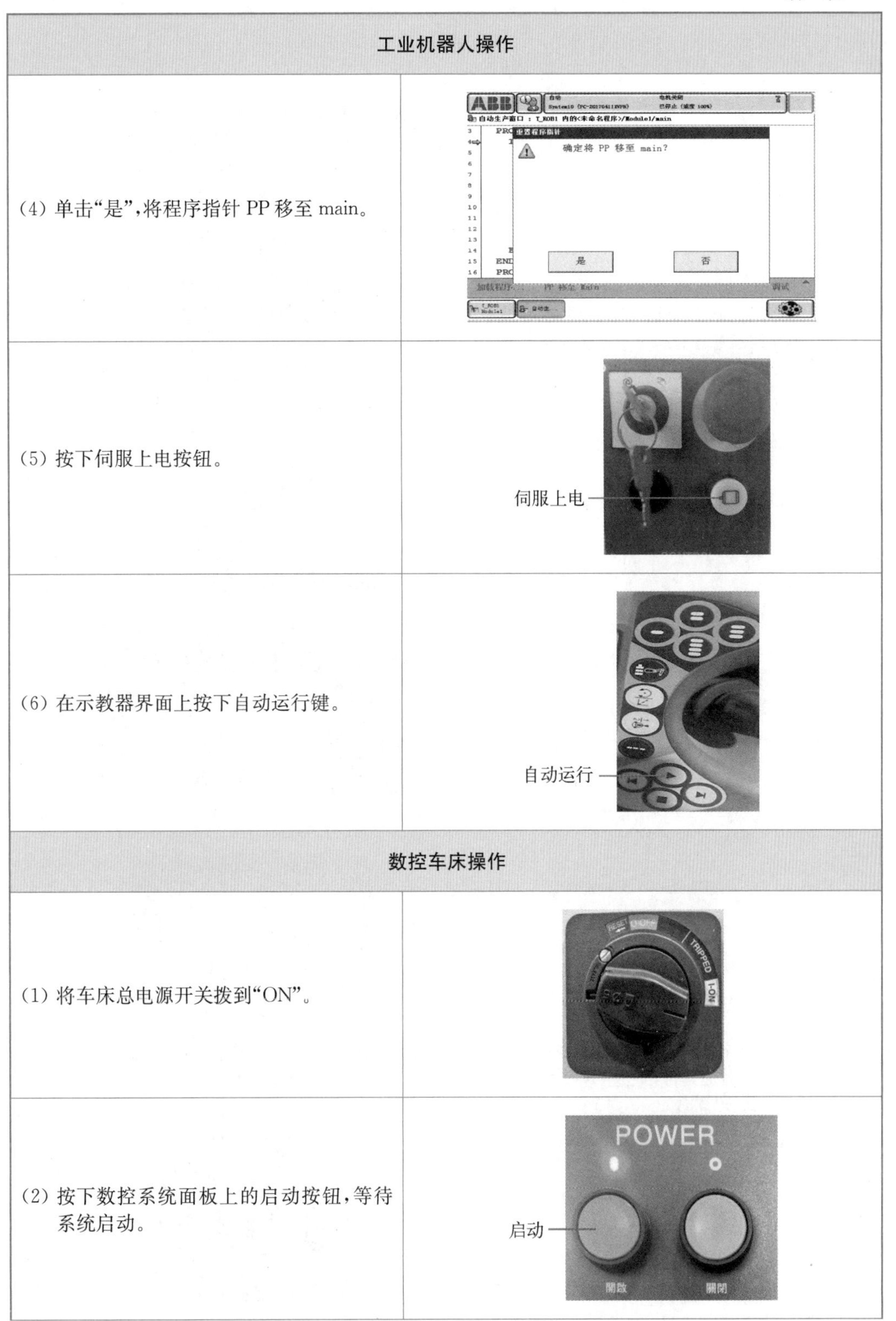

工业机器人操作	
（4）单击“是”，将程序指针 PP 移至 main。	确定将 PP 移至 main? 是　否
（5）按下伺服上电按钮。	伺服上电
（6）在示教器界面上按下自动运行键。	自动运行
数控车床操作	
（1）将车床总电源开关拨到“ON”。	
（2）按下数控系统面板上的启动按钮，等待系统启动。	POWER 启动

续　表

数控车床操作	
(3) 如紧急停止按钮是按下的，画面显示报警，则释放紧急停止按钮，按下面板上的RESET键。	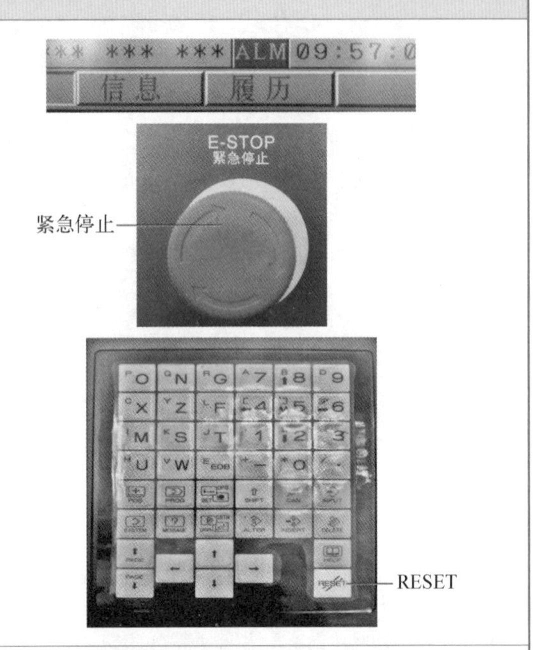
(4) 报警清除后，进行回原点操作。在数控车床操作面板上按“原点”。	
(5) 在车床面板上按“POS”键，直到在显示屏上显示绝对值坐标，通过“JOG”键，将X、Z坐标调至“0”。	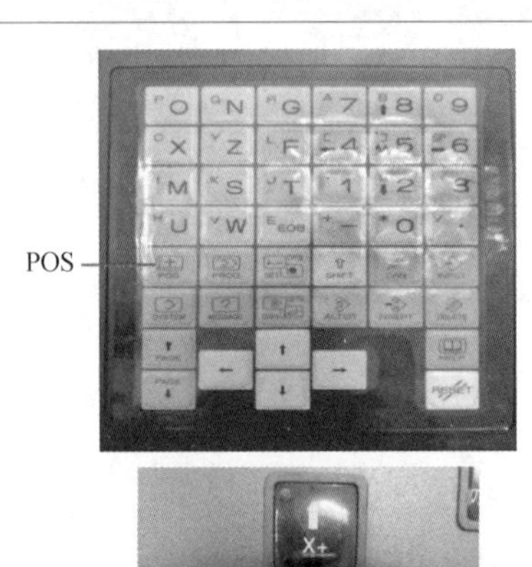

续　表

数控车床操作	
(6) 按下“记忆”键。	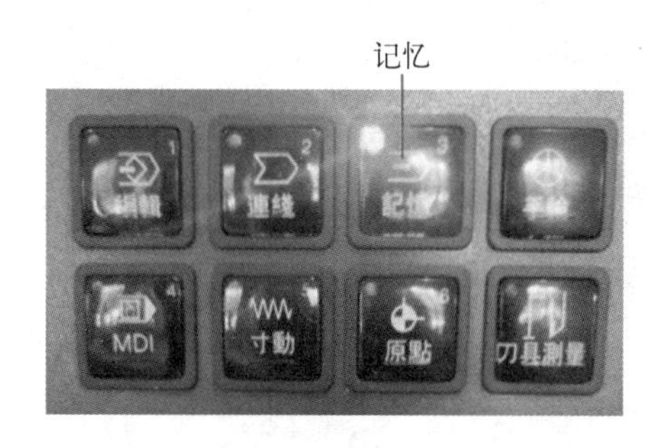
(7) 按下程式启动按钮，启动程序自动运行。	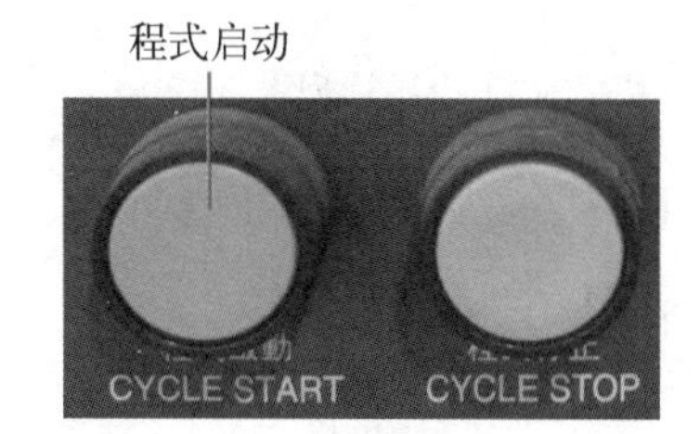
人机界面操作	
(1) 在触摸屏的主界面可以进行启动、停止、复位、单/联机的切换操作，并可以显示日期、时间。	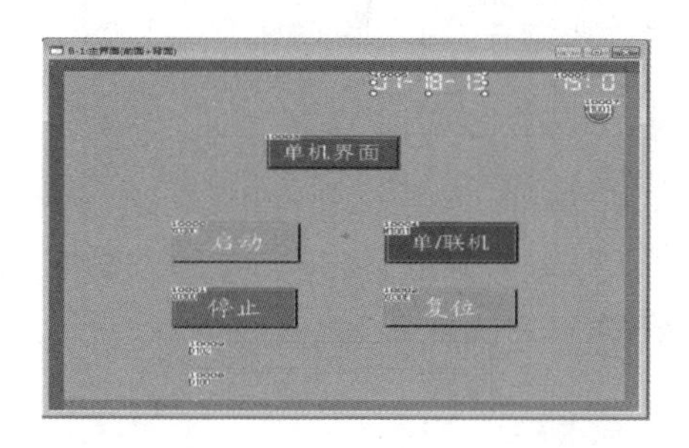
(2) 单机操作数控车床工作站。 在单机界面中，按下启动清洗控制按钮，手动控制清理工件的操作。按下启动激光检测控制按钮，手动控制激光检测工件尺寸，在界面上显示检测的结果。按下图像识别的拍照控制按钮，可以启动视觉单元进行水晶图像的识别，并显示识别的结果。按“ESC”按钮则返回主界面。	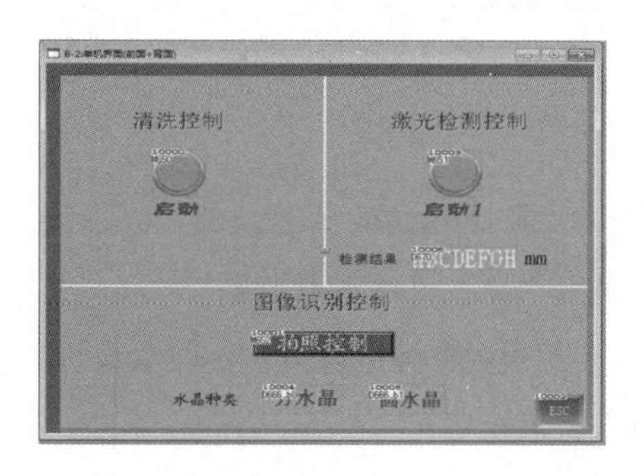

续 表

E-Factory 软件联调操作	
(1) 操作 E-Factory 软件对数控车床工作站进行联调。 打开软件并选择“系统管理员”，输入密码登录。	
(2) 单击主界面的“生产线管理”，选择“生产线手动控制”。	
(3) 可手动进行上电、停机、复位等操作，选择托盘的类型(水晶座托盘是指铝制圆柱工件，水晶体托盘是指水晶工件)。选好后，单击“启动”，启动运行；单击“停机”，停止运行。	
(4) 数控车床工作站的状态显示。	

任务小结

数控车床工作站操作

数控车床工作站的主要功能：进行铝制圆柱工件的数控加工、清理、检测及水晶工件的形状判断。

主要组成：数控车床、工业机器人、清理单元、检测单元、视觉单元、电气控制柜等。

工作流程：先进行工件的判断，如果是铝制圆柱，则送入数控车床进行加工，加工完后进行清理和检测；如果是水晶，则使用视觉单元判断水晶的形状。

练习

1. 数控车床工作站有哪些组成部分？
2. 数控车床工作站的工作过程是什么？
3. 水晶工件形状的判断是通过什么设备来完成的？
4. 数控车床工作站中 CC－Link IE 网络通信模块的作用是什么？
5. 输入输出模块的作用是什么？
6. 激光测距传感器的作用是什么？
7. 视觉系统控制器的作用是什么？

任务二　分析数控车床工作站控制系统

任务目标

1. 了解数控车床工作站的系统通信。
2. 了解数控车床工作站中 PLC 的程序设计流程。
3. 了解数控车床工作站中 PLC 的关键程序。

任务相关知识

1. 数控车床工作站控制系统的组成

这里的控制系统是以 PLC 控制器为核心的,其组成见本项目任务一。

2. 数控车床工作站的系统通信

数控车床工作站控制系统以 PLC 控制器为核心,PLC 与工作站中各设备的通信如图 2－4－23 所示。其中 PLC 与数控车床、工业机器人、清理单元及视觉单元采用 I/O 通信,PLC 与机器人行走机构采用 SSCNETⅢ光纤通信,PLC 与检测单元的激光测距传感器采用 RS422 串行通信,PLC、工业机器人、触摸屏等与主站总控台的上位机通过以太网通信。通过总控台上位机可以调用或下载它们的程序和参数,同时上位机安装有生产管理监控软件,监控整个生产过程。

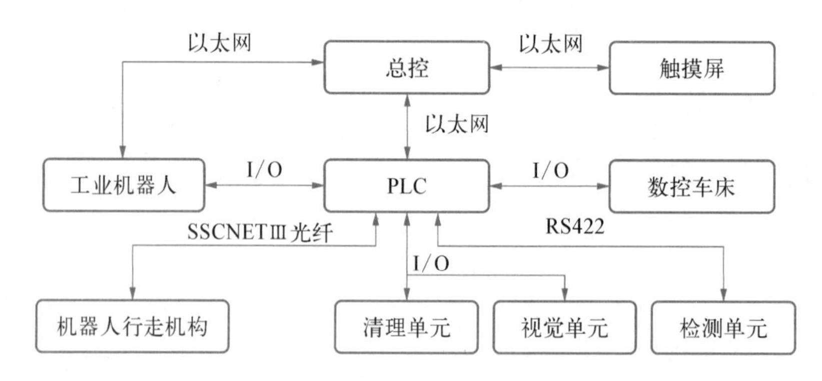

图 2－4－23　数控车床工作站的系统通信

3. QJ71C24N 串行通信模块

QJ71C24N 是一个串行通信模块,与 RS232(CH1)、RS422/485(CH2)线路中连接的外部设备可通过 MELSEC 通信协议、无顺序协议、双向协议进行数据通信。本设备通过无顺序协议进行数据通信。图 2-4-24 是本站中激光测距传感器与 PLC 的通信连接。

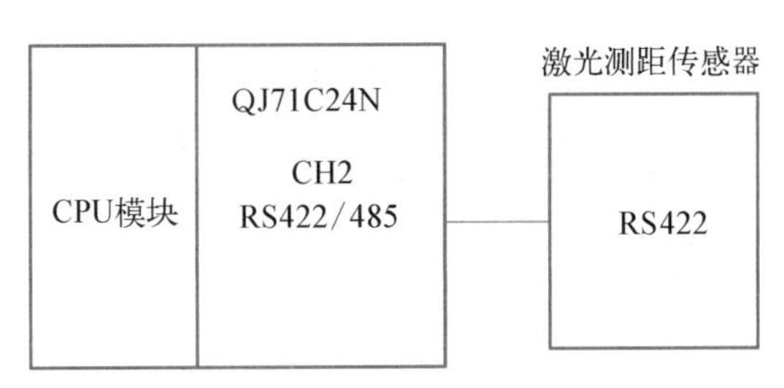

图 2-4-24　激光测距传感器与 PLC 的通信连接

QJ71C24N 的输入输出软元件信号是用户设定的，表 2-4-3 是基于 QJ71C24N 的起始 I/O No 为“0000”的情况对应的输入输出软元件信号分配表。软元件 X 是从 QJ71C24N 至 CPU 模块的输入信号。软元件 Y 是从 CPU 模块至 QJ71C24N 的输出信号。

表 2-4-3　QJ71C24N 输入输出软元件信号分配表

软元件 No.	信号内容		参照项
X0 * 1	CH1 发送正常完成	ON：正常完成	—
X1 * 1	CH1 发送异常完成	ON：异常完成	
X2 * 1	CH1 发送处理中	ON：发送中	
X3 * 2	CH1 接收读取请求	ON：读取请求中	10.1 项、11.1 项
X4 * 2	CH1 接收异常检测	ON：异常检测	
X5 * 1	CH1 协议执行完成	ON：执行完成	—
X6 * 3	CH1 模式切换	ON：切换中	用户手册（应用篇）
X7 * 1	CH2 发送正常完成	ON：正常完成	—
X8 * 1	CH2 发送异常完成	ON：异常完成	
X9 * 1	CH2 发送处理中	ON：发送中	
XA * 2	CH2 接收读取请求	ON：读取请求中	10.1 项、11.1 项
XB * 2	CH2 接收异常检测	ON：异常检测	
XC * 1	CH2 协议执行完成	ON：执行完成	—
XD * 3	CH2 模式切换	ON：切换中	用户手册（应用篇）
XE	CH1 发生出错	ON：发生出错中	15.4 项
XF	CH2 发生出错	ON：发生出错中	
X10	调制解调器初始化完成	ON：初始化完成	用户手册（应用篇）

续 表

软元件 No.	信 号 内 容		参 照 项
X11	拨号中	ON：拨号中	用户手册（应用篇）
X12	线路连接中	ON：连接中	
X13	初始化线路连接失败	ON：初始化连接失败	
X14	线路切断完成	ON：切断完成	
X15	使用禁止		—
X16			
X17 * 1	快闪 ROM 读取完成	ON：完成	—
X18 * 1	快闪 ROM 写入完成	ON：完成	
X19	快闪 ROM 系统设置完成	ON：完成	
X1A	CH1 全局信号	ON：有输出指示	MELSEC - Q/L MELSEC 通信协议参考手册
X1B	CH2 全局信号	ON：有输出指示	
X1C	系统设置默认完成	ON：完成	—
X1D * 6	通信协议准备完成	ON：准备完成	9.4 项
X1E * 4	C24 就绪	ON：可以访问	—
X1F * 5	看门狗定时器出错(WDT 出错) ON：模块发生异常 OFF：模块正常动作中		—
Y0	CH1 发送请求	ON：发送请求中	—
Y1	CH1 接收读取完成	ON：读取完成	
Y2	CH1 模式切换请求	ON：切换请求中	用户手册(应用篇)
Y3	CH1 协议执行请求	ON：执行请求中	—
Y4	使用禁止		—
Y5			
Y6			
Y7	CH2 发送请求	ON：发送请求中	—

续　表

软元件 No.	信号内容		参照项
Y8	CH2 接收读取完成	ON：读取完成	—
Y9	CH2 模式切换请求	ON：切换请求中	用户手册(应用篇)
YA	CH2 协议执行请求	ON：执行请求中	—
YB	使用禁止		—
YC			
YD			
YE	CH1 出错清除请求	ON：清除请求中	15.4 项
YF	CH2 出错清除请求	ON：清除请求中	
Y10	调制解调器初始化请求(待机请求)	ON：初始化请求	用户手册(应用篇)
Y11	线路连接请求	ON：连接请求中	
Y12	线路切断请求	ON：切断请求中	
Y13	使用禁止		—
Y14			
Y15			
Y16			
Y17	快闪 ROM 读取请求	ON：请求中	—
Y18	快闪 ROM 写入请求	ON：请求中	
Y19	快闪 ROM 系统设置请求	ON：请求中	
Y1A	使用禁止		—
Y1B			
Y1C	系统设置默认请求	ON：请求中	—
Y1D	使用禁止		—
Y1E			
Y1F			

专用指令 G.INPUT 指令通过无顺序协议以用户任意的报文格式进行数据接收。可将与 QJ71C24N 模块连接的外围设备发送的数据接收到 PLC 程序指定的数据寄存器中。

(1) 接收方法

通过无顺序协议进行任意格式数据的接收方法如图 2-4-25 所示。对于数据的接收方法,有用于接收可变长度报文的“通过接收结束代码进行的接收方法”以及用于接收固定长度报文的“通过接收结束数据数进行的接收方法”。对于用于数据接收的接收结束代码、接收结束数据数,可以通过 GX Works2 由用户更改为任意的设置值后进行数据接收。

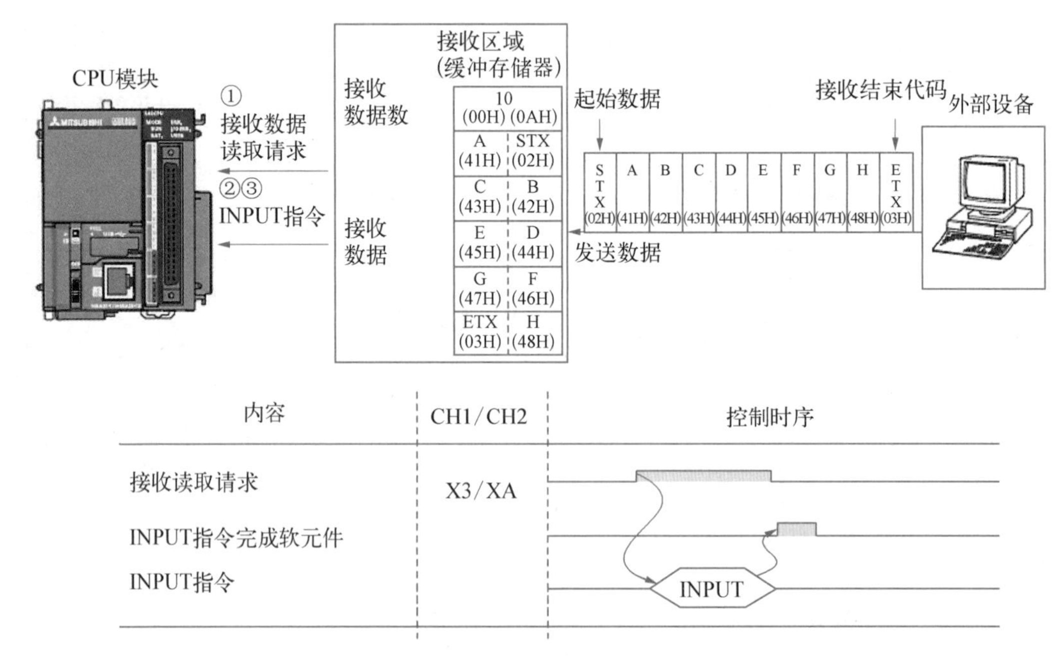

图 2-4-25 通过无顺序协议进行任意格式数据的接收方法

数据接收过程如下:

① 如果“通过接收结束代码进行接收”或“通过接收结束数据数进行接收”从外部设备进行数据接收,则接收读取请求输入信号 X3(CH1)/XA(CH2)。

② 将控制数据存储到 INPUT 指令中指定的软元件中。

③ 如果执行 INPUT 指令,则接收数据将从缓冲存储器的接收数据存储区域中读取。

(2) 指令详解

指令格式如图 2-4-26 所示,指令中的各参数包括模块的起始输入输出地址、存储控制数据及接收数据的软元件的起始编号、执行完成置为 ON 的位软元件编号,见表 2-4-4,具体的控制数据设置见表 2-4-5。

图 2-4-26　指令格式

表 2-4-4　设置指令参数

设置参数	内　　容	设置方	数据类型
U*n*	模块的起始输入输出地址 （00～FE：将输入输出地址以 3 位表示时的高 2 位）	用户	BIN 16 位
(S)	存储控制数据的软元件的起始编号	用户、系统	软元件名
(D1)	存储接收数据的软元件的起始编号	系统	软元件名
(D2)	执行完成后置为 ON 的位软元件编号	系统	位

表 2-4-5　控制数据设置

软元件	项　目	设　置　数　据	设置范围	设置方
(S)+0	接收通道	● 设置接收通道 1：通道 1(CH1 侧) 2：通道 2(CH2 侧)	1、2	用户
(S)+1	接收结果	● 存储根据 INPUT 指令的接收结果 0：正常 0 以外：出错代码	—	系统
(S)+2	接收数据数	● 存储接收的数据的数据数(0 以上)	—	系统
(S)+3	接收数据允许数	● 设置(D1)可存储的接收数据的允许字数	1 以上	用户

注意：不能对 G.INPUT 指令进行脉冲化。应在输入输出信号的读取请求为 ON 的状态下执行 G.INPUT 指令。

任务实施

数控车床工作站工作流程：工装托盘到达工位后。如果是铝制圆柱工件，PLC 首先向车床发出调用程序命令；当数控车床返回已就绪信号后，PLC 给机器人发出启动命令；机器人抓取工件到达卡盘位置后，发出到位信号给 PLC；PLC 再通知车床卡盘夹持；机器人退出到安全位置后通知 PLC 发出车床加工启动命令；加工完成后，PLC 通知机器人夹持

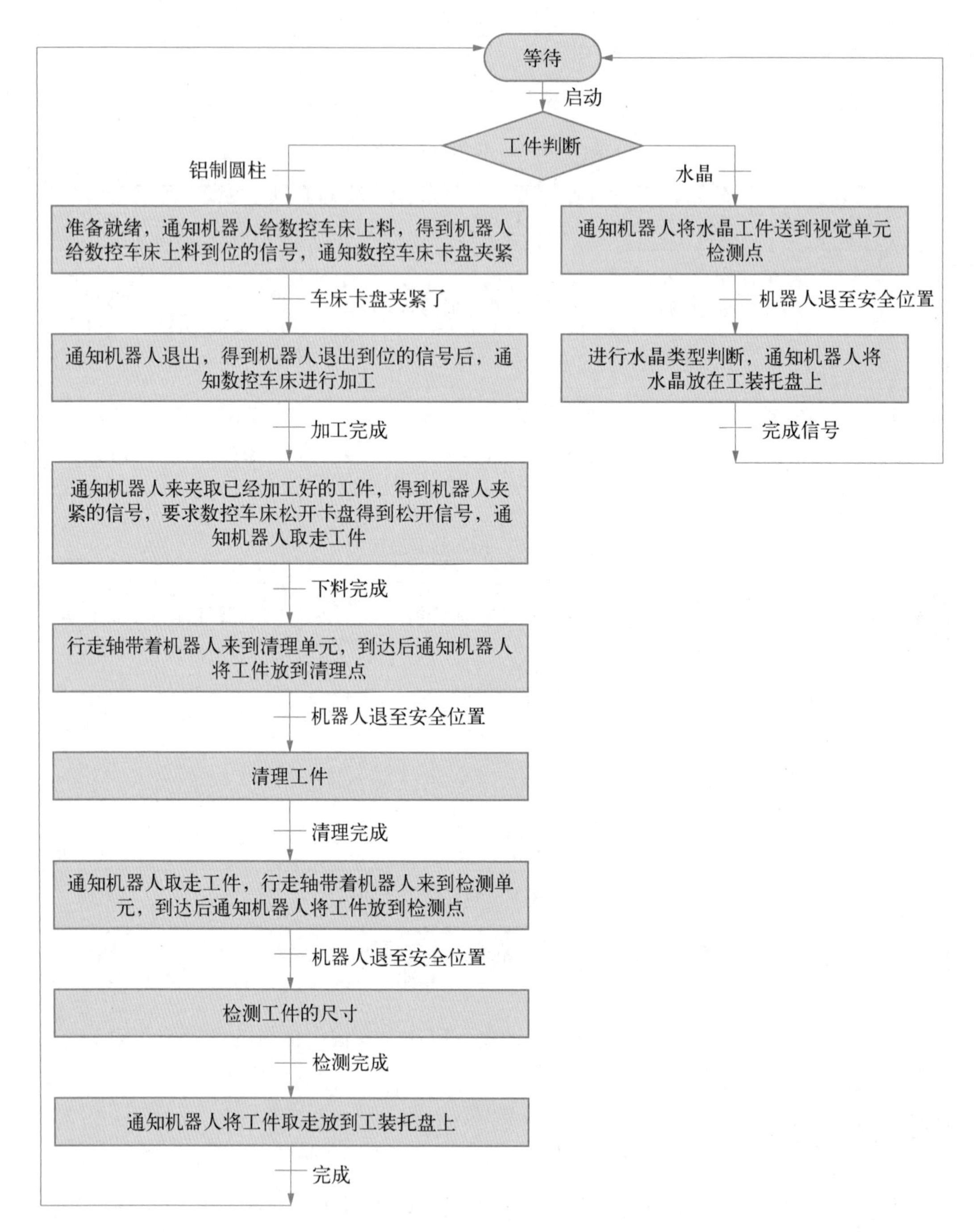

图 2-4-27　PLC 程序设计流程

工件，夹持完成后机器人通知 PLC 命令车床卡盘松开；机器人取走工件，行走轴将机器人移至清理单元，机器人将工件送至吹气清理位置，到达后机器人气爪松开工件移至安全位置，通知 PLC 控制清理单元吹气清理工件；清理完成后 PLC 通知机器人取走工件；行走轴将机器人移至检测单元，机器人将工件送至激光检测平台，到达后机器人气爪松开工件移至安全位置，通知 PLC 控制检测单元进行尺寸检测；检测完成后 PLC 通知机器人将工件放回工装托盘。如果是水晶工件则通知机器人为视觉检测单元上料，得到机器人退回到安全位置的信号后，进行视觉检测控制，完成后通知机器人将水晶放回托盘。

根据工作流程梳理出 PLC 控制要求：

(1) 与总控单元进行通信。

(2) 与机器人进行通信，通知机器人为不同的单元进行上下料。

(3) 与数控车床进行通信。

(4) 控制行走轴定位机器人。

(5) 控制视觉单元进行水晶形状判断，控制清理单元进行工件的清理，控制检测单元进行工件尺寸的检测。

1. PLC 控制流程设计

根据控制要求设计 PLC 控制流程图，如图 2-4-27 所示。

2. 数控车床工作站的 I/O 及软元件分配

PLC 与数控车床、机器人及其他外围设备之间的通信主要是 I/O 通信方式。

(1) PLC 与机器人之间通信

机器人输出端子	PLC 输入端子	功　　能
DO10_3	X310	机器人准备就绪(在原位)
DO10_4	X311	通知车床，机器人到达车床上料位置
DO10_5	X312	机器人退回到安全位置，通知车床可以加工
DO10_6	X313	机器人到达下料位置，通知数控车床松开卡盘
DO10_7	X314	通知 PLC 驱动行走轴让机器人走到清理单元
DO10_8	X315	机器人到达安全位置，发出通知，可以清理
DO10_9	X316	通知 PLC 驱动行走轴让机器人走到检测单元
DO10_10	X317	机器人退至安全位置，通知可以进行工件尺寸检测
DO10_11	X318	通知工件已放至托盘
DO10_12	X319	机器人到达安全位置，发出通知，可以进行视觉检测

续　表

机器人输入端子	PLC 输出端子	功　　能
DI10_1	Y410	启动
DI10_2	Y411	告知机器人工件是铝制圆柱还是水晶
DI10_3	Y412	车床卡盘已卡紧,通知机器人松开工件并退回安全位置
DI10_4	Y413	数控车床加工完毕,通知机器人下料
DI10_5	Y414	数控车床已松开卡盘,通知机器人取走工件
DI10_6	Y415	机器人已到达清理单元,PLC 通知机器人将工件放到清理位置
DI10_7	Y416	通知机器人清理完毕
DI10_8	Y417	机器人已到检测单元,PLC 通知机器人将工件放至检测位置
DI10_9	Y418	通知机器人工件尺寸检测完毕
DI10_10	Y419	通知机器人视觉检测完毕

(2) PLC 与数控车床之间通信

数　控　车　床	PLC	功　　能
MNJG 黄 X2.4	Y41E	模拟加工信号
SLEND 绿 X0.0	Y41A	上料完成
SLDW 粉 X0.1	Y41C	上料到位
SLRADY 咖啡 Y2.0	X31E	数控车床就绪
XLXLP 浅蓝 Y1.6	X31D	卡盘松开
XLON 橙 Y1.2	X31B	加工完成(下料开始)
XLEND 灰 X2.7	Y41B	下料完成
XLDW 紫 X0.2	Y41D	下料到位
SLON 红 Y1.0	X31A	上料开始
SLENDJ 黑 Y1.4	X31C	卡盘加紧
JCJG 白 X2.3	Y41F	数控车床加工

（3）其他

PLC 和清理单元、检测单元、视觉单元、各按钮和指示灯等之间的 I/O 分配：

输　入		输　出	
X300	清理气缸上	Y400	清理吹气
X301	清理气缸下	Y401	清理升降
X302	检测固定气缸推出	Y402	检测固定
X304	检测升降气缸上升	Y403	检测升降
X305	检测升降气缸下降	Y404	视觉系统重启 RESET
X306	视觉系统 ERROR	Y405	视觉系统测量 STEP0
X307	视觉系统 RUN	Y406	视觉系统 DSA0
X308	视觉系统 BUSY0	Y407	视觉系统 DI0
X309	视觉系统 READY0	Y408	启动指示灯
X30A	圆水晶输出 DO0	Y409	停止指示灯
X30C	启动	Y40A	复位指示灯
X30D	停止	Y40B	三色灯红
X30E	复位	Y40C	三色灯黄
X30F	急停	Y40D	三色灯绿
		Y40E	伺服 STOP
		Y40F	伺服电机抱闸

（4）软元件分配

在程序中还需要用到一些软元件，具体分配如下：

M1000	自动运行	M1005	正在停止中
M1001	单机运行	M1020	气动单元复位
M1002	复位完成	M1021	视觉系统、机器人复位
M1003	正在复位	M1022	机床复位

续 表

M1030	急停报警	M652	拍照控制(人机界面中用到)
M1100	等待复位	M700	平台下降
M1300	急停	M701	清理平台下降到位
M650	启动清理(人机界面中用到)	M702	吹气完成
M651	启动工件检测(人机界面中用到)	M611	清理完成
M610	清理开始	M614	视觉检测开始

总控—单元	启动1(水晶)		D660.0	1:启动	
	启动2(铝制圆柱)		D660.1	1:启动	
	模拟加工		D660.2	1:启动	
	启动		D660.3	1:启动	
	停止		D660.4	1:停止	
	复位		D660.5	1:复位	
单元—总控	状态	等待	D661.0	1:等待	
		运行	D661.1	1:运行	
		故障	D661.2	1:故障	
		联机	D661.3	1:集控	手/自动切换
	位置		D663/D662	32状态	状态信号
	报警		D665/D664	32故障	状态信号
	视觉检测结果,方水晶		D666.0	1:方水晶	
	视觉检测结果,圆水晶		D666.1	1:圆水晶	
	检测数据		D670—D673		

3. 模块设置

模块设置包括CC-Link IE控制网络单元模块、QD75MH2智能功能模块及QJ71C24N模块的设置,具体设置如下:

CC-Link IE 控制网络单元模块的设置

双击 GX Works2 的菜单栏/工程/参数/网络参数/以太网/CC IE/MELSECNET，打开对话框，进行 CC-Link IE 控制网络单元模块参数设置。

添加 QD75MH2 智能功能模块并设置

（1）在 GX Works2 的菜单栏/工程/智能功能模块右击，添加 QD75MH2 定位模块。然后设置安装插槽号及起始地址。

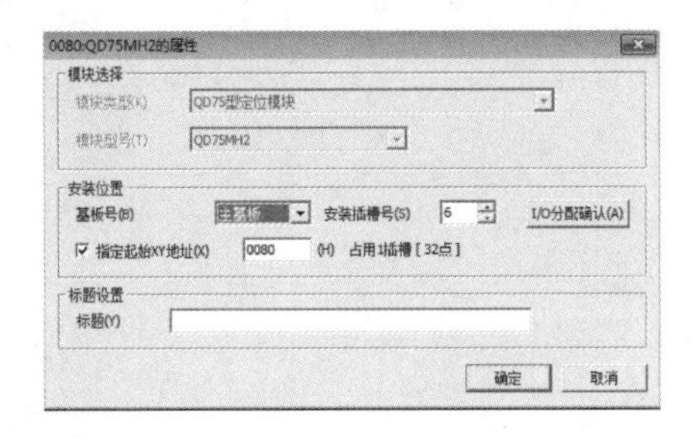

（2）设置定位模块参数：每转脉冲数、单位倍率、每转的移动量、加减速时间、软件行程上下限值、外部信号的选择等。

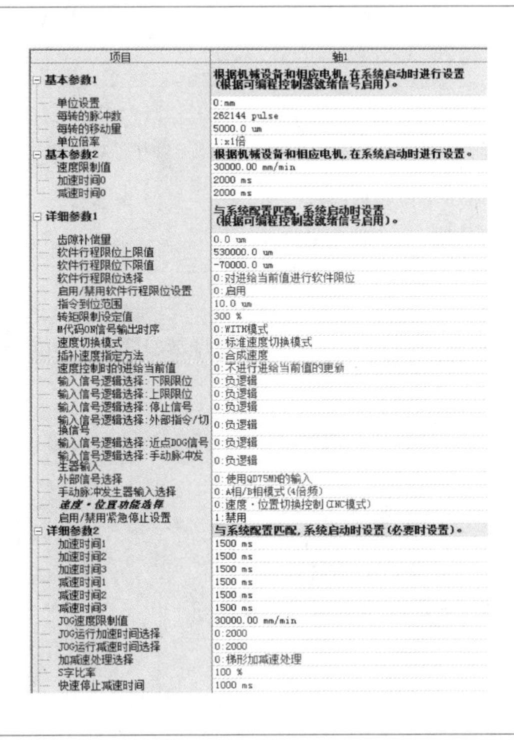

项目	轴1
基本参数1	根据机械设备和相应电机，在系统启动时进行设置（根据可编程控制器就绪信号启用）。
单位设置	0:mm
每转的脉冲数	262144 pulse
每转的移动量	5000.0 um
单位倍率	1:x1倍
基本参数2	根据机械设备和相应电机，在系统启动时进行设置。
速度限制值	30000.00 mm/min
加速时间0	2000 ms
减速时间0	2000 ms
详细参数1	与系统配置匹配，系统启动时设置（根据可编程控制器就绪信号启用）。
齿隙补偿量	0.0 um
软件行程限位上限值	530000.0 um
软件行程限位下限值	-70000.0 um
软件行程限位选择	0:对进给当前值进行软件限位
启用/禁用软件行程限位设置	0:启用
指令到位范围	10.0 um
转矩限制设定值	300 %
M代码ON信号输出时序	0:WITH模式
速度切换模式	0:标准速度切换模式
插补速度指定方法	0:合成速度
速度控制时的进给当前值	0:不进行进给当前值的更新
输入信号逻辑选择:下限限位	0:负逻辑
输入信号逻辑选择:上限限位	0:负逻辑
输入信号逻辑选择:停止信号	0:负逻辑
输入信号逻辑选择:外部指令/切换信号	0:负逻辑
输入信号逻辑选择:近点DOG信号	0:负逻辑
输入信号逻辑选择:手动脉冲发生器输入	0:负逻辑
外部信号选择	0:使用QD75MH的输入
手动脉冲发生器输入选择	0:A相/B相模式(4倍频)
速度·位置功能选择	0:速度·位置切换控制(INC模式)
启用/禁用紧急停止设置	1:禁用
详细参数2	与系统配置匹配，系统启动时设置（必要时设置）。
加速时间1	1500 ms
加速时间2	1500 ms
加速时间3	1500 ms
减速时间1	1500 ms
减速时间2	1500 ms
减速时间3	1500 ms
JOG速度限制值	30000.00 mm/min
JOG运行加速时间选择	0:2000
JOG运行减速时间选择	0:2000
加减速处理选择	0:梯形加减速处理
S字比率	100 %
快速停止减速时间	1000 ms

续　表

<table>
<tr><th colspan="2">添加 QD75MH2 智能功能模块并设置</th></tr>
<tr><td>(3) 设置定位模块伺服参数：伺服放大器系列选择、基本设置参数、增益、滤波等。</td><td>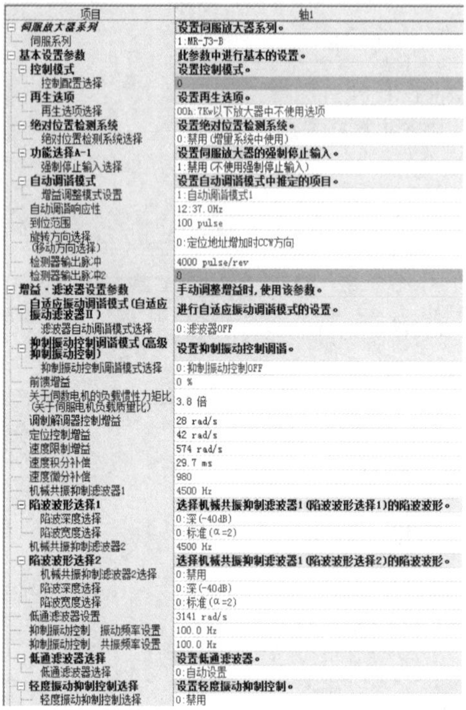
项目
轴1
伺服放大器系列
设置伺服放大器系列。
伺服系列
1:MR-J3-B
基本设置参数
此参数中进行基本的设置。
控制模式
设置控制模式。
控制配置选择
0
再生选项
设置再生选项。
再生选项选择
00h:7Kw以下放大器中不使用选项
绝对位置检测系统
设置绝对位置检测系统。
绝对位置检测系统选择
0:禁用(增量系统中使用)
功能选择A-1
设置伺服放大器的强制停止输入。
强制停止输入选择
1:禁用(不使用强制停止输入)
自动调谐模式
设置自动调谐模式中推定的项目。
增益调整模式设置
1:自动调谐模式1
自动调谐响应性
12:37.0Hz
到位范围
100 pulse
旋转方向选择(移动方向选择)
0:定位地址增加时CCW方向
检测器输出脉冲
4000 pulse/rev
检测器输出脉冲2
0
增益·滤波器设置参数
手动调整增益时,使用该参数。
自适应振动调谐模式(自适应振动滤波器II)
进行自适应振动调谐模式的设置。
滤波器自动调谐模式选择
0:滤波器OFF
抑制振动控制调谐模式(高级抑制振动控制)
设置抑制振动控制调谐。
抑制振动控制调谐模式选择
0:抑制振动控制OFF
前馈增益
0 %
关于伺服电机的负载惯性力矩比(关于伺服电机负载质量比)
3.8 倍
调制解调器控制增益
28 rad/s
定位控制增益
42 rad/s
速度限制增益
574 rad/s
速度积分补偿
29.7 ms
速度微分补偿
980
机械共振抑制滤波器1
4500 Hz
陷波波形选择1
选择机械共振抑制滤波器1(陷波波形选择1)的陷波波形。
陷波深度选择
0:深(-40dB)
陷波宽度选择
0:标准(α=2)
机械共振抑制滤波器2
4500 Hz
陷波波形选择2
选择机械共振抑制滤波器1(陷波波形选择2)的陷波波形。
机械共振抑制滤波器2选择
0:禁用
陷波深度选择
0:深(-40dB)
陷波宽度选择
0:标准(α=2)
低通滤波器设置
3141 rad/s
抑制振动控制 振动频率设置
100.0 Hz
抑制振动控制 共振频率设置
100.0 Hz
低通滤波器选择
设置低通滤波器。
低通滤波器选择
0:自动设置
轻度振动抑制控制选择
设置轻度振动抑制控制。
轻度振动抑制控制选择
0:禁用</td></tr>
<tr><td>(4) 设置轴 1 定位数据。</td><td>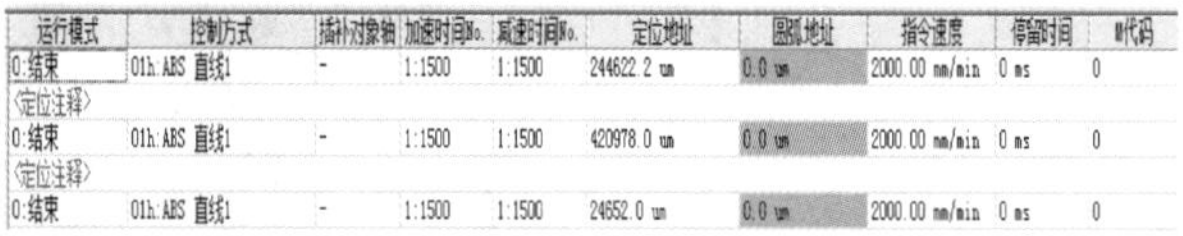
运行模式
控制方式
插补对象轴
加速时间No.
减速时间No.
定位地址
圆弧地址
指令速度
停留时间
M代码
0:结束
01h:ABS 直线1
-
1:1500
1:1500
244622.2 um
0.0 um
2000.00 mm/min
0 ms
0
<定位注释>
0:结束
01h:ABS 直线1
-
1:1500
1:1500
420978.0 um
0.0 um
2000.00 mm/min
0 ms
0
<定位注释>
0:结束
01h:ABS 直线1
-
1:1500
1:1500
24652.0 um
0.0 um
2000.00 mm/min
0 ms
0</td></tr>
<tr><th colspan="2">添加 QJ71C24N 模块并设置</th></tr>
<tr><td>(1) 在 GX Works2 的菜单栏/工程/智能功能模块右击，添加 QJ71C24N 模块，并设置安装插槽号及起始地址。</td><td>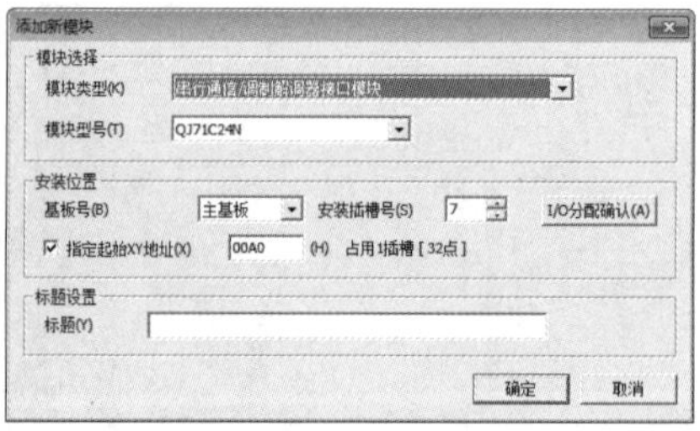
添加新模块
模块选择
模块类型(K)
模块型号(T)
QJ71C24N
安装位置
基板号(B)
主基板
安装插槽号(S)
7
I/O分配确认(A)
指定起始XY地址(X)
00A0
(H)
占用1插槽[32点]
标题设置
标题(Y)
确定
取消</td></tr>
</table>

续　表

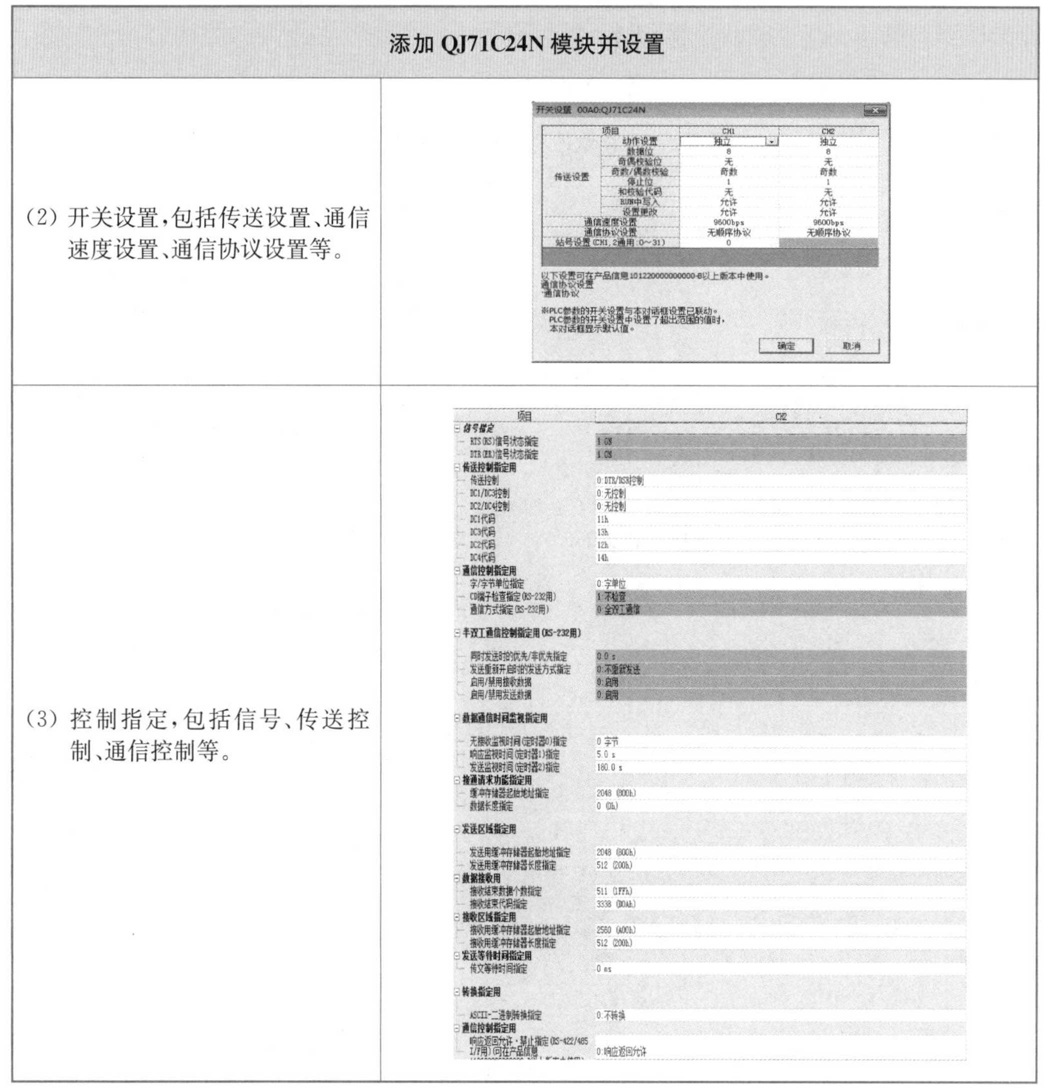

添加 QJ71C24N 模块并设置	
（2）开关设置，包括传送设置、通信速度设置、通信协议设置等。	
（3）控制指定，包括信号、传送控制、通信控制等。	

4. 程序编制

PLC 的程序规划如图 2-4-28 所示，程序分为四部分：BUTTON、MAIN、MAIN1、RESET。

（1）BUTTON：主要是对各种硬软件按钮、开关操作的响应程序。

（2）RESET：主要是进行各种复位操作。

（3）MAIN：主要是根据得到的不同信号，控制视觉检测、清理、尺寸检测等。

（4）MAIN1：按照控制流程编写的 SFC 程序。

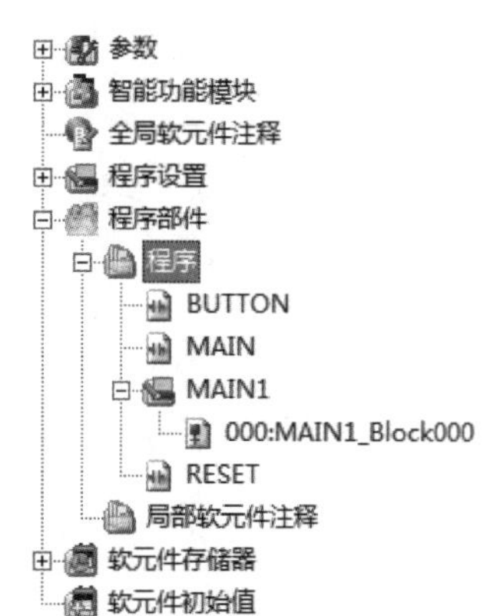

图 2-4-28　PLC 的程序规划

下面针对重点的几个程序段（主要是如何实现水晶类型的判断、工件的清理、工件尺寸的检测及机器人行走轴的控制）进行详细分析。

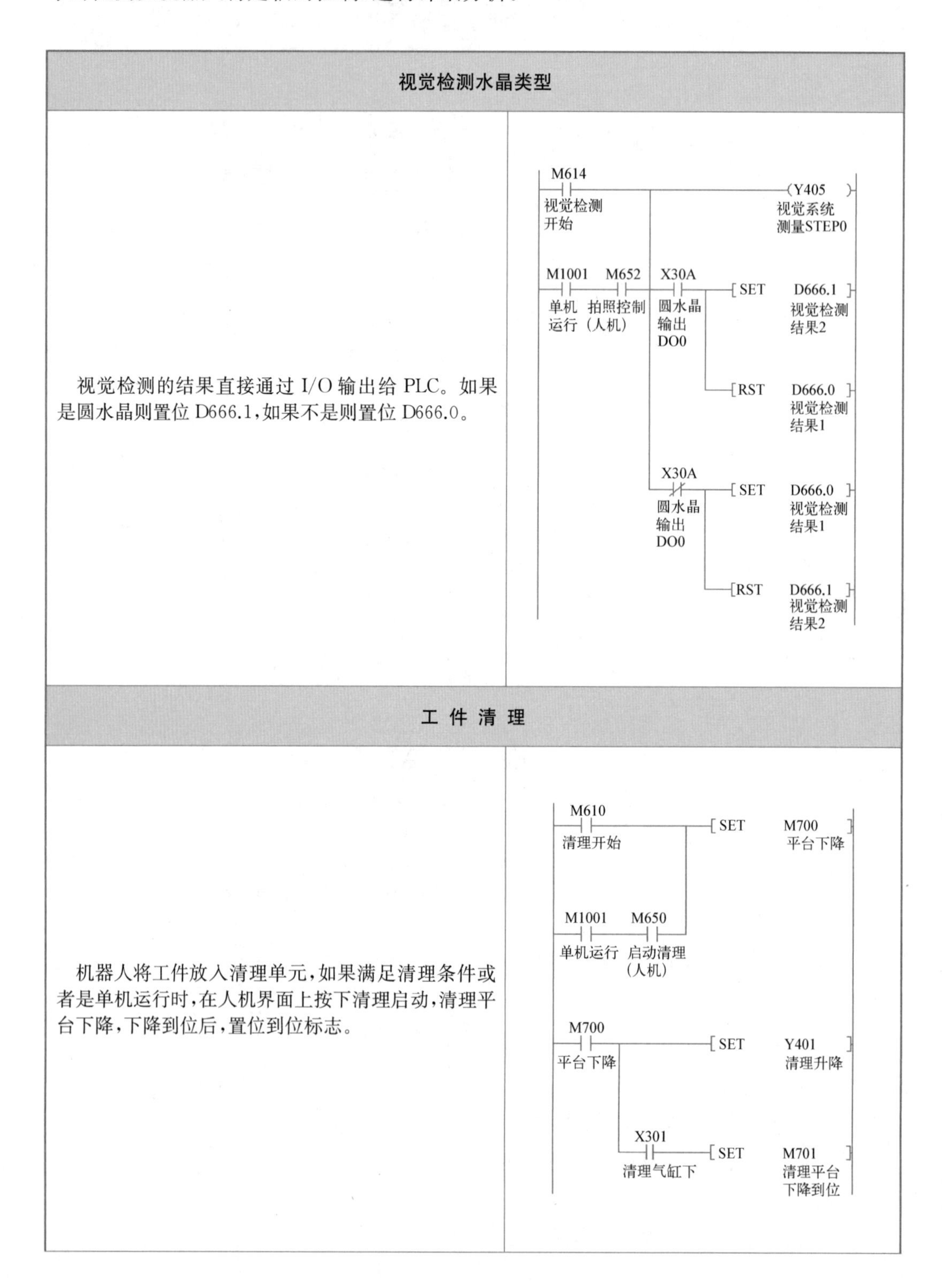

视觉检测水晶类型
视觉检测的结果直接通过 I/O 输出给 PLC。如果是圆水晶则置位 D666.1，如果不是则置位 D666.0。
工 件 清 理
机器人将工件放入清理单元，如果满足清理条件或者是单机运行时，在人机界面上按下清理启动，清理平台下降，下降到位后，置位到位标志。

续　表

工 件 清 理	
下降到位后，持续吹气 8 s，吹气完成，置位吹气完成标志。	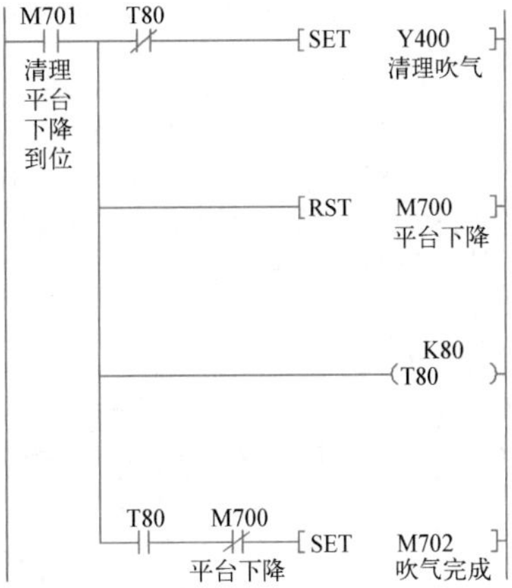 M701 清理平台下降到位　T80　[SET Y400 清理吹气] [RST M700 平台下降] K80 (T80) T80　M700 平台下降　[SET M702 吹气完成]
平台上升，清理完成，置位清理完成标志。	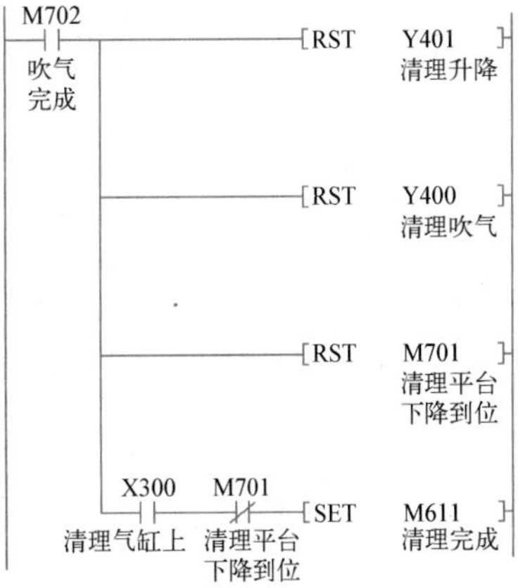 M702 吹气完成　[RST Y401 清理升降] [RST Y400 清理吹气] [RST M701 清理平台下降到位] X300 清理气缸上　M701 清理平台下降到位　[SET M611 清理完成]
清理完成，先后将两个标志位都清掉。	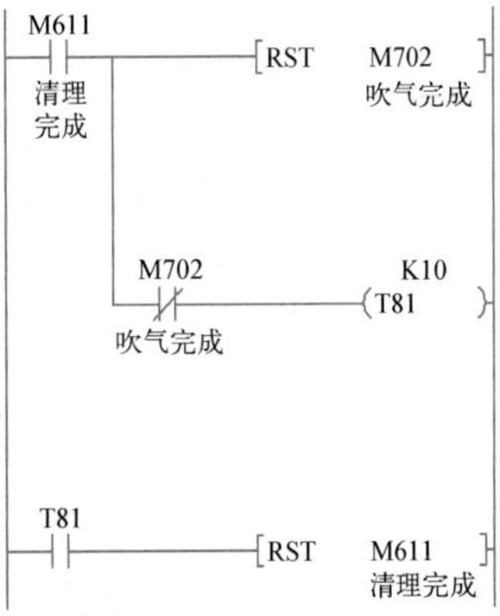 M611 清理完成　[RST M702 吹气完成] M702 吹气完成　K10 (T81) T81　[RST M611 清理完成]

续 表

激光检测

本工作站中使用激光测距传感器测量铝制圆柱工件的尺寸,并将尺寸的检测数据通过 QJ71C24N 传送到 PLC 中的数据寄存器中。QJ71C24N 起始 XY 已设置为 00A0,则接收读取请求信号为 X0AA(CH2 侧),接收异常检测信号为 X0AB(CH2 侧)。若起始 XY 设置为 0000,则这两个信号分别是 XA 和 XB。X0AA(CH2 侧):读取请求将变为 ON;X0AB(CH2 侧):异常检测将变为 ON。该段程序执行完毕,尺寸数据会保存在 D4000 开始的寄存器中。

软元件	项　目	设置数据
U0A	模块的起始输入输出信号(QJ71C24N)	0A(以 3 位表示输入输出信号时的高 2 位,QJ71C24N 起始 XY 已设置为 00A0)
D3000	设置接收通道(存储控制数据的软元件的起始编号)	2:通道 2(CH2 侧)
D3001	接收结果	D3001＝0 将接收结果清零
D3002	存储接收的数据的数据数	D3002＝0 将接收数据数清零
D3003	设置可存储的接收数据的允许字数	D3003＝10 指定接收数据允许数
D4000	存储接收数据的软元件的起始编号	
M2002	执行完成后置为 ON 的位软元件	

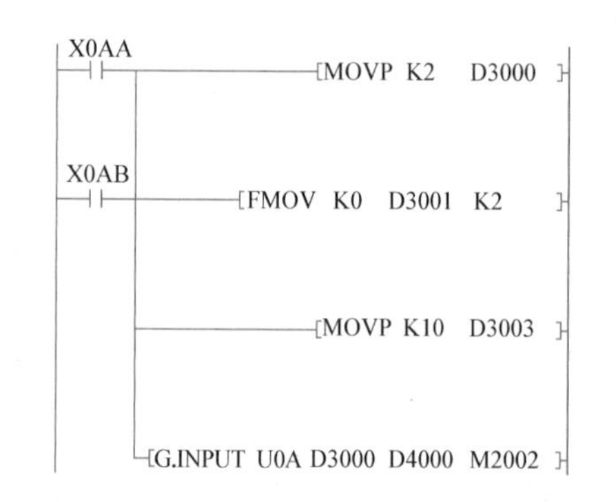

机器人行走轴控制

本站中机器人行走机构由伺服电机带动,伺服电机由伺服驱动器驱动,使用的伺服定位模块型号为 QD75MH2,伺服驱动器的控制信号端口 CN1A 与 PLC 伺服定位模块间采用光纤通信。定位模块连接前后限位开关、原点光电开关,伺服定位模块通过光纤连接至伺服放大器。伺服停信号由 PLC 的输出端 Y40E 控制。另外,伺服抱闸信号由 Y40F 控制。

续　表

机器人行走轴控制	
设置数据	设　置　内　容
U8	QD75MH2 起始 I/O 地址为 8
D210	存储控制数据的软元件的起始地址为 210
M210	在指令完成时，使运动变为 ON 并持续一次扫描时间的位软元件的起始地址为 210。如果异常完成指令，则 M211 也会变成 ON。

软元件	设　置　内　容
D210	系统区
D211	存储完成时的状态。0 为正常完成，除 0 之外为异常完成
D212	起动编号为 2

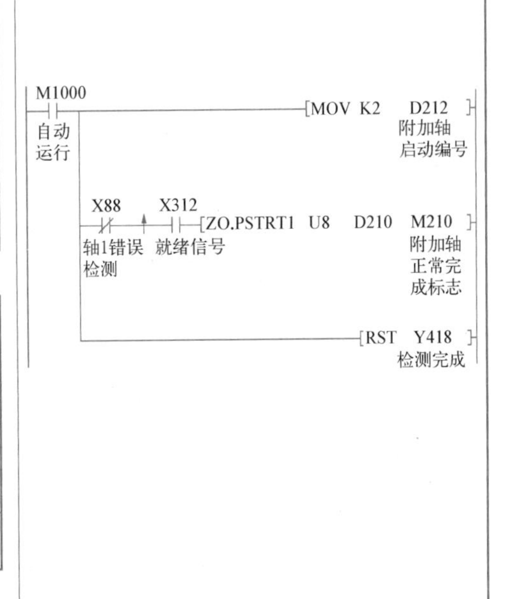

任务小结

在本站中，PLC 需要完成以下工作：跟机器人进行通信，通知机器人为不同的单元进行上下料，跟数控车床进行通信，控制行走轴定位机器人，控制视觉检测，控制清理工件，控制检测工件尺寸等。PLC 与数控车床、工业机器人及其他外围设备之间的通信主要是 I/O 通信方式。本工作站中使用激光测距传感器测量铝制圆柱工件的尺寸，并将尺寸的检测数据通过 QJ71C24N 传送到 PLC 中的数据寄存器中，PLC 与检测单元的激光测距传感器采用的是 RS422 串行通信。伺服电机带动工业机器人的行走轴传动，伺服电机由伺服驱动器驱动，使用 QD75MH2 定位模块进行定位控制。通过 QD75MH2 发出的脉冲送给伺服放大器来对伺服电机进行控制，从而实现对工业机器人行走轴的定位，伺服驱动器的控制信号端口 CN1A 与 PLC 定位模块间采用光纤通信。

练习

1. 激光测距传感器与 PLC 之间的数据是怎么传送的?
2. 本站中机器人行走轴是如何定位的?
3. 本站 PLC 与外围设备之间是采用什么方式进行通信的?

任务三　认识并操作工业视觉检测单元

任务目标

1. 了解欧姆龙工业视觉检测单元的硬件组成。

2. 了解视觉检测单元与 PLC 之间的通信。

3. 熟悉欧姆龙工业视觉检测软件的使用。

4. 能使用欧姆龙工业视觉检测单元判别水晶的形状。

任务相关知识

1. 工业视觉检测单元的硬件组成

工业视觉检测单元采用照相机将被检测的目标转换成图像信号，传送给专用的图像处理系统，根据像素分布和亮度、颜色等信息，转变成数字化信号，图像处理系统对这些信号进行各种运算来抽取目标的特征，如面积、数量、位置、长度，再根据预设的允许度和其他条件输出结果，包括尺寸、角度、个数、合格/不合格、有/无等，实现自动识别功能。通过 I/O 电缆连接到 PLC 或机器人控制器，也支持串行总线和以太网总线连接到 PLC 或机器人控制器(需安装相应模块)，对检测结果和检测数据进行传输。

本站采用一套欧姆龙 FZ4－350 智能视觉检测系统，其硬件主要有视觉控制器、摄像头、光源三个部分，如图 2－4－29 所示，可用于检测工件的特性，如颜色、形状等。视觉控制器与摄像头之间用相机线缆进行连接。视觉控制器与 PLC 之间使用 FZ 系列专门的信号线 FZ－VP 连接，信号线左端是连接控制器的 50PIN 脚端子，另一端是 50 根分路信号线连接到 PLC，进行 I/O 通信，每条信号线都有对应的定义，拍照触发等信号由 PLC 输出端子 Y404—Y407 提供，拍照完成后信号送给 PLC 输入端子 X306—X30A。

2. 视觉软件

1) 主界面(调整界面，图 2－4－30)

确认是否能够按照设定条件正确进行测量的界面。

主界面功能区说明：

(1) 菜单栏

选择与测量相关的操作和设定等操作菜单。

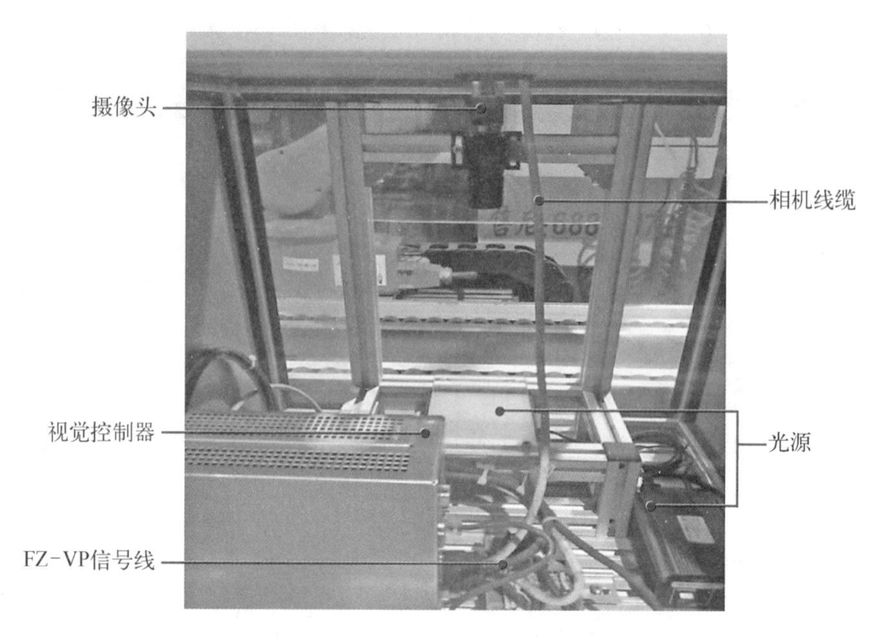

图 2-4-29　视觉检测系统的主要硬件组成

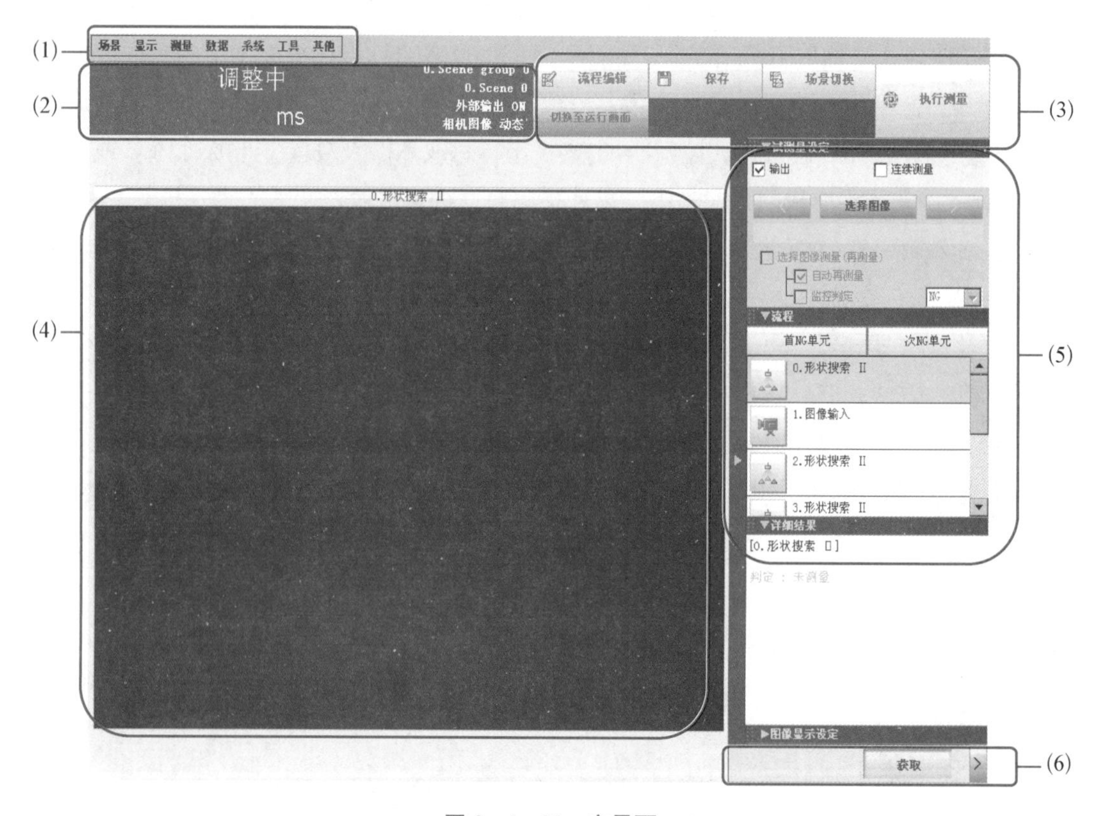

图 2-4-30　主界面

(2) 测量信息显示区域(图 2-4-31)

① 综合判定：显示场景的综合判定(OK/NG)。

② 处理时间：显示测量处理所用时间。

③ 状态显示：显示当前场景的组编号、场景编号、外部输出状态、图像模式。

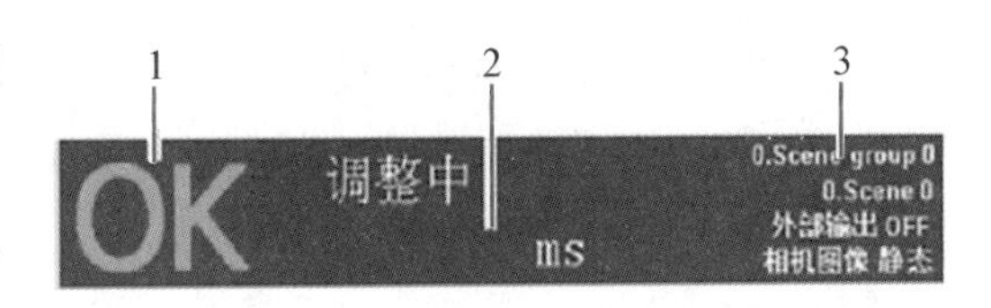

图 2-4-31　测量信息显示区域

(3) 工具栏

工具栏包含一些经常使用的功能按钮。

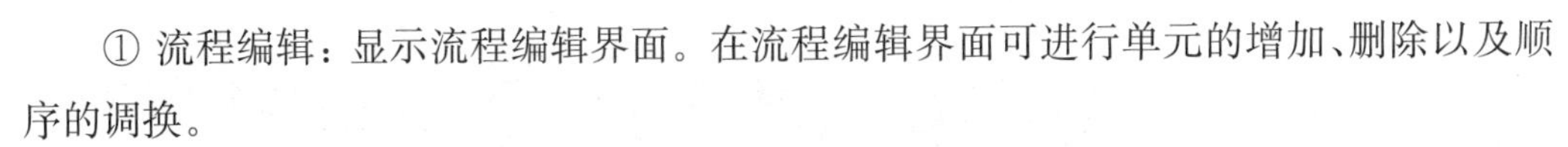

① 流程编辑：显示流程编辑界面。在流程编辑界面可进行单元的增加、删除以及顺序的调换。

② 保存：将设定数据保存到控制器的闪存中。必须保存已修改的设定。

③ 场景切换：切换场景组或场景。

④ 执行测量/停止测量：进行测量或停止测量。

⑤ 切换至运行画面：切换到运行画面。

(4) 图像显示区域

显示已测量的图像。

(5) 控制区域

显示试测量设定、流程、详细结果等。

① 试测量设定：使用试测量的条件和已获取的图像再次进行测量时使用。

② 流程：显示流程和每个单元的判定结果。

③ 首 NG 单元：转移至 NG 判定的起始处理单元。

④ 次 NG 单元：转移至下一个 NG 判定处理单元。

⑤ 详细结果：以文本形式显示测量流程中所选择的处理单元的详细测量结果。

(6) 测量管理栏

获取：将监视画面的显示内容保存为图像(在主界面中，单击“系统”→“画面抓取”→“画面抓取设定”，指定获取图像的保存地址)。

2) 流程编辑界面(图 2-4-32)

这是测量流程的编辑界面。右侧显示组成流程的各类方法，左侧显示测量流程。如果插入测量触发项目，将从流程上部开始依次执行处理。

流程编辑界面功能区说明：

(1) 单元列表

列表显示构成流程的处理单元。通过在单元列表中追加处理项目，可以创建场景的流程。

(2) 流程编辑按钮

① 选择向上搜索/选择向下搜索，可搜索设定在处理项目中的编号。在处理项目树形结构图中选择要搜索的处理项目并单击该图标。这是设定长流程时的便利功能。

② 选择顶部/选择底部，选择流程顶部或底部的处理单元。

③ 选择向上/选择向下，以当前选择的处理单元为基准，以向上或向下的顺序选择处理单元。

④ 重命名：将显示所选处理单元的重命名画面。

⑤ 移动(向上)/移动(向下)：向上或向下移动所选处理单元。

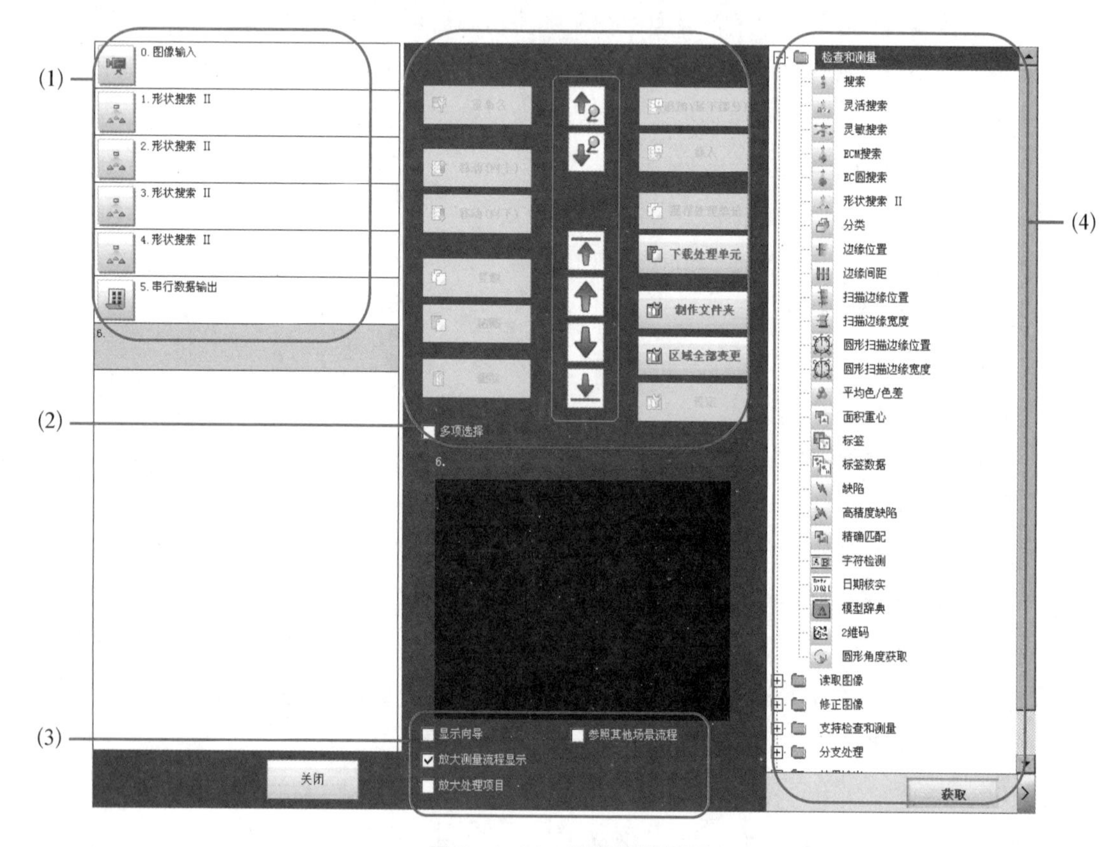

图 2-4-32 流程编辑界面

⑥ 复制：复制所选处理单元。

⑦ 粘贴：将复制的处理单元粘贴在所选处理单元的前面。进行复制操作后，如执行了其他操作，则无法继续粘贴。

⑧ 删除：删除所选处理单元。

⑨ 追加(最下部分)：在流程的底部追加处理单元。

⑩ 插入：在所选处理单元之前插入新的处理单元。

⑪ 保存处理单元：将所选处理单元的设定数据保存到文件中。不能将多个处理单元的设定数据保存到1个文件中。但是如果是以文件夹为单位，则可将多个处理单元的设定数据保存到1个文件夹中。

⑫ 下载处理单元：可从文件读入处理单元的设定数据。通过单元保存以外的形式保存的文件不能读入。分支方向、表达式等参考位置在读入后需重新设定。

⑬ 制作文件夹：当希望将多个处理单元作为1组管理时使用。

⑭ 区域全部变更：相关图形数据同时全部变更。

⑮ 多项选择：集中复制、删除处理单元时使用。

（3）显示选项

① 显示向导：若勾选该选项，将显示处理项目的说明。

② 放大测量流程显示：若勾选该选项，则以大图标显示“单元列表”的流程。

③ 放大处理项目：若勾选该选项，则以大图标显示“处理项目树形结构图”。

④ 参照其他场景流程：若勾选该选项，则可参照同一场景组内的其他场景流程。

（4）处理项目树形结构图

这是用于选择追加到流程中的处理项目的区域。处理项目按类别以树形结构图显示。若单击各项目的“＋”，则显示下一层项目。若单击各项目的“－”，则所显示的下一层项目被省略。当勾选了“参照其他场景流程”时，将显示场景选择框和其他场景流程。

任务实施

生产线上的水晶有圆形和方形两种形状，依靠视觉检测单元判别形状，识别完成后将检测的结果送到PLC中。

视觉软件中有适合各种测量对象和测量内容的处理项目。将这些处理项目进行适当组合并执行，即能进行符合目的的测量。处理项目的组合称为“场景”，只要从已经预备的处理项目列表中选取符合目的的处理项目，组合成流程图，就能简便地创建场景。以32个场景为单位集合而成的处理流程称为“场景组”。要增加场景数量，或要对多个场景按照各自的类别进行管理时，制作场景组后将会非常方便。可使用的最大场景数为1 024个（32个场景作为1个场景组处理，最多可设定32个组，即可以使用32个场景×32个场景组＝1 024个场景）。

下面使用欧姆龙视觉仿真软件建立一个场景，模拟实现对水晶形状的判定。这里只需要识别两种水晶工件，一种是圆水晶，另一种是方水晶，在此选择圆水晶进行模型登录，选择并行数据输出。下面描述的是模拟仿真测量，选择的是文件夹里的图像文件进行测量，会在右下角显示框显示测量信息。在实际的视觉检测中，测量时是对要测量的水晶工件拍照，测量的结果会直接通过I/O接口输出给PLC。

（1）新建一个场景。 单击“场景切换”，在对话框中选择一个场景，单击“确定”，即新建了一个场景。	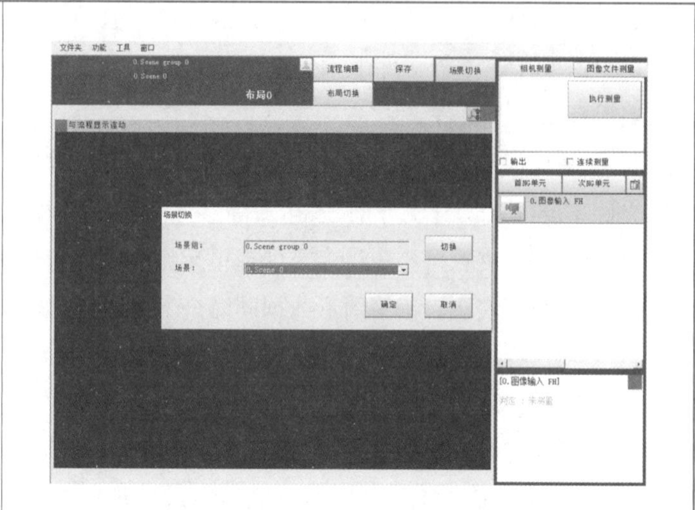
（2）输入图像。 单击“图像文件测量”，然后单击“图像选择”，选择样本图像，这里用的样本图像是圆水晶。单击“确定”。	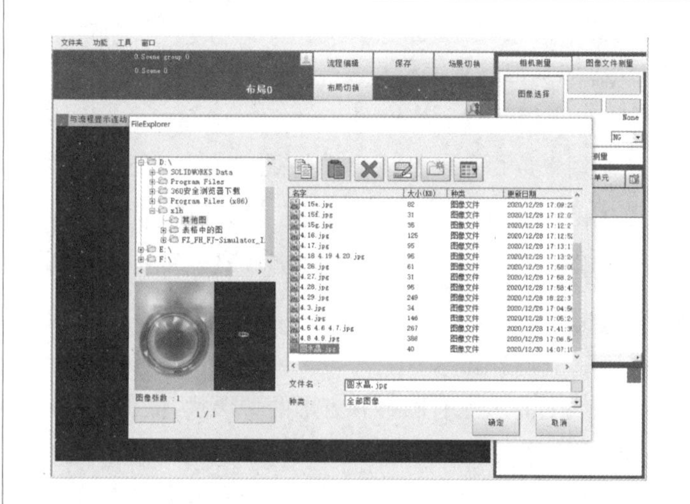
（3）添加“形状搜索Ⅱ”。 ① 在主界面里显示之前选择的图形文件里的图形，单击“流程编辑”，进入流程编辑界面。	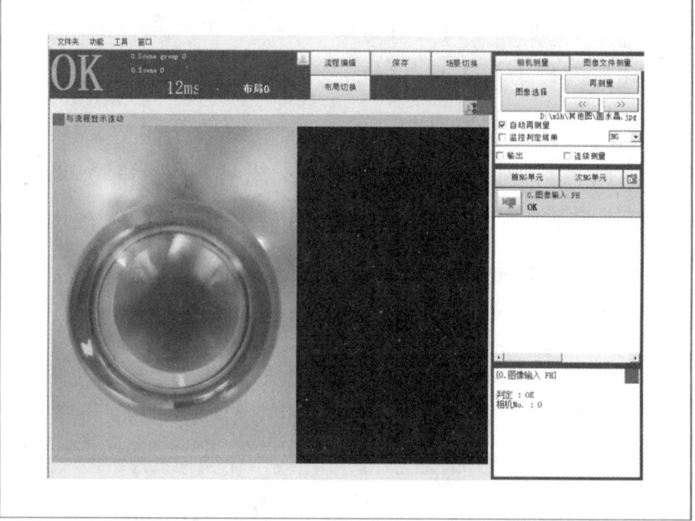

续　表

② 在流程编辑界面的右侧，从处理项目树形结构图中选择要添加的处理项目。选中要处理的项目后，单击“追加（最下部分）”，添加“形状搜索Ⅱ”，将该项目添加到单元列表中。	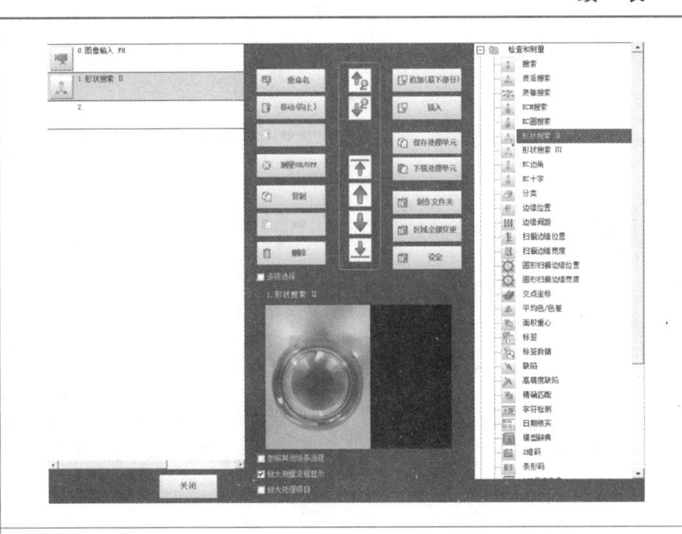
(4) 模型登录。 ① 单击“形状搜索Ⅱ”图标，进入设置界面，在“模型登录”界面进行模型登录。拉伸圆，将需要识别的图形圈起来，勾选“保存模型登录图像”，单击“确定”。	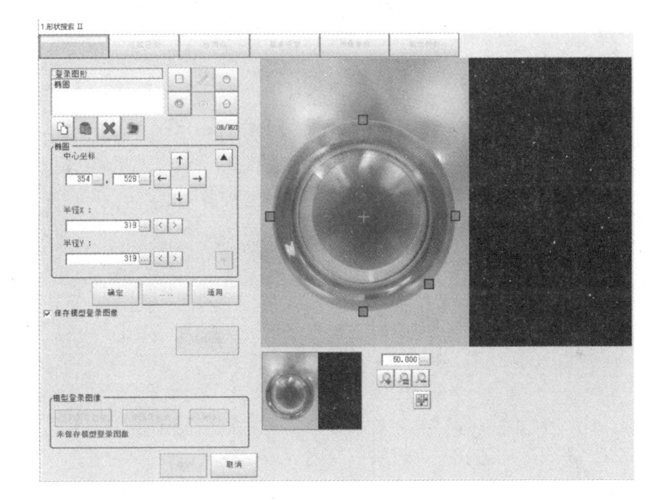
② 可以单击“登录图像显示”，查看登录的模型。	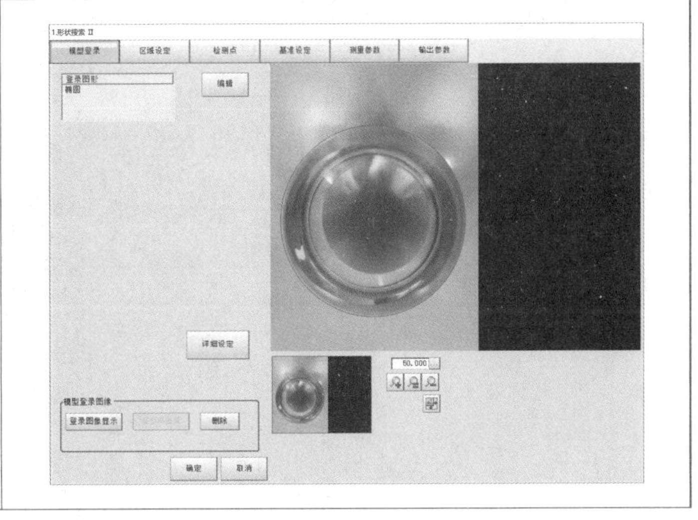

续　表

<table>
<tr>
<td>(5) 区域设定。
① 单击“区域设定”，单击“编辑”，从而进入编辑界面。</td>
<td>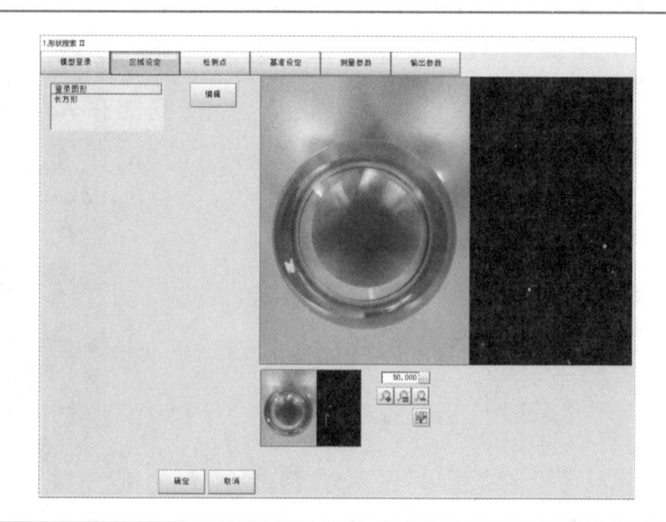
</td>
</tr>
<tr>
<td>② 在编辑界面设定区域，完成后单击“确定”。</td>
<td>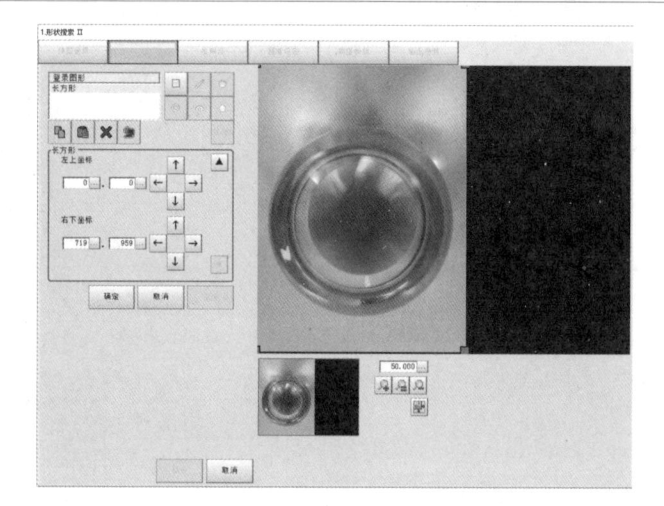
</td>
</tr>
<tr>
<td>(6) 测量参数设定。
单击“测量参数”，进入测量参数设置界面，设定相似度为 90—100。单击“确定”回到主界面。</td>
<td>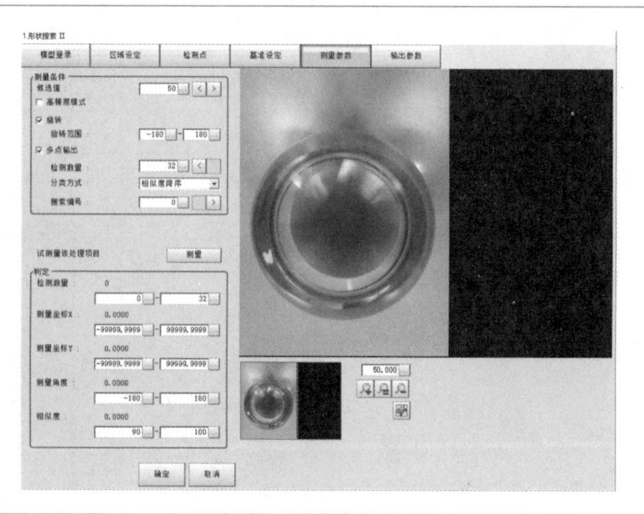
</td>
</tr>
</table>

续　表

(7) 结果输出设定。 ① 进入流程编辑界面，选择“并行数据输出”，单击“追加（最下部分）”，完成添加。单击“并行数据输出”图标，进入设置界面。	
② 在“设定”界面设置表达式。	
③ 在“表达式设定”对话框中，选择“形状搜索Ⅱ”。	

续　表

④ 选择“判定 JG”，然后单击“确定”。	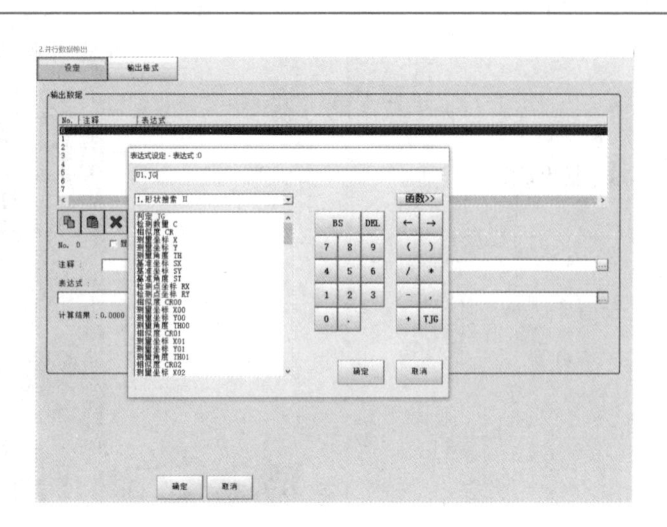
⑤ 在“设定”界面可以看到刚刚设定的表达式，单击“确定”，退出“设定”界面。	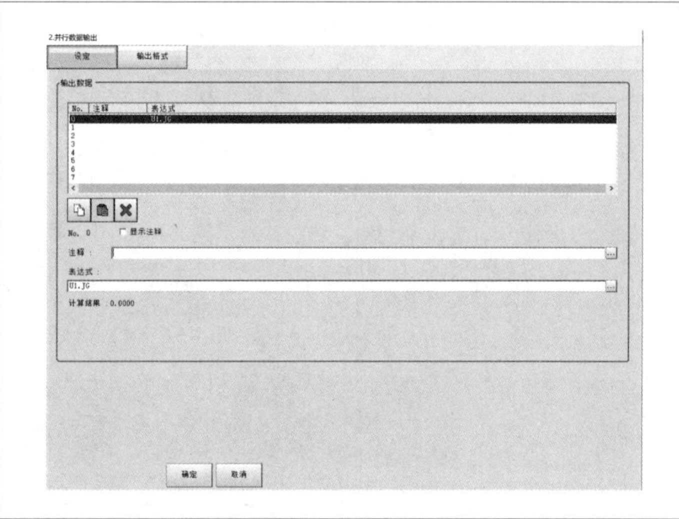
（8）测量。 ① 回到主界面，现在是模拟测量，单击“图像选择”，在文件夹里选择图形进行识别，在此选择圆水晶的图像进行识别。	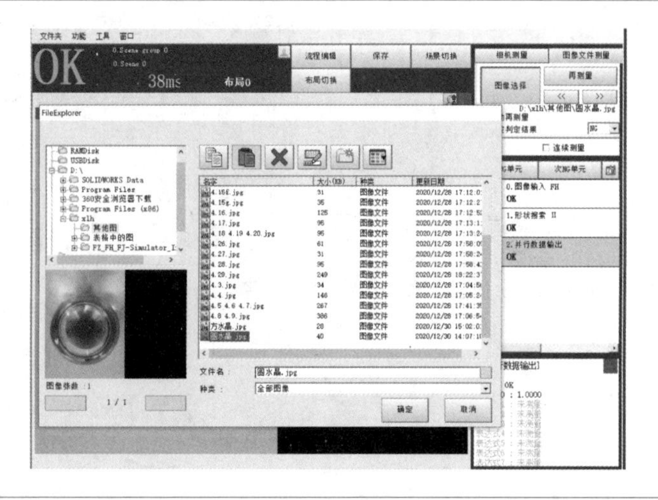

续　表

② 在右下角对话框显示测量信息。“形状搜索Ⅱ”为“OK”，“表达式 0”为“1.0000”，说明是圆水晶，检测结果与所想一致，正确。	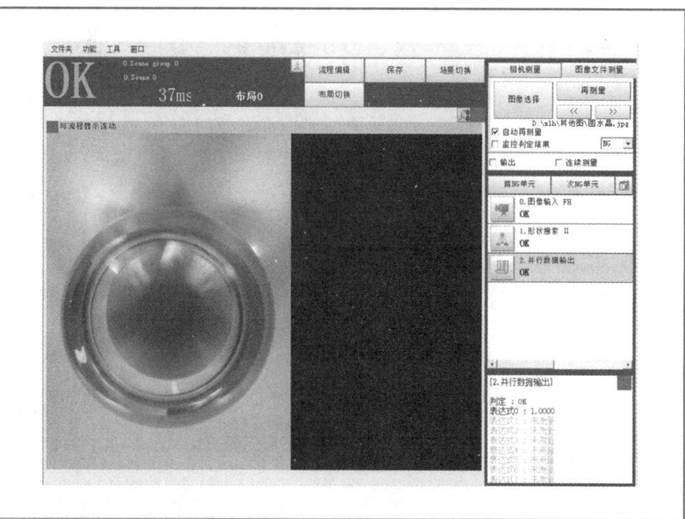
③ 单击“图像选择”，在文件夹里选择方水晶的照片进行识别。	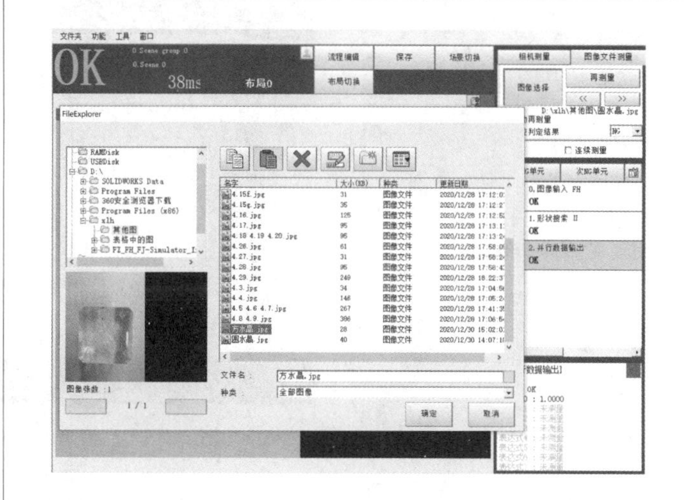
④ 在右下角对话框显示测量信息。“形状搜索Ⅱ”为“NG”，“表达式 0”为“−1.0000”，说明不是圆水晶，检测结果与所想一致，正确。	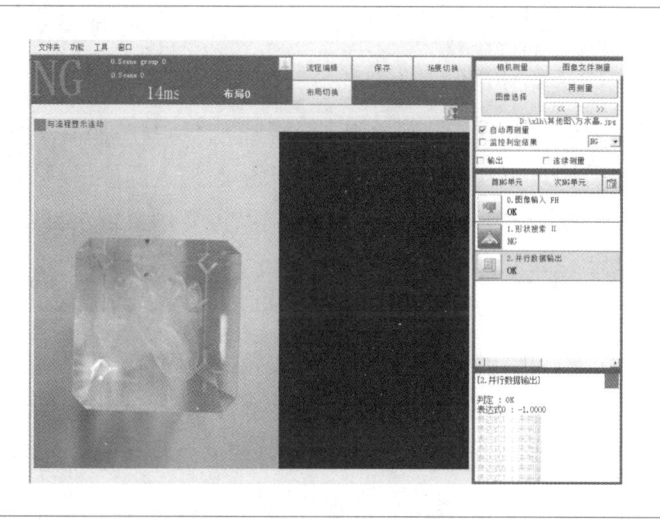

续 表

<table>
<tr><td>(9) 场景保存。
单击“功能”→“保存文件”，可以将做好的场景进行保存。</td><td>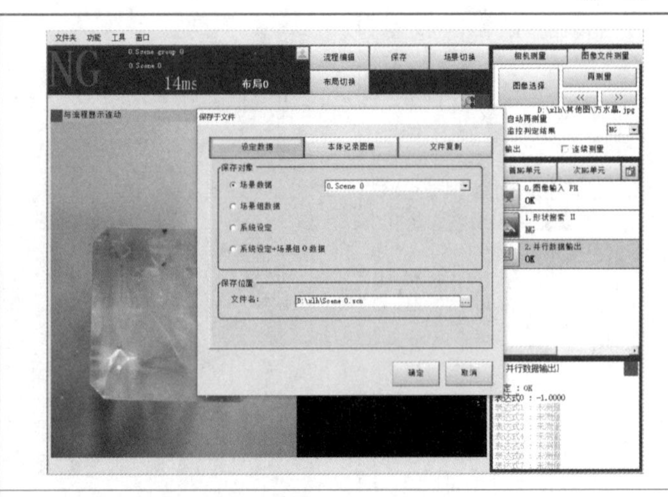
</td></tr>
<tr><td>(10) 读取场景。
单击“功能”→“文件读取”，选择文件，可以读取一个已保存的场景。</td><td>
</td></tr>
</table>

任务小结

(1) 本站使用的工业视觉检测单元中的硬件主要有视觉控制器、摄像头、光源三个部分。

(2) 本站中使用欧姆龙视觉检测系统来实现水晶工件形状的判定，使用欧姆龙视觉软件，进行以下几步操作来实现：新建一个场景；输入图像；流程编辑，包括添加“形状搜索Ⅱ”并设置、模型登录、区域设定、测量参数设定，以及结果输出设定；执行测量并输出信号给 PLC。

练习

1. 本站使用的工业视觉检测单元中的硬件主要有哪些？
2. 欧姆龙视觉系统的检测结果可以通过哪些方式输出？
3. 本站视觉控制器与 PLC 之间是采用什么方式进行通信的？
4. 使用欧姆龙视觉软件进行场景编辑时一般有哪些步骤？

任务四　编程操作数控车床上下料机器人

任务目标

1. 了解 ABB 工业机器人 I/O 通信接口。

2. 掌握 ABB 工业机器人参数配置。

3. 掌握 ABB 工业机器人编程调试及简单 smart 组件编辑。

任务相关知识

1. ABB 机器人 I/O 通信接口

ABB 机器人提供了丰富的外部 I/O 通信接口，可以轻松地实现机器人与周边设备通信连接。

(1) ABB 的标准 I/O 板提供的常用信号处理有数字输入 di、数字输出 do、模拟输入 ai、模拟输出 ao，以及输送链跟踪。

(2) ABB 机器人可以选配标准 ABB 的 PLC，省去了原来与外部 PLC 进行通信设置的麻烦，并且在机器人的示教器上就能实现与 PLC 的相关操作。

(3) ABB 机器人上最常用的是 ABB 标准 I/O 板和 Profibus-DP。

2. 常用 ABB 标准 I/O 板(表 2-4-6)

表 2-4-6　常用 ABB 标准 I/O 板型号及说明

型　　号	说　　明
DSQC651	分布式 I/O 模块 di8/do8 ao2
DSQC652	分布式 I/O 模块 di16/do16
DSQC653	分布式 I/O 模块 di8/do8 带继电器
DSQC355A	分布式 I/O 模块 ai4/ao4
DSQC377A	输送链跟踪单元

3. DSQC652 I/O 信号板

DSQC652 I/O 信号板可分为 5 个区域，如图 2-4-33 所示。X1、X2 是数字输出接口，共有 16 个输出端子；X3、X4 是数字输入接口，共有 16 个输入端子；X5 是 DeviceNet 接口，此接口可确定 DSQC652 的地址；DSQC652 I/O 信号板没有模拟量输入输出端子。

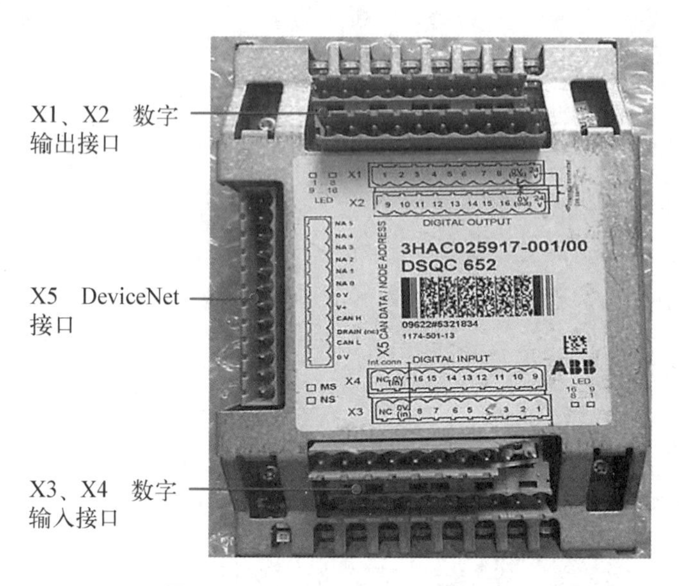

图 2-4-33 DSQC652 I/O 信号板

表 2-4-7～表 2-4-11 是对 DSQC652 I/O 信号板端子的功能说明。

表 2-4-7 X1 端子功能说明

X1 端子编号	使用定义	地址分配
1	OUTPUT CH1	0
2	OUTPUT CH2	1
3	OUTPUT CH3	2
4	OUTPUT CH4	3
5	OUTPUT CH5	4
6	OUTPUT CH6	5
7	OUTPUT CH7	6
8	OUTPUT CH8	7

续　表

X1 端子编号	使 用 定 义	地 址 分 配
9	GND 0V	
10	VSS 24V+	

表 2-4-8　X2 端子功能说明

X2 端子编号	使 用 定 义	地 址 分 配
1	OUTPUT CH9	8
2	OUTPUT CH10	9
3	OUTPUT CH11	10
4	OUTPUT CH12	11
5	OUTPUT CH13	12
6	OUTPUT CH14	13
7	OUTPUT CH15	14
8	OUTPUT CH16	15
9	GND 0V	
10	VSS 24V+	

表 2-4-9　X3 端子功能说明

X3 端子编号	使 用 定 义	地 址 分 配
1	INPUT CH1	0
2	INPUT CH2	1
3	INPUT CH3	2
4	INPUT CH4	3
5	INPUT CH5	4
6	INPUT CH6	5
7	INPUT CH7	6

续 表

X3 端子编号	使 用 定 义	地 址 分 配
8	INPUT CH8	7
9	GND 0V	
10	NC	

表 2-4-10 X4 端子功能说明

X4 端子编号	使 用 定 义	地 址 分 配
1	INPUT CH9	8
2	INPUT CH10	9
3	INPUT CH11	10
4	INPUT CH12	11
5	INPUT CH13	12
6	INPUT CH14	13
7	INPUT CH15	14
8	INPUT CH16	15
9	GND 0V	
10	NC	

表 2-4-11 X5 端子功能说明

X5 端子编号	使 用 定 义
1	0V BLACK(黑色)
2	CAN 信号线 low BLUE(蓝色)
3	屏蔽线
4	CAN 信号线 high WHITE(白色)
5	24V RED(红色)
6	GND 地址选择公共端

续　表

X5 端子编号	使　用　定　义
7	模块 ID bit0(LSB)
8	模块 ID bit1(LSB)
9	模块 ID bit2(LSB)
10	模块 ID bit3(LSB)
11	模块 ID bit4(LSB)
12	模块 ID bit5(LSB)

ABB 标准 I/O 板是挂在 DeviceNet 网络上的,所以要设定模块在网络中的地址。端子 X5 的 6～12 跳线用来决定模块的地址,地址可用范围在 10～63。将第 8 脚和第 10 脚的跳线剪去,2+8=10 就可以获得 10 的地址,如图 2-4-34 所示。

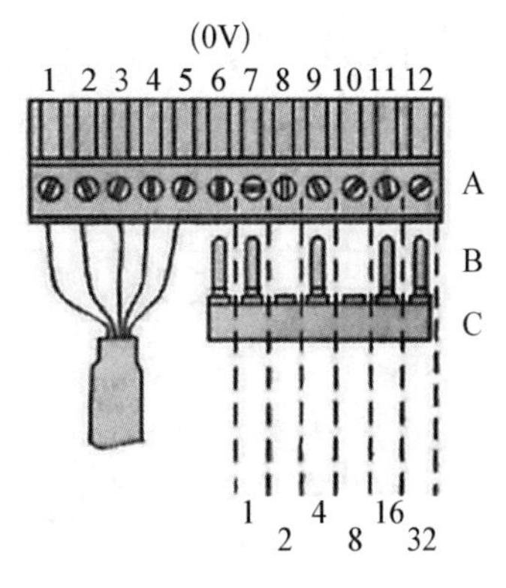

图 2-4-34　模块地址的选择

任务实施

1. 机器人的工作任务

本站中 ABB 工业机器人的主要工作任务是为各个工作单元进行上下料(图 2-4-35)。

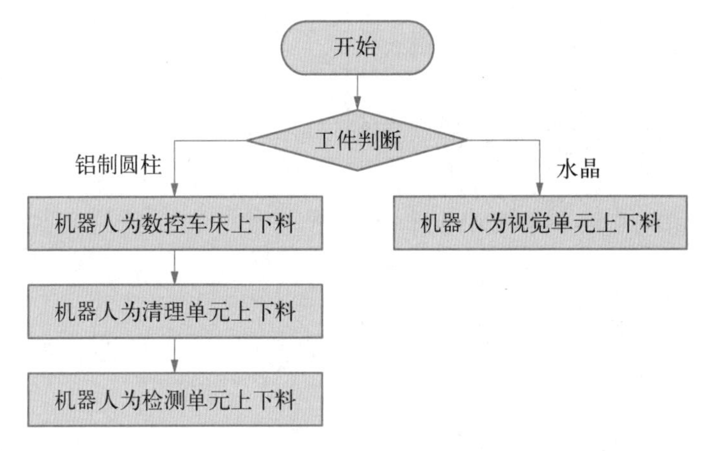

图 2-4-35　机器人的工作任务

2. 机器人程序流程设计

本站中 ABB 工业机器人具体工作流程如图 2-4-36 所示。

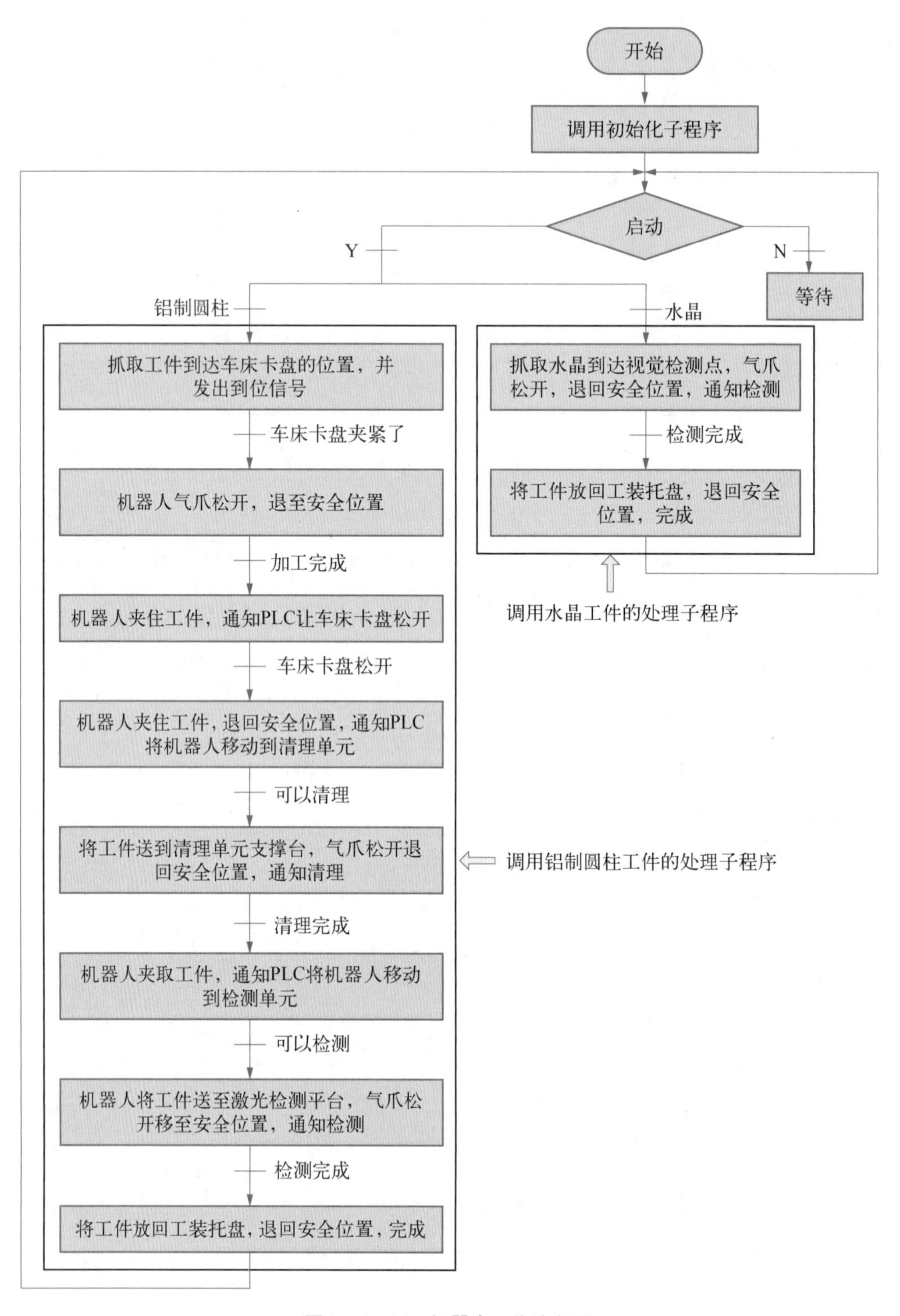

图 2-4-36　机器人工作流程图

3. 上下料机器人参数配置

I/O 参数是最基本的参数配置，对于 ABB 机器人，I/O 参数配置主要包括 I/O 模块单元的设定和 I/O 信号的设定。I/O 模块单元设定的参数包括 I/O 模块单元的名称、I/O 模块单元的类型、I/O 模块单元连接的总线及模块单元的地址。I/O 信号设定的参数包括 I/O 信号的名称、I/O 信号的类型、I/O 信号所属单元、I/O 信号的地址。下面先进行 I/O 模块单元的设定，再进行 I/O 信号的设定。

(1) I/O 模块单元的设定。
在示教器的“控制面板”→“配置”→“I/O”→“Unit”中将 I/O 单元名称命名为 board10。本数控车床上下料机器人选用的 I/O 板卡是 DSQC652，故在示教器上配置时类型选择 d652。ABB 标准 I/O 单元(板)是下挂在 DeviceNet 总线下的，所以在建立机器人系统时，就先需选中 DeviceNet 通信总线选项，这里将连接的总线选择为 DeviceNet，地址设定为 10。

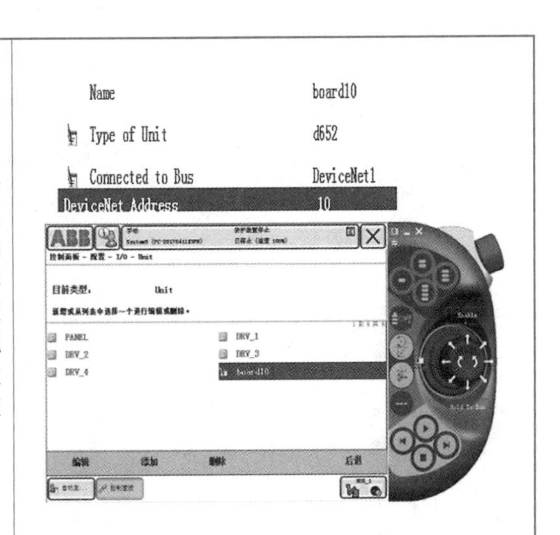

(2) I/O 信号的设定。
在示教器的“控制面板”→“配置”→“I/O”→“Signal”中进行 I/O 信号的设定。输入信号分别命名为 DI10_1～DI10_10，对应地址分别为 0～9。输出信号分别命名为 DO10_1～DO10_12，对应地址分别为 0～11。右图设置了一个数字输入信号 DI10_1。

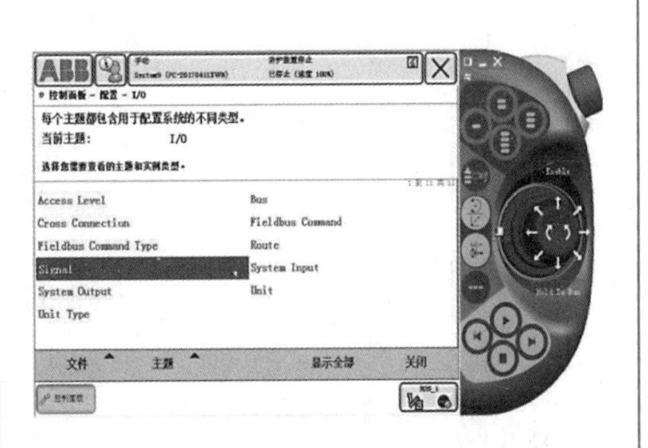

参数名称	设定值
Name	DI10_1
Type of Signal	Digital Input
Assigned to Unit	board10
Unit Mapping	0

4. I/O 分配

机器人输入端子	PLC 输出端子	功　　能
DI10_1	Y410	启动
DI10_2	Y411	告知机器人工件是铝制圆柱还是水晶
DI10_3	Y412	车床卡盘已卡紧，通知机器人松开工件并退回安全位置
DI10_4	Y413	车床加工完毕，通知机器人下料
DI10_5	Y414	车床卡盘已松开，通知机器人可以取走工件
DI10_6	Y415	通知机器人将工件放到清理工位
DI10_7	Y416	清理完毕信号
DI10_8	Y417	通知机器人将工件放到检测工位
DI10_9	Y418	工件尺寸检测完毕信号
DI10_10	Y419	视觉检测完毕信号
机器人输出端子	**PLC 输入端子**	**功　　能**
DO10_1，DO10_2	无	机器人夹具控制
DO10_3	X310	机器人准备就绪（在原位）
DO10_4	X311	通知车床，机器人到达车床上料位置
DO10_5	X312	机器人退回到安全位置，通知车床可以加工
DO10_6	X313	机器人到达下料位置，通知车床松开卡盘
DO10_7	X314	通知 PLC 驱动行走轴让机器人走到清理单元
DO10_8	X315	机器人到达安全位置，发出通知，可以清理
DO10_9	X316	通知 PLC 驱动行走轴让机器人走到检测单元
DO10_10	X317	机器人退至安全位置，通知可以进行工件尺寸检测
DO10_11	X318	通知工件已放到托盘上
DO10_12	X319	机器人到达安全位置，发出通知，可以进行视觉检测

5. 机器人程序设计

机器人程序设计有主程序、初始化子程序、铝制圆柱处理子程序及水晶处理子程序。在主程序 main 中分别调用这些子程序。

主　程　序	
PROC main()	
Initialize;	调用初始化子程序
WHILE TRUE DO;	进入循环
WaitDI DI10_1, 1;	等待启动命令
WaitTime 3;	等待 3 s
IF DI10_2 = 1 THEN	
yuanzhu;	调用铝制圆柱处理子程序
ELSE	
shuijing;	调用水晶处理子程序
ENDIF	
ENDWHILE	
铝制圆柱处理子程序	
PROC yuanzhu ()	
■ 数控车床上料:	
MoveJ home, v200, fine, tool0;	
MoveJ Offs(ptuopan, 0, 0, 100), v200, z10, tgrip;	机器人到达托盘上铝制圆柱工件的抓取位置上方 100 mm 处
MoveL ptuopan, v200, fine, tgrip;	
Set DO10_2;	机器人夹紧工件
WaitTime 1;	
MoveJ Offs(ptuopan, 0, 0, 100), v200, z10, tgrip;	
MoveJ home, v200, fine, tool0;	
MoveJ Offs(pickjiagong, 0, 100, 0), v200, z10, tgrip;	
MoveL pickjiagong, v200, fine, tgrip;	机器人到达数控车床上料位置
PulseDO DO10_4;	通知数控车床,机器人到达车床上料位置
WaitDI DI10_3,1;	等待车床卡盘卡紧信号
Reset DO10_2;	
Set DO10_1;	机器人松开工件
数控车床下料(略)	
■ 将加工完的工件送至清理点:	
PulseDO DO10_7;	通知 PLC 驱动行走轴让机器人到清理单元
WaitDI DI10_6, 1;	机器人等待清理信号
MoveJ Offs(pqingli, 0, 0, 100), v200, z10, tgrip;	
MoveJ pqingli, v200, fine, tool0;	机器人送工件到达清理位置

续 表

铝制圆柱处理子程序	
Reset DO10_2;	
Set DO10_1;	机器人松开工件
WaitTime 1;	
MoveJ Offs(pqingli, 0, 0, 100), v200, z10, tgrip;	
MoveJ home, v200, fine, tool0;	机器人退回到安全位置
■ 将清理干净的工件取出:	
PulseDO DO10_8;	通知可以清理工件
WaitDI DI10_7, 1;	等待清理完毕信号
MoveJ Offs(pqingli, 0, 0, 100), v200, z10, tgrip;	
MoveJ pqingli, v200, fine, tool0;	机器人来到清理点
Reset DO10_1;	
Set DO10_2;	机器人夹紧工件
WaitTime 1;	
MoveJ Offs(pqingli, 0, 0, 100), v200, z10, tgrip;	
MoveJ home, v200, fine, tool0;	机器人退回到安全位置
■ 将清理干净的工件送至检测点:	
PulseDO DO10_9;	通知 PLC 驱动行走轴让机器人到检测单元
WaitDI DI10_8, 1;	等待可以检测信号(是否到了检测单元)
MoveJ Offs(pjiance, 0, 0, 100), v200, z10, tgrip;	
MoveJ pjiance, v200, fine, tool0;	机器人送工件到达检测位置
Reset DO10_2;	
Set DO10_1;	机器人松开工件
WaitTime 1;	
MoveJ Offs(pjiance, 0, 0, 100), v200, z10, tgrip;	
MoveJ home, v200, fine, tool0;	机器人退回到安全位置
■ 将检测好的工件送至托盘:	
PulseDO DO10_10;	通知可以检测工件
WaitDI DI10_9, 1;	等待检测完毕信号
MoveJ Offs(pjiance, 0, 0, 100), v200, z10, tgrip;	
MoveJ pjiance, v200, fine, tool0;	机器人再次来到检测点
Reset DO10_1;	
Set DO10_2;	机器人夹紧工件
WaitTime 1;	
MoveJ Offs(pjiance, 0, 0, 100), v200, z10, tgrip;	
MoveJ Offs(ptuopan, 0, 0, 100), v200, z10, tgrip;	

续　表

铝制圆柱处理子程序	
MoveL ptuopan，v200，fine，tgrip；	机器人来到托盘位置
Set DO10_1；	
Reset DO10_2；	机器人松开工件
WaitTime 1；	
MoveJ Offs(ptuopan，0，0，100)，v200，z10，tgrip；	
MoveJ home，v200，fine，tool0；	机器人回到安全位置
PulseDO DO10_11；	通知 PLC 工件已放至托盘，完成
WaitTime 2；	
PulseDO DO10_3；	机器人准备就绪

6. 调试

(1) 机器人控制模式选择手动模式挡位。	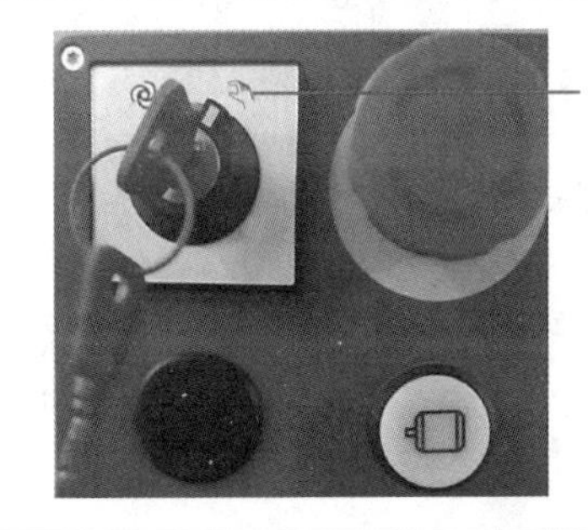
(2) 调节运行速度。 ABB 示教器上有一个速度百分比调节选项，速度百分比调节选项可对程序运行速度进行控制，在这个操作界面上选择 50% 的速度百分比。	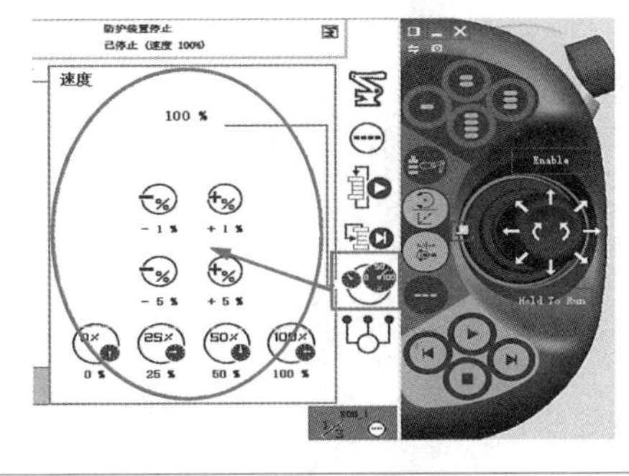
(3) 手动模式下，单步调试程序。 ① 按住示教器上的使能键。	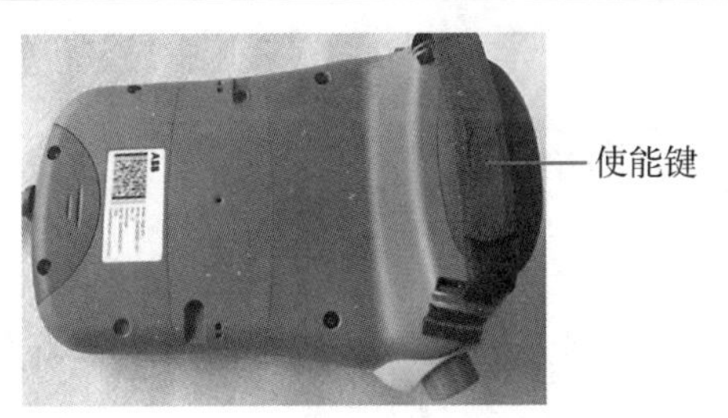

续　表

② 采用单步执行功能键，单步执行程序。	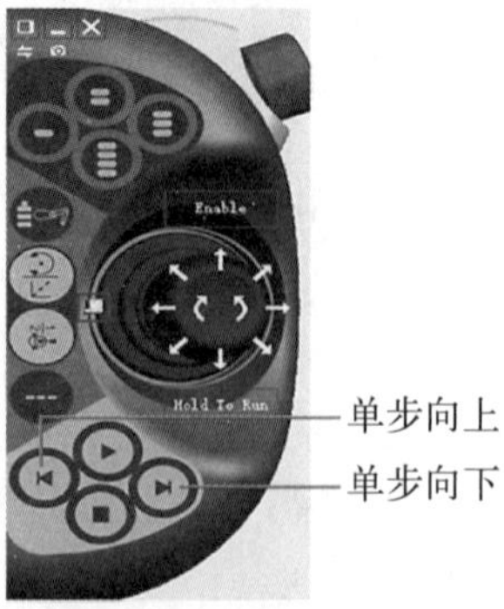 单步向上 单步向下
（4）手动模式下，连续执行程序。 按住示教器上的使能键，再连续执行。	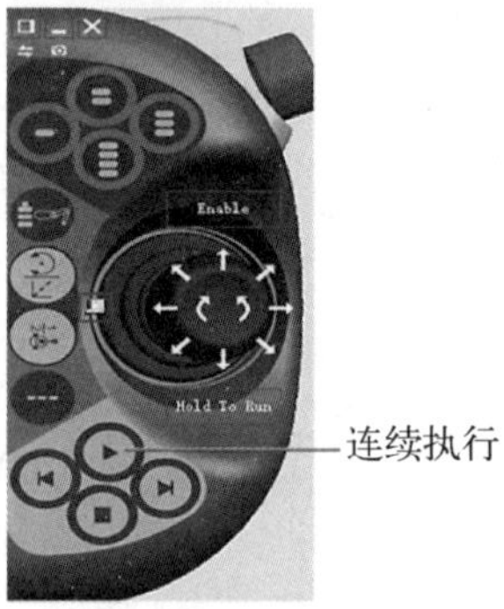 连续执行
（5）选择自动模式挡位，执行程序。	见任务 1，此处略。
（6）停止机器人运行。 按示教器停止键，停止程序运行。	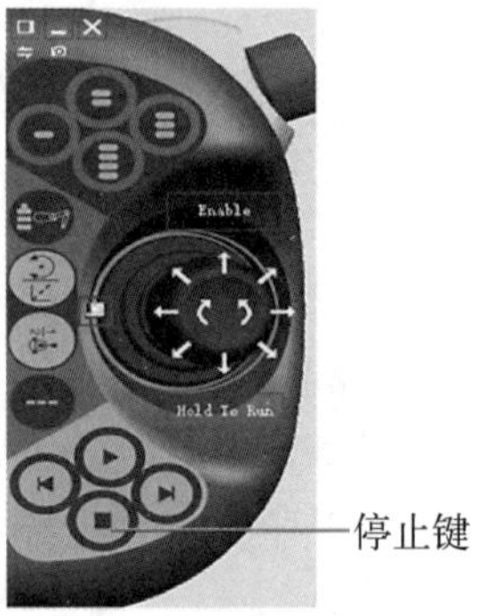 停止键
（7）钥匙开关打到手动挡位，关机并关闭电控柜电源。	图略

任务小结

在本站中，工业机器人的主要作用是为数控车床、清理单元、检测单元、视觉单元进行上下料，机器人与外围设备之间采用 I/O 通信方式，通过 DSQC652 I/O 信号板实现与外围设备的通信。

练习

1. 本站中工业机器人的主要作用是什么？

2. 机器人与数控车床之间是如何通信的？

3. DSQC652 I/O 信号板有多少个数字输入输出端子？

4. 如果将 DSQC652 I/O 信号板的地址设为 24，该怎么操作？

5. 机器人 I/O 参数配置主要包括哪几个部分？

6. 操作练习。

（1）下载“smart 组件练习”，完成外轴 smart 组件编辑，然后进行仿真操作。

提示：图 2-4-37 是外轴 smart 组件的设计图。图 2-4-38 是工作站逻辑。

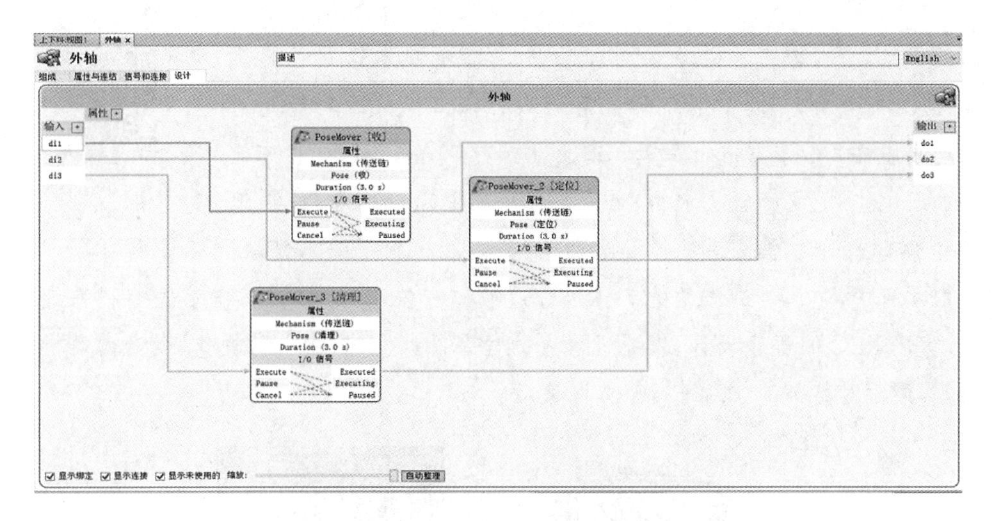

图 2-4-37　外轴 smart 组件的设计图

I/O连接

源对象	源信号	目标对象	目标对象
System8	do1	外轴	di1
System8	do2	外轴	di2
System8	do3	外轴	di3
外轴	do1	System8	di1
外轴	do2	System8	di2
外轴	do3	System8	di3

图 2-4-38　工作站逻辑

（2）下载“编程练习”，编写工业机器人程序，然后进行仿真操作。

视频

数控车床工作站仿真

下载包

smart组件练习

下载包

编程练习

下载包

仿真练习

文本

练习参考答案

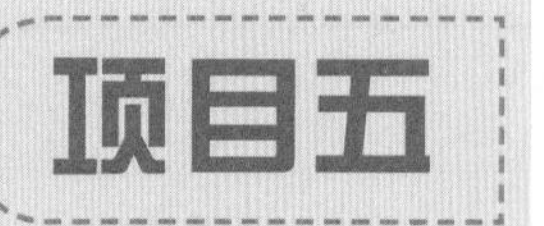

项目五 加工中心工作站的操作编程与运行调试

项目描述

视频

加工中心工作站工作过程

加工中心工作站如图2-5-1所示，它是整个智能制造系统的工作站之一，该工作站主要由加工中心、工业机器人及行走机构、激光内雕机、清理和检测单元等组成。本工作站的功能是对生产线中的2号零件进行加工。工业机器人接受命令从托盘中抓取加工主体（尼龙底座及水晶）送入加工中心和激光内雕机，再把经过加工、清理和检测后的产品送回到托盘，转送到下一工作站。在本项目中，先认识工作站的工作过程及操作方法，然后分析工作站的控制系统构成，练习PLC的程序设计、工业机器人的程序设计、加工中心的操作、激光内雕机的操作，最后对整个工作站进行整体调试。

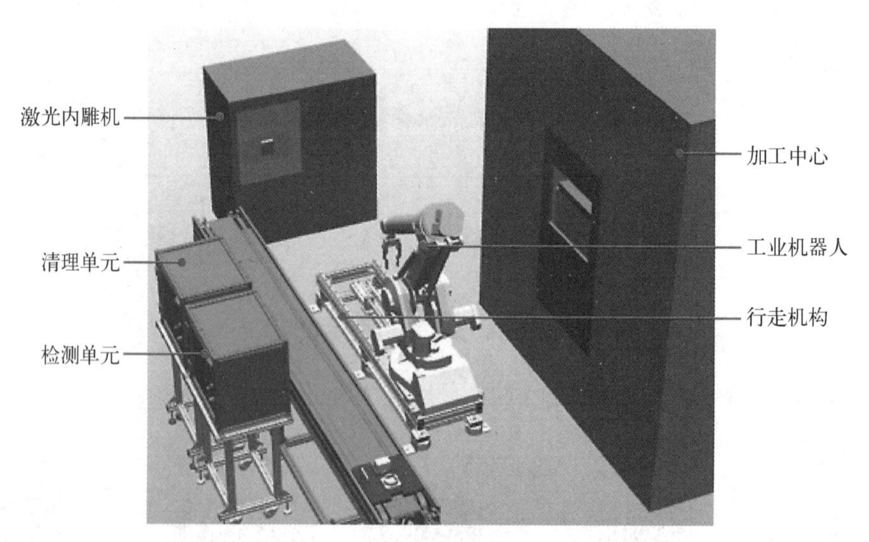

图2-5-1 加工中心工作站

任务一　认识并操作加工中心工作站

任务目标

1. 熟知加工中心工作站的组成及功能。
2. 熟悉加工中心工作站的工作过程。

任务相关知识

加工中心工作站由加工中心、激光内雕机、工业机器人及行走机构、铣加工清理、铣加工检测等工作单元组成。该站可以实现水晶激光内雕、尼龙底座铣削加工、工业机器人自动上下料、加工完成后的尼龙底座的清理及高精度检测等功能。

1. 加工中心

该工作站的加工中心型号为 VMC650(图 2－5－2),由机床本体、数控装置、电气控制装置、刀库和换刀装置及辅助装置等组成。

图 2－5－2　加工中心

该加工中心负责智能制造系统中 2 号零件的底座铣削加工。具体功能及要求：自动开关门功能,自动装夹工件工装,与机器人协同实现自动上下料功能,具有和整个智能生产线通信功能,使用 FANUC 0i Mate 数控系统,配备切削 2 号零件所用的刀具、工装夹具及附件。

2. 激光内雕机

该工作站的激光内雕机型号为 PHANTOM I(图 2-5-3),由内雕仓、控制器及显示器等组成。

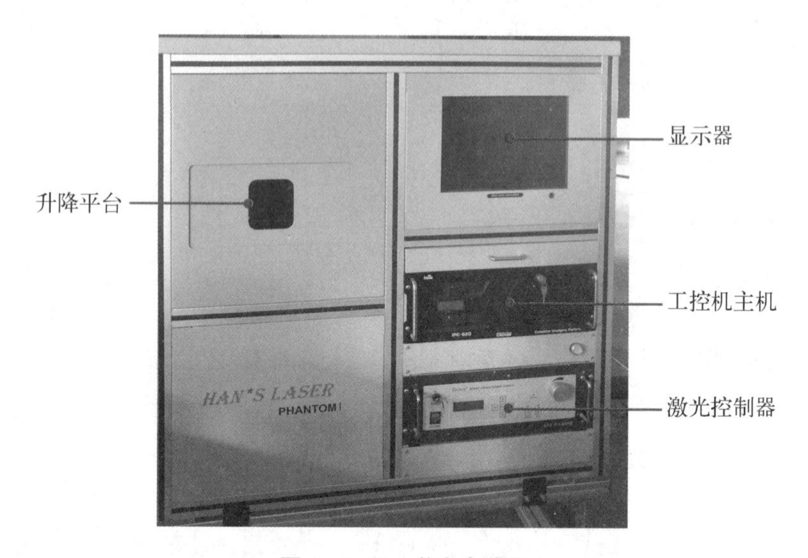

图 2-5-3 激光内雕机

该激光内雕机用于在圆水晶或方水晶体内雕刻 12 生肖图案。具体功能及要求:自动开关仓门的功能;自动升降平台;与机器人协同实现自动上下料功能;具有和整个智能生产线通信功能;雕刻速度快,高分辨率,800 dpi 高解析度,确保图片效果细腻、逼真,媲美照片原图;稳定性高,软件界面友好,能直接读取三维/平面点云软件处理的数据,无须用第三方软件进行格式转换。

3. 工业机器人及行走机构

该工业机器人型号为 IRB 1410(图 2-5-4),由机器人本体、机器人控制柜、示教器等组成。该机器人通过在行走导轨上移动来扩大其工作范围,其行走机构由三菱 MR-J3-B 伺服驱动器驱动。

该机器人用于对加工中心和激光内雕机进行上下料。具体功能及要求:能在加工中心与激光内雕机之间大范围运动,能与加工中心、激光内雕机协同实现自动上下料功能;具有和整个智能生产线通信功能。

4. 清理和检测单元

清理和检测单元如图 2-5-5 所示。清理与检测单元主要用于清理加工中心加工后遗留于底座上的切屑,以及测量加工的底座的尺寸。具体功能及要求:清理单元需要自动升降吹气支撑台;自动开关吹嘴;检测单元需要自动升降测距传感器,自动夹紧和放松底座;

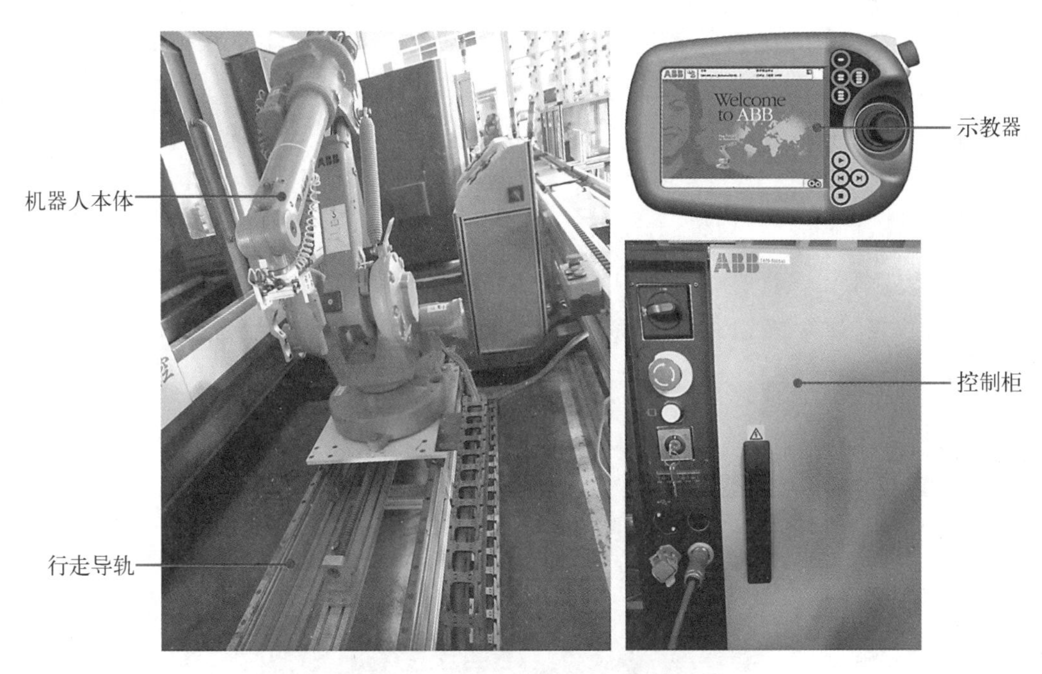

图 2-5-4　工业机器人及行走机构

a) 清理单元　　b) 检测单元

1—吹气支撑台；2—吹嘴；3—升降气缸；4—LOD2 激光测距传感器；5—检测台；6—夹紧气缸；7—升降气缸。

图 2-5-5　清理和检测单元

清理和检测单元与机器人协同工作实现自动上下料功能；具有和整个智能生产线通信功能；检测底座尺寸使用 LOD2 系列激光测距传感器；光学参数：测量距离为 26～34 mm，分辨率为 2～6 μm，采用的光源是波长为 655 nm 的激光，光点大小为 0.1 mm×0.1 mm（30 mm 处），测量时间为 0.5 ms；电气参数：电源为 18～30 V DC，残余电压≤15%×Ub，开路电流≤50～150 mA，开关量输出：Q1、Q2，亮通 PNP，暗通 NPN，模拟量输出为 0～10 V、4～20 mA、RS422；机械参数：外壳是塑料，重量为 70 g，M12 接口 8P；环境参数：使用温度为－10～＋40 ℃/－20～＋60 ℃；防护电流：1，2，3；安全激光：2 级；防护等级：IP67；标准：IEC 60947－5－2。

5. 电控柜

电控柜如图 2－5－6 所示，包括电控柜体和电控柜面板。电控柜面板主要包含触摸屏、多功能仪表、开关、按钮、指示灯等。柜体内部以 Q 系列 PLC 模块为主体，包含伺服放大器等。

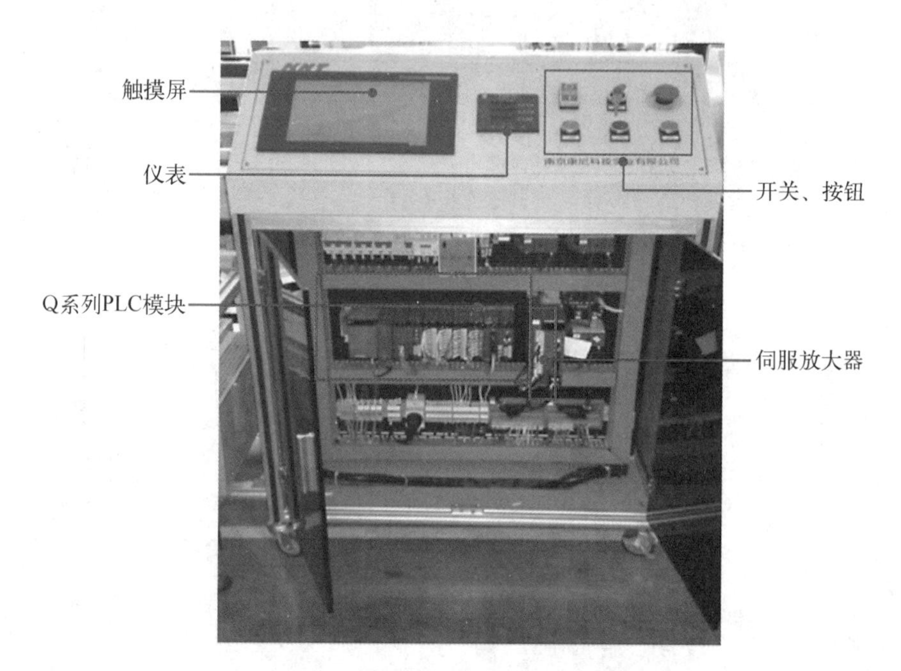

图 2－5－6 加工中心工作站电控柜

电控柜负责给加工中心工作站提供电源，触摸屏可以控制或监控运行状态。柜体内 PLC 模块与工业机器人、加工中心、激光内雕机等的控制器互通信息，控制整个工作站有序工作。

任务实施

对本工作站进行操作调试，实现水晶生肖狗的内雕和底座的加工。

任务实施步骤：闭合电控柜总控开关及电源控制面板上各开关，然后对工作站中各个单元进行调试，包括机器人、加工中心、激光内雕机，最后通过操作 E－Factory 软件对工作站进行整体联调。具体如下：

(1) 闭合工作站电控柜的总控开关。	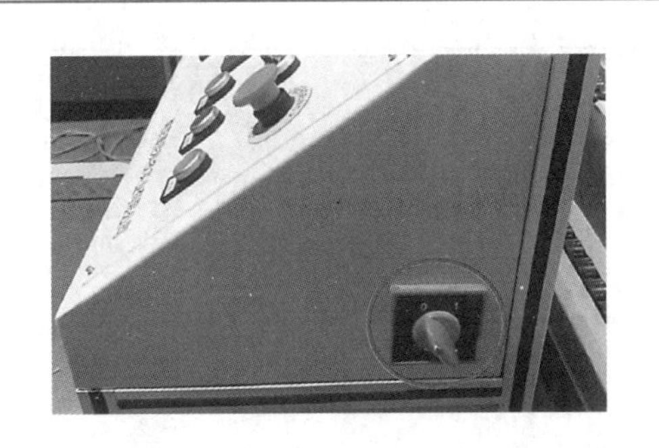
(2) 操作电控柜面板： ① 闭合面板钥匙开关。 ② 闭合面板电源开关。 ③ 待触摸屏启动完成后按复位按钮，工作站各单元恢复初始状态。 ④ 按下启动按钮工作站进入运行状态。	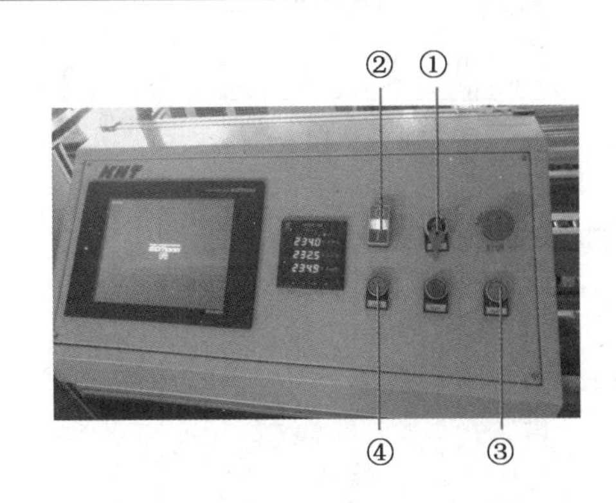
(3) 打开清理、检测单元以及工业机器人夹具的气源。	
(4) 操作工业机器人： ① 打开工业机器人控制柜电源。 ② 将机器人控制模式调到自动运行挡位，在示教器界面进行运行模式确认。 ③ 打开控制柜伺服电机电源。	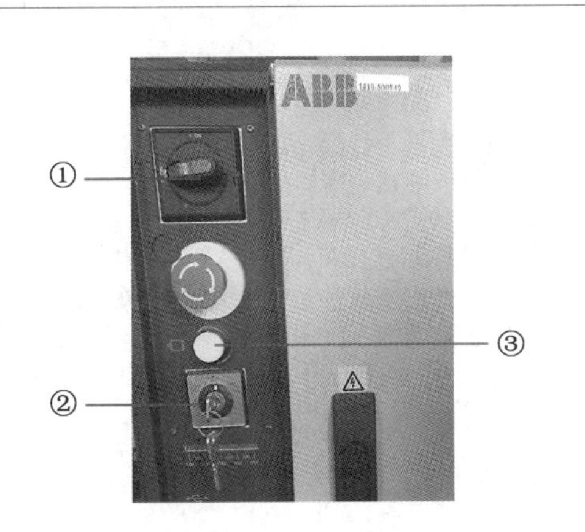

续 表

④ 在示教器上按下自动运行键。	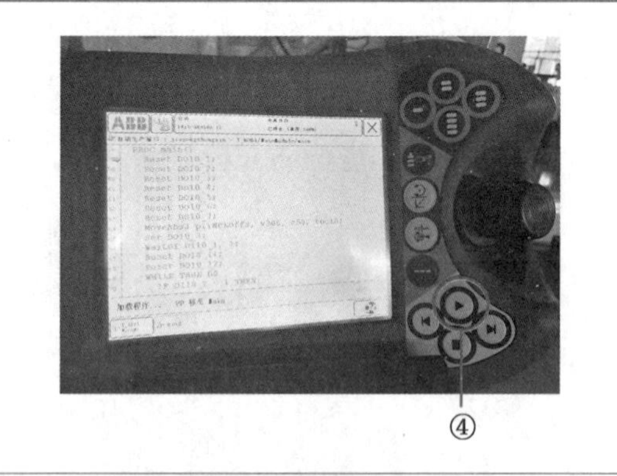
(5) 操作加工中心： ① 将加工中心总电源开关拨到“ON”。	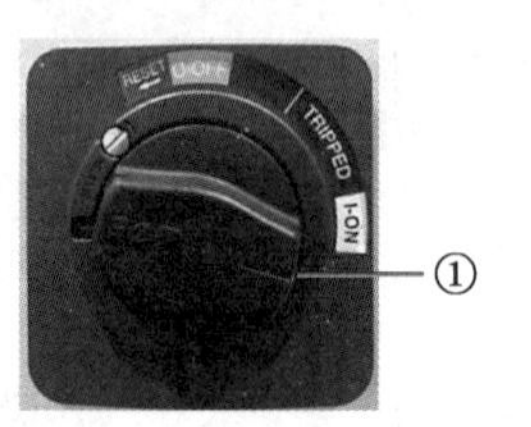
② 按下系统面板上的启动按钮，通过复位键对系统复位，等报警清除后按 POS 切换界面，选择综合查看机械坐标 XYZ。 ③ 将模式选择开关拨到“原点”挡位。 ④ 按下“启动”，加工中心工作站的 X、Y、Z 三个轴回归到原点。 ⑤ 将模式选择开关拨到记忆模式挡位。 ⑥ 再次按下“启动”，程序自动运行，加工中心工作站的 X、Y、Z 三个轴运动到初始位置。	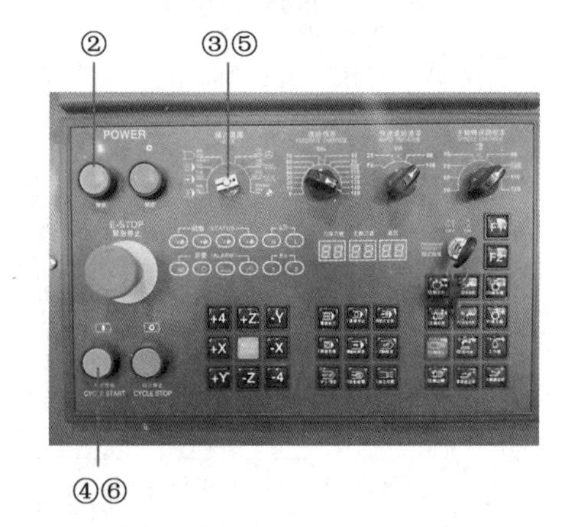
(6) 操作内雕机： ① 打开内雕机电源。 ② 打开激光控制器电源。 ③ 打开控制计算机，从计算机操作界面打开激光内雕软件，从“文件”→“关闭”关闭当前界面；显示初始界面后，从“文件”→“打开”打开多文档窗口；单击联机，内雕机处于联机工作模式。	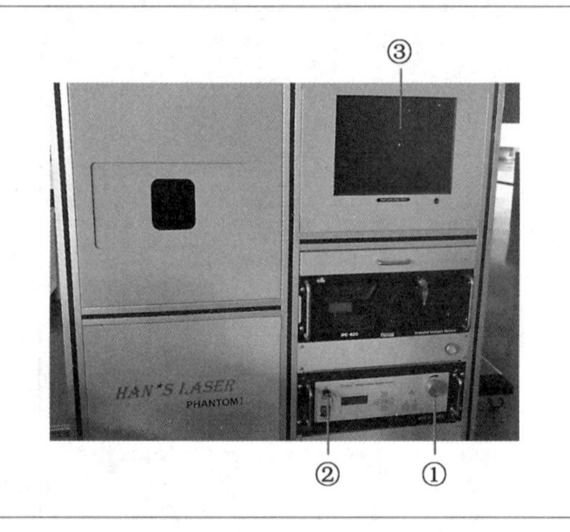

续　表

(7) 单机联调。 通过操作 E-Factory 软件对加工中心工作站进行联调。打开服务器电源，在总服务器控制界面双击 E-Factory 软件，选择“系统管理员”，输入密码登录。	
(8) 单击主界面的“生产线管理”，选择“生产线手动控制”。	
(9) 确认在手动状态下，选择方形水晶，选择生肖狗，启动。	

现象：机器人夹取方水晶底座放入加工中心加工，夹取水晶放入内雕机进行内雕，生肖狗雕刻完成后取出放回托盘，等待水晶底座加工完毕，取出送至清理单元进行吹气清理，而后送至检测单元进行底座尺寸检测，最后放回托盘。

任务小结

本任务通过观看加工中心工作站的工作视频，认识加工中心工作站的组成及各组成部分的功能，熟悉本工作站的操作过程，加深对工作站的理解。同时思考控制柜是如何控制整个工作站，为下一个任务作好铺垫。

练习

视频
手动控制内雕机工作过程

1. 加工中心工作站由哪些部分组成?

2. 简述加工中心工作站的工作流程。

3. 试述本工作站与数控车床工作站的关联。

4. 观察手动控制内雕机工作过程,对比分析与单机联调控制方式的区别。

任务二　分析加工中心工作站控制系统

任务目标

1. 根据加工中心工作站工作流程分析 PLC 的控制要求。

2. 熟悉加工中心工作站 PLC 程序设计方法。

任务相关知识

1. 加工中心工作站通信

加工中心工作站控制系统以 PLC 控制器为核心，控制和协调工作站中各个组成设备的动作。PLC 与工作站中各设备的通信如图 2－5－7 所示。

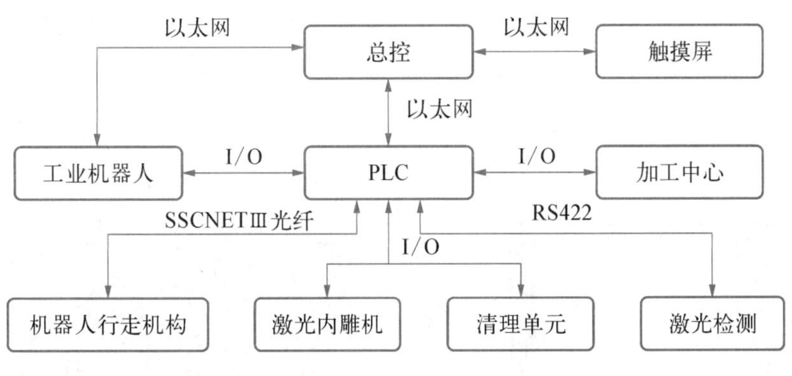

图 2－5－7　加工中心工作站通信

PLC 与加工中心、工业机器人、内雕机、清理单元采用 I/O 通信，与工业机器人行走机构采用 SSCNETⅢ光纤通信。

PLC 与检测单元的激光测距传感器采用 RS422 串行通信。

PLC、工业机器人、触摸屏等与主站总控台的上位机通过以太网通信，总控台上位机可以调用和下载它们的程序和参数，同时总控台的生产管理系统软件 E－Factory 负责监控工作站的生产过程。

2. 加工中心工作站 PLC 模块

加工中心工作站控制系统的 PLC 选用三菱 Q 系列 PLC 模块，如图 2－5－8 所示，包括电源模块、CPU 模块、通信模块、输入输出模块、定位模块和串行通信模块等。

a) 电源模块

b) CPU模块

c) CC-Link模块

d) 输入输出模块

e) 定位模块

f) 串行通信模块

图 2-5-8　Q 系列 PLC 模块

CPU 模块型号为 Q03UDECPU，负责处理 PLC 程序和数据运算。

CC-Link IE 通信模块型号为 QJ71GP21-SX，通过 CC-Link IE 通信模块，组成 CC-Link IE 通信的光纤环网交互系统，实现主从站之间的 PLC 通信联系。本站的通信站号为 4。

输入输出模块负责 PLC 与机器人、加工中心、内雕机、清理单元、检测单元等进行通信。

定位模块型号 QD75MH2，用于控制伺服放大器，驱动机器人在行走导轨上移位。本站伺服放大器采用三菱 MR-J3-70B，如图 2-5-9 所示。定位模块使用方法参见项目三任务二。

图 2-5-9　伺服放大器

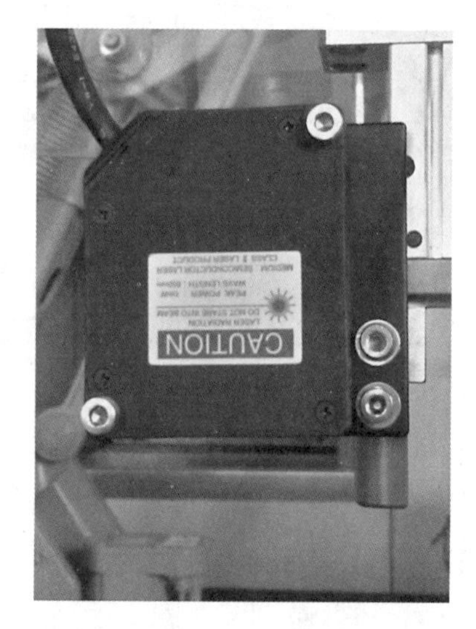

图 2-5-10　LOD2 激光测距传感器

串行通信模块型号 QJ71C24N，它采用 RS422 与 LOD2 激光测距传感器进行通信，将 2 号零件尼龙底座加工后的尺寸传输给 PLC。LOD2 激光测距传感器如图 2-5-10 所示。QJ71C24N 的使用方法参见项目四任务二。

3. 加工中心工作站的人机界面设计

加工中心工作站的部分功能也可以通过本站的触摸屏来完成。本站触摸屏选用三菱 GOT1000 系列触摸屏 GT1275－VNBA。设计两个界面，如图 2－5－11 所示，包括主界面和单机界面。

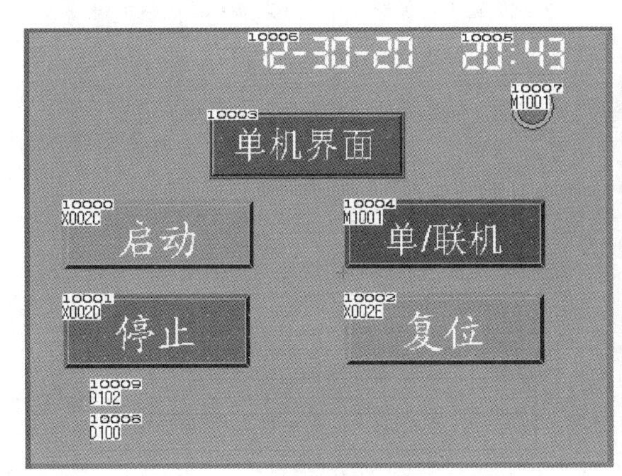

a) 主界面

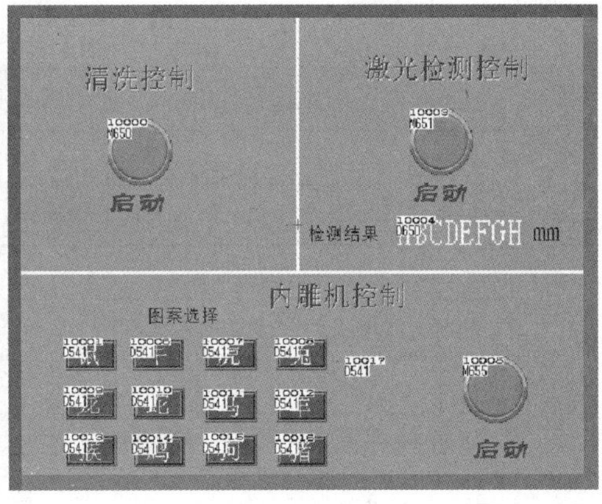

b) 单机界面

图 2－5－11　人机界面

主界面具有系统启动、停止、复位的功能，通过主界面可以选择单机或联机操作。若选择联机操作，则从总控台发送控制命令，完成本工作站的连续运行；若选择单机操作，则可以实现部分单元的手动控制，如手动控制清理单元、检测单元、内雕机。

任务实施

根据加工中心工作站对 2 号零件的加工流程梳理出 PLC 控制要求：

① 与总控单元进行通信。

② 与机器人进行通信，通知机器人为不同的单元进行上下料。

③ 与加工中心进行通信。

④ 与内雕机进行通信。

⑤ 控制行走轴定位机器人。

⑥ 控制清理单元进行工件的清理、控制检测单元进行工件尺寸的检测。

根据控制要求设计控制系统流程图，进行 PLC I/O 地址分配、内部 M 和 D 软元件分配、程序设计。

1. PLC控制系统流程图设计(图 2-5-12)

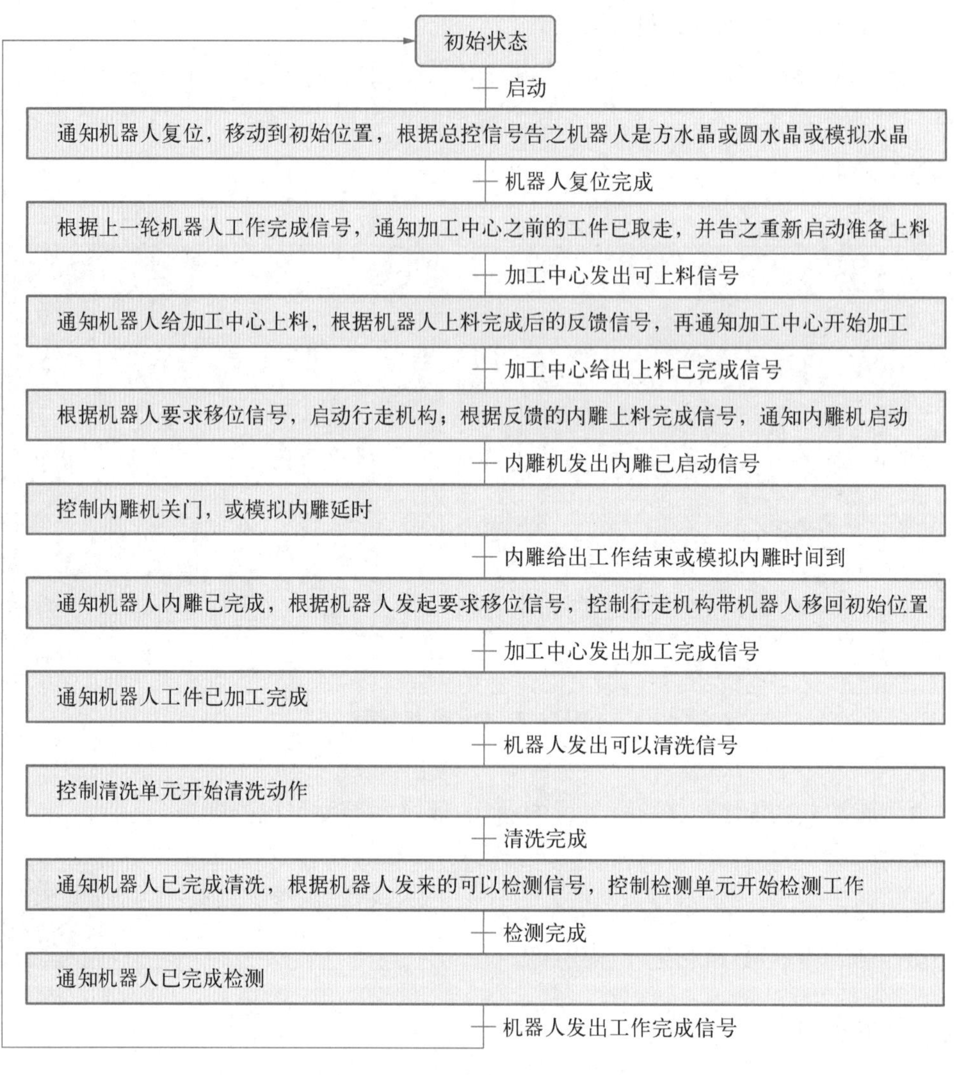

图 2-5-12　控制系统流程图

2. PLC I/O分配

(1) PLC与机器人之间的I/O分配(表 2-5-1)

表 2-5-1　PLC与机器人之间的I/O分配

PLC输入	机器人输出	功　能	PLC输出	机器人输入	功　能
X40	DO10_1	给机床上料完成	Y50	DI10_1	启动机器人
X41	DO10_2	机器人需要移动	Y51	DI10_2	方水晶

续　表

PLC 输入	机器人输出	功　能	PLC 输出	机器人输入	功　能
X42	DO10_3	机器人就绪	Y52	DI10_3	圆水晶
X43	DO10_4	给内雕上料完成	Y53	DI10_4	机器人移动
X44	DO10_5	给清理上料完成	Y54	DI10_5	内雕完成
X45	DO10_6	给检测上料完成	Y55	DI10_6	加工中心完成
X46	DO10_7	机器人工作完成	Y56	DI10_7	清理完成
			Y57	DI10_8	检测完成

(2) PLC 与加工中心之间的 I/O 分配(表 2-5-2)

表 2-5-2　PLC 与加工中心之间的 I/O 分配

PLC 输入	加工中心输出	功　能	PLC 输出	加工中心输入	功　能
X4A	1	机床可上料状态	Y5C	1	开始加工
X4B	2	加工完成	Y5D	2	工件已取走
X4C	3	报警	Y5E	3	启动系统

(3) PLC 与内雕机之间的 I/O 分配(表 2-5-3)

表 2-5-3　PLC 与内雕机之间的 I/O 分配

PLC 输入	功　能	PLC 输出	功　能
X26	内雕机已启动	Y36	启动内雕机
		Y37	内雕机图案 1
		Y38	内雕机图案 2
		Y39	内雕机图案 3
		Y3A	内雕机图案 4
		Y60	内雕机关门

(4) PLC与清理和检测单元之间的I/O分配(表2-5-4)

表2-5-4 PLC与清理及检测单元之间的I/O分配

PLC输入	功 能	PLC输出	功 能
X20	清理气缸上	Y30	清理吹气
X21	清理气缸下	Y31	清理气缸下降
X22	检测固定气缸定位	Y32	检测固定
X23	检测气爪上检测	Y33	检测气爪下降
X24	检测气爪下检测	Y34	检测气爪打开
X25	检测气爪打开检测	Y35	检测气爪闭合

(5) PLC与工业机器人行走机构伺服控制器之间的I/O分配(表2-5-5)

表2-5-5 PLC与伺服控制器之间的I/O分配

PLC输入	功 能	PLC输出	功 能
X78	伺服报警	Y3E	伺服STOP
		Y3F	伺服抱闸
		Y70	伺服READY
		Y71	伺服ON
		Y74	附加轴停止

(6) PLC与控制面板之间的I/O分配(表2-5-6)

表2-5-6 PLC与控制面板之间的I/O分配

PLC输入	功 能	PLC输出	功 能
X2C	启动	Y3B	启动/运行指示灯
X2D	停止	Y3C	停止/报警指示灯
X2E	复位	Y3D	复位指示灯
X2F	急停		

3. 软元件分配

（1）本工作站与总控、人机界面关联的D软元件分配（表2-5-7）

表2-5-7　D软元件分配表

总控→单元		单元→总控			
D640.0	启动1（方水晶）	D642.0	等待	D643.0	底座上料
D640.1	启动2（圆水晶）	D642.1	运行	D643.1	底座加工
D640.2	模拟加工	D642.2	故障	D643.2	水晶上料
D640.3	启动	D642.3	联机	D643.3	水晶雕刻
D640.4	停止	D650	激光检测结果（人机）	D643.4	水晶下料
D640.5	复位	D541	内雕图案控制（人机）	D643.5	底座下料
D641	内雕图案（12生肖）	D645/D644	报警	D643.6	底座清理
				D643.7	底座检测

（2）人机界面关联的M软元件分配（表2-5-8）

表2-5-8　M软元件分配表

M软元件	功　　能	M软元件	功　　能
M36	内雕启动控制	M650	清理启动（人机）
M310	启动按钮信号	M651	检测启动（人机）
M311	停止按钮信号	M655	内雕单机启动（人机）
M312	复位按钮信号	M1000	自动运行
M313	急停信号	M1001	单机运行（人机）
M330	启动指示灯	M1002	复位完成（人机）
M331	停止指示灯	M1003	正在复位
M332	复位指示灯	M1005	正在停止
M334	报警指示灯	M1020	气动单元复位

续　表

M 软元件	功　　能	M 软元件	功　　能
M610	清理开始	M1021	机器人复位
M611	清理完成	M1022	机床复位
M612	激光检测开始	M1100	等待复位
M613	激光检测完成		

4. 模块参数设置

包括 CC - Link IE 控制网络单元模块、QD75MH2 定位模块、QJ71C24N 模块的设置，具体设置如下：

文本

模块设置

（1）CC - Link IE 控制网络单元模块设置： 在 GX Works2 的菜单栏/工程/参数/网络参数/以太网/CC IE/MELSECNET 双击打开，进行 CC - Link IE 控制网络单元模块参数设置。	模块1 网络类型　CC IE Control(常规站) 起始I/O号　0000 网络号　1 总(从)站数 组号　0 站号　4 模式　在线 刷新参数 中断设置 在参数中设置站号
（2）在 GX Works2 的菜单栏/工程/智能功能模块右键单击，添加 QD75MH2 定位模块。设置安装插槽号 6 及起始地址 7。	添加新模块 模块选择 模块类型(K)　QD75型定位模块 模块型号(T)　QD75MH2 安装位置 基板号(B)　主基板　安装插槽号(S)　6　I/O分配确认(A) 指定起始XY地址(X)　0070　(H)　占用1插槽 [32点] 标题设置 标题(Y) 确定　取消

续　表

(3) 设置定位模块参数：每转的脉冲数、单位倍率、每转的移动量、加减速时间、软件行程限位上下限值、外部信号的选择等。本工作站使用了定位模块通道1(CH1)。

项目	轴1
基本参数1	**根据机械设备和相应电机，在系统启动时进行设置（根据可编程控制器就绪信号启用）。**
单位设置	0:mm
每转的脉冲数	262144 pulse
每转的移动量	20000.0 um
单位倍率	1:x1倍
基本参数2	**根据机械设备和相应电机，在系统启动时进行设置。**
速度限制值	30000.00 mm/min
加速时间0	2000 ms
减速时间0	2000 ms
详细参数1	**与系统配置匹配，系统启动时设置（根据可编程控制器就绪信号启用）。**
齿隙补偿量	0.0 um
软件行程限位上限值	1670000.0 um
软件行程限位下限值	-100000.0 um
软件行程限位选择	0:对进给当前值进行软件限位
启用/禁用软件行程限位设置	0:启用
指令到位范围	10.0 um
转矩限制设定值	300 %
M代码ON信号输出时序	0:WITH模式
速度切换模式	0:标准速度切换模式
插补速度指定方法	0:合成速度
速度控制时的进给当前值	0:不进行进给当前值的更新
输入信号逻辑选择:下限限位	0:负逻辑
输入信号逻辑选择:上限限位	0:负逻辑
输入信号逻辑选择:停止信号	0:负逻辑
输入信号逻辑选择:外部指令/切换信号	0:负逻辑
输入信号逻辑选择:近点DOG信号	0:负逻辑
输入信号逻辑选择:手动脉冲发生器输入	0:负逻辑
外部信号选择	0:使用QD75MH的输入
手动脉冲发生器输入选择	0:A相/B相模式(4倍频)
速度·位置功能选择	0:速度·位置切换控制(INC模式)
启用/禁用紧急停止设置	1:禁用
详细参数2	**与系统配置匹配，系统启动时设置(必要时设置)。**
加速时间1	1500 ms
加速时间2	1500 ms
加速时间3	1500 ms
减速时间1	1500 ms
减速时间2	1500 ms
减速时间3	1500 ms
JOG速度限制值	30000.00 mm/min

(4) 设置定位模块伺服参数：包括伺服放大器系列、控制模式、增益、滤波等参数的设置。

项目	轴1
伺服放大器系列	**设置伺服放大器系列。**
伺服系列	1:MR-J3-B
基本设置参数	**此参数中进行基本的设置。**
控制模式	**设置控制模式。**
控制配置选择	0
再生选项	**设置再生选项。**
再生选项选择	00h:7Kw以下放大器中不使用选项
绝对位置检测系统	**设置绝对位置检测系统。**
绝对位置检测系统选择	0:禁用(增量系统中使用)
功能选择A-1	**设置伺服放大器的强制停止输入。**
强制停止输入选择	1:禁用(不使用强制停止输入)
自动调谐模式	**设置自动调谐模式中推定的项目。**
增益调整模式设置	1:自动调谐模式1
自动调谐响应性	12:37.0Hz
到位范围	100 pulse
旋转方向选择(移动方向选择)	0:定位地址增加时CCW方向
检测器输出脉冲	4000 pulse/rev
检测器输出脉冲2	0
增益·滤波器设置参数	**手动调整增益时，使用该参数。**
自适应振动调谐模式(自适应振动滤波器Ⅱ)	**进行自适应振动调谐模式的设置。**
滤波器自动调谐模式选择	0:滤波器OFF
抑制振动控制调谐模式(高级抑制振动控制)	**设置抑制振动控制调谐。**
抑制振动控制调谐模式选择	0:抑制振动控制OFF
前馈增益	0 %
关于伺数电机的负载惯性力矩比(关于伺服电机负载质量比)	3.8 倍
调制解调器控制增益	28 rad/s
定位控制增益	42 rad/s
速度限制增益	574 rad/s
速度积分补偿	29.7 ms
速度微分补偿	980
机械共振抑制滤波器1	4500 Hz
陷波波形选择1	**选择机械共振抑制滤波器1(陷波波形选择1)的陷波波形。**
陷波深度选择	0:深(-40dB)
陷波宽度选择	0:标准(α=2)
机械共振抑制滤波器2	4500 Hz
陷波波形选择2	**选择机械共振抑制滤波器1(陷波波形选择2)的陷波波形。**
机械共振抑制滤波器2选择	0:禁用
陷波深度选择	0:深(-40dB)
陷波宽度选择	0:标准(α=2)
低通滤波器设置	3141 rad/s
抑制振动控制　振动频率设置	100.0 Hz
抑制振动控制　共振频率设置	100.0 Hz
低通滤波器选择	**设置低通滤波器。**
低通滤波器选择	0:自动设置
轻度振动抑制控制选择	**设置轻度振动抑制控制。**
轻度振动抑制控制选择	0:禁用

续 表

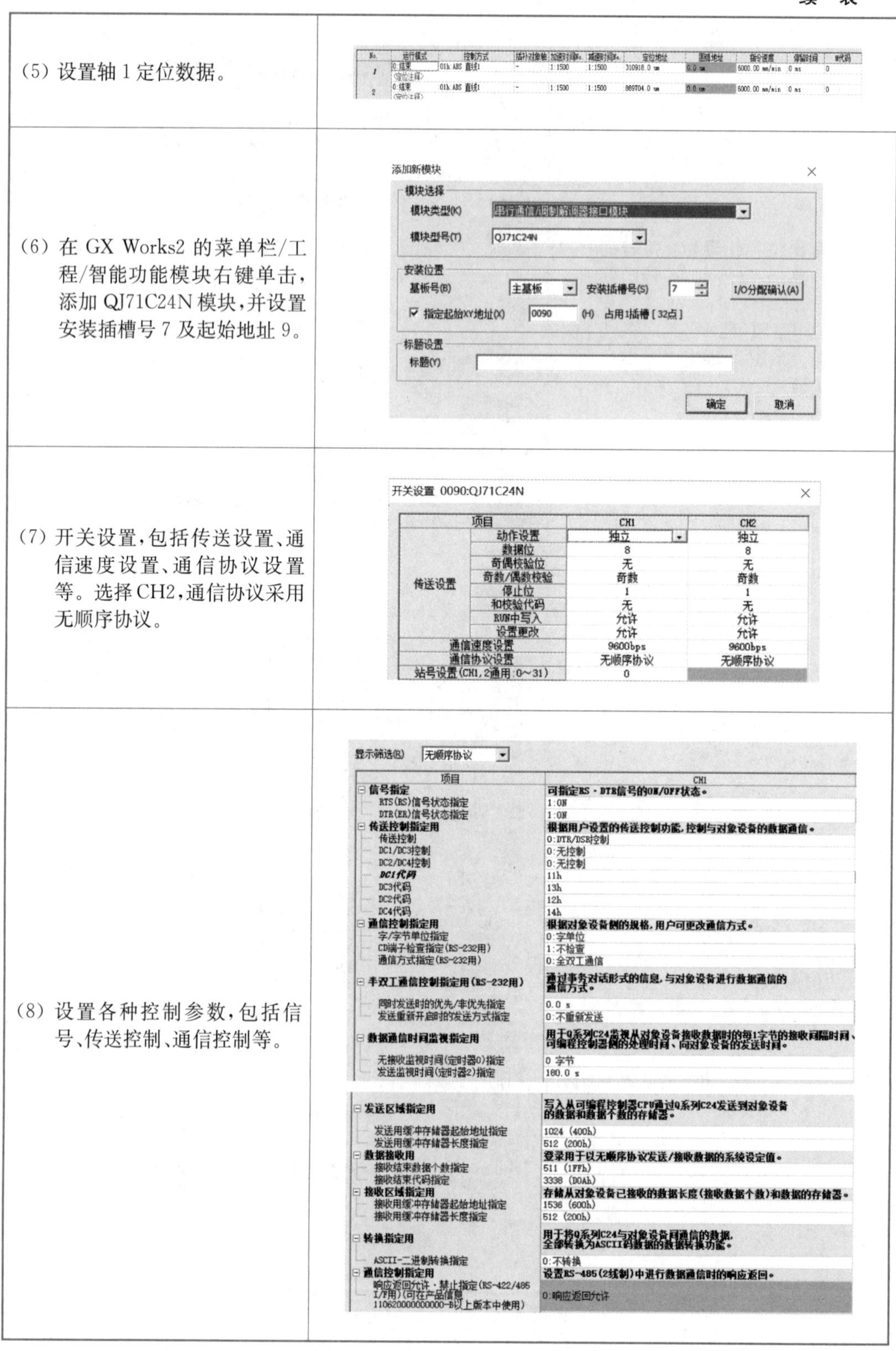

(5) 设置轴1定位数据。	
(6) 在GX Works2的菜单栏/工程/智能功能模块右键单击，添加QJ71C24N模块，并设置安装插槽号7及起始地址9。	
(7) 开关设置，包括传送设置、通信速度设置、通信协议设置等。选择CH2，通信协议采用无顺序协议。	
(8) 设置各种控制参数，包括信号、传送控制、通信控制等。	

5. PLC 程序编制

PLC 的程序规划为四个部分，如图 2－5－13 所示。

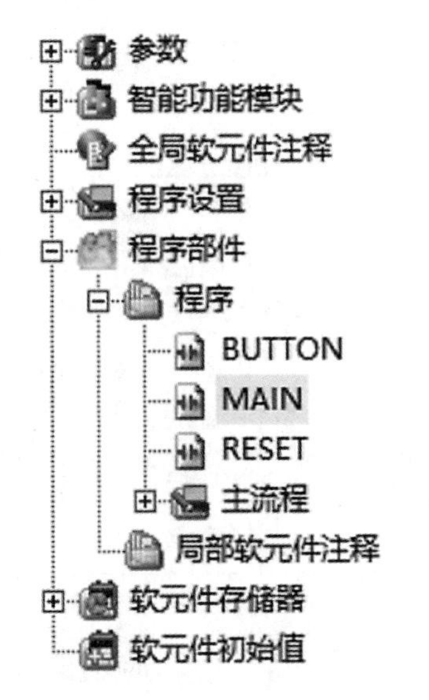

图 2－5－13　PLC 的程序规划

下载包
加工中心工作站
PLC程序

■ 按键程序 BUTTON：有启动、停止、急停、报警、故障显示等功能。

■ 主程序 MAIN：通常是程序开始的入口，与主流程 Block 等其他程序交互。

■ 复位程序 RESET：当系统上电后，控制工业机器人、加工中心、清理和检测单元中的气缸复位。

■ 主流程 Block：实现工作站中 PLC 与工业机器人、加工中心、内雕机、清理和检测单元、总控以及触摸屏之间的信号应答。

1）主流程 Block

根据控制要求，主流程 Block 可采用 SFC（状态转移图）编程，程序包含 10 个工作状态，从状态 1 到状态 10，程序如下。

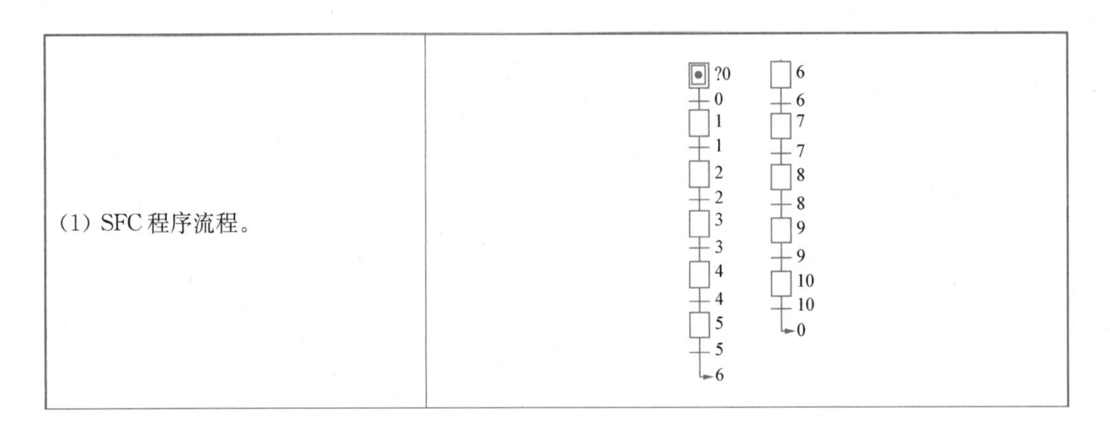

(1) SFC 程序流程。	

续 表

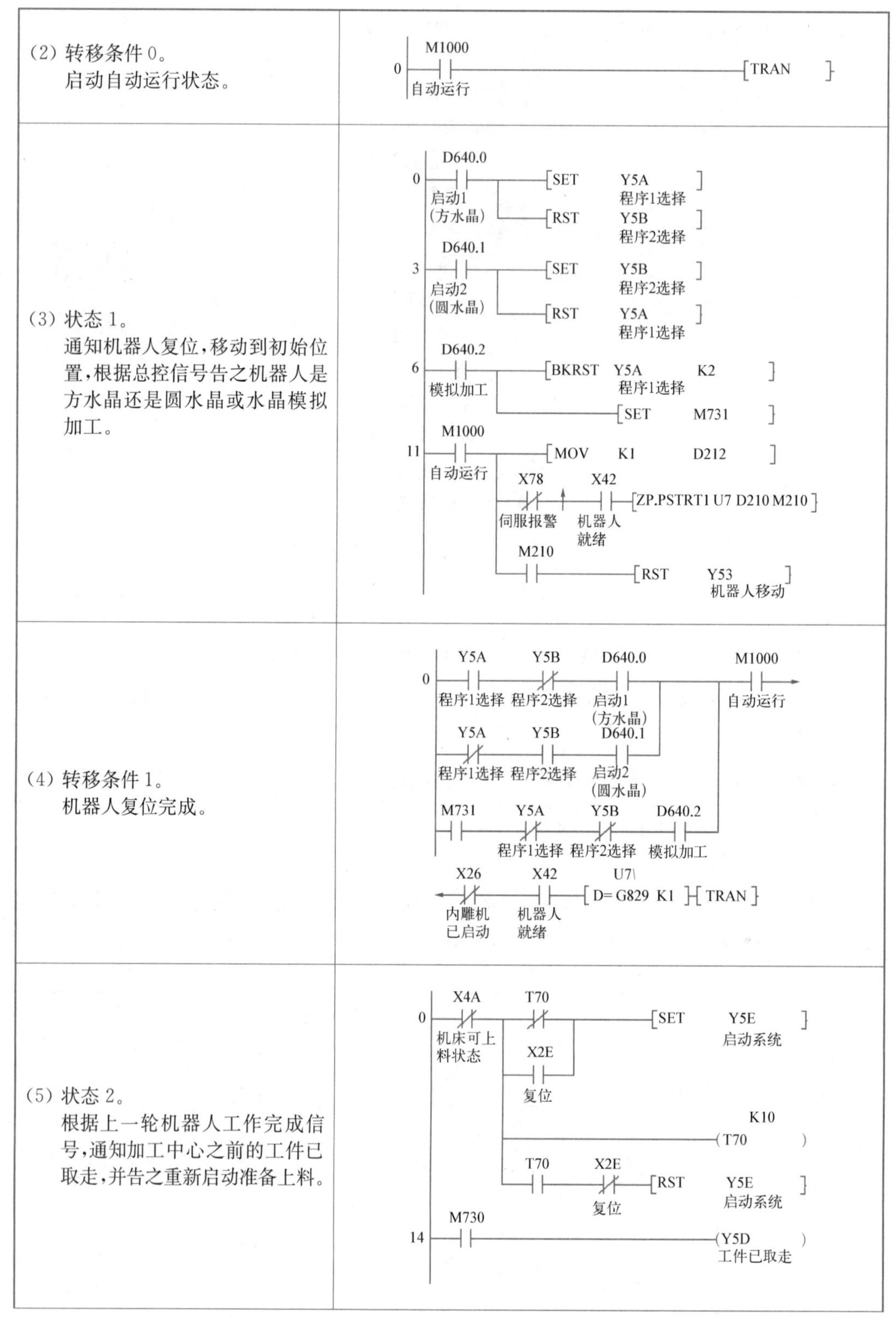

(2) 转移条件 0。 启动自动运行状态。	
(3) 状态 1。 通知机器人复位,移动到初始位置,根据总控信号告之机器人是方水晶还是圆水晶或水晶模拟加工。	
(4) 转移条件 1。 机器人复位完成。	
(5) 状态 2。 根据上一轮机器人工作完成信号,通知加工中心之前的工件已取走,并告之重新启动准备上料。	

续　表

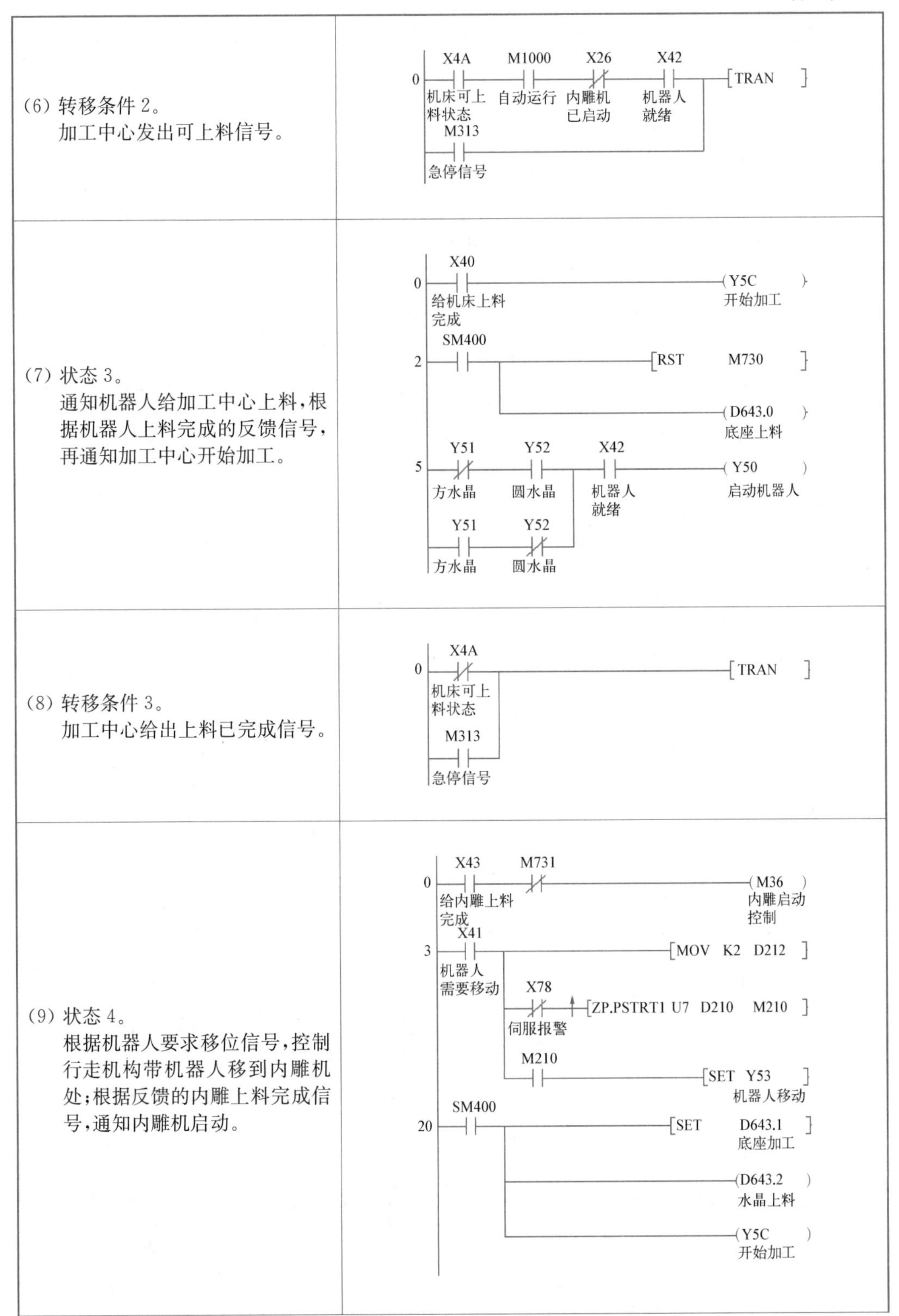

(6) 转移条件 2。 加工中心发出可上料信号。	
(7) 状态 3。 通知机器人给加工中心上料，根据机器人上料完成的反馈信号，再通知加工中心开始加工。	
(8) 转移条件 3。 加工中心给出上料已完成信号。	
(9) 状态 4。 根据机器人要求移位信号，控制行走机构带机器人移到内雕机处；根据反馈的内雕上料完成信号，通知内雕机启动。	

续 表

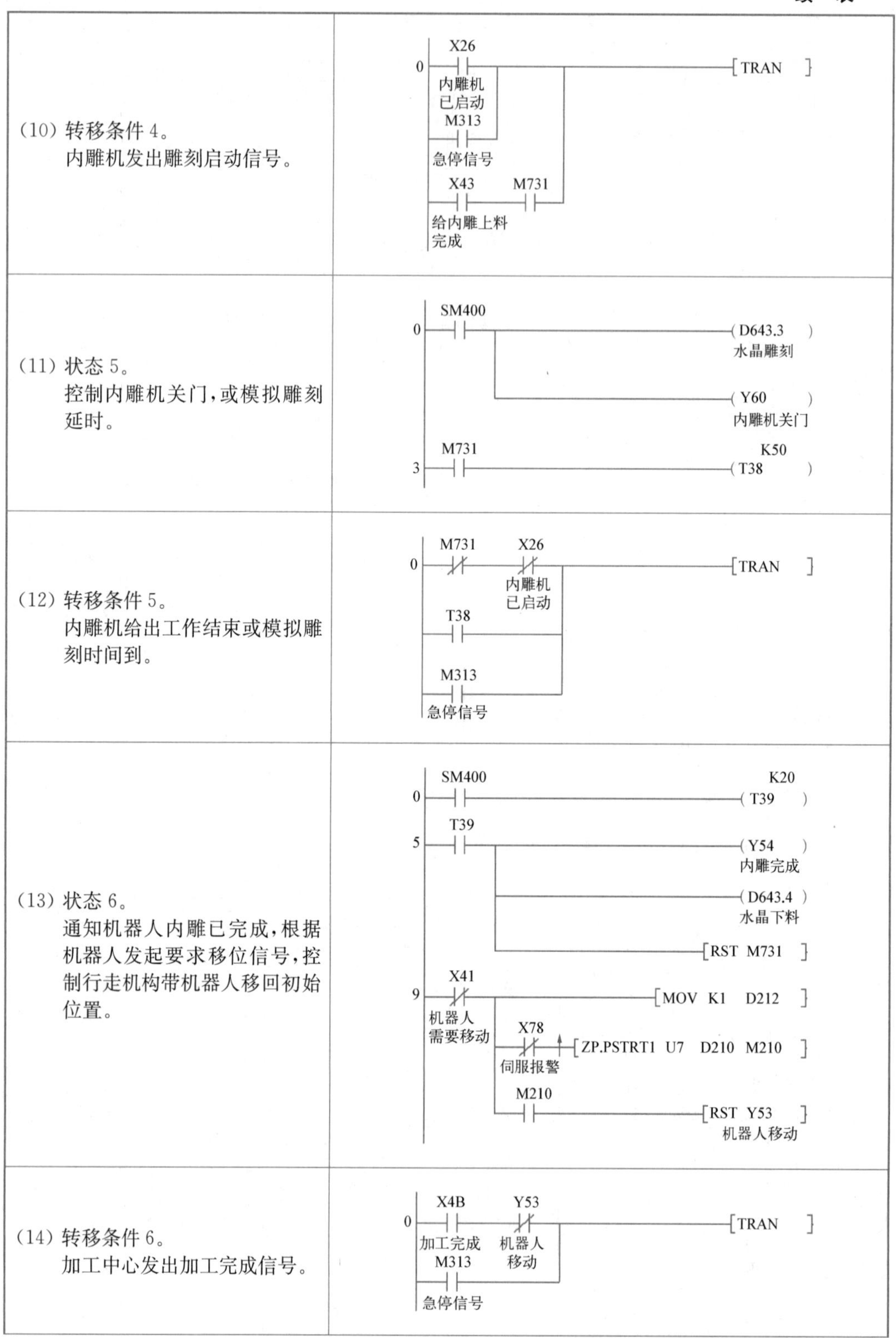

(10) 转移条件 4。 内雕机发出雕刻启动信号。	
(11) 状态 5。 控制内雕机关门,或模拟雕刻延时。	
(12) 转移条件 5。 内雕机给出工作结束或模拟雕刻时间到。	
(13) 状态 6。 通知机器人内雕已完成,根据机器人发起要求移位信号,控制行走机构带机器人移回初始位置。	
(14) 转移条件 6。 加工中心发出加工完成信号。	

续　表

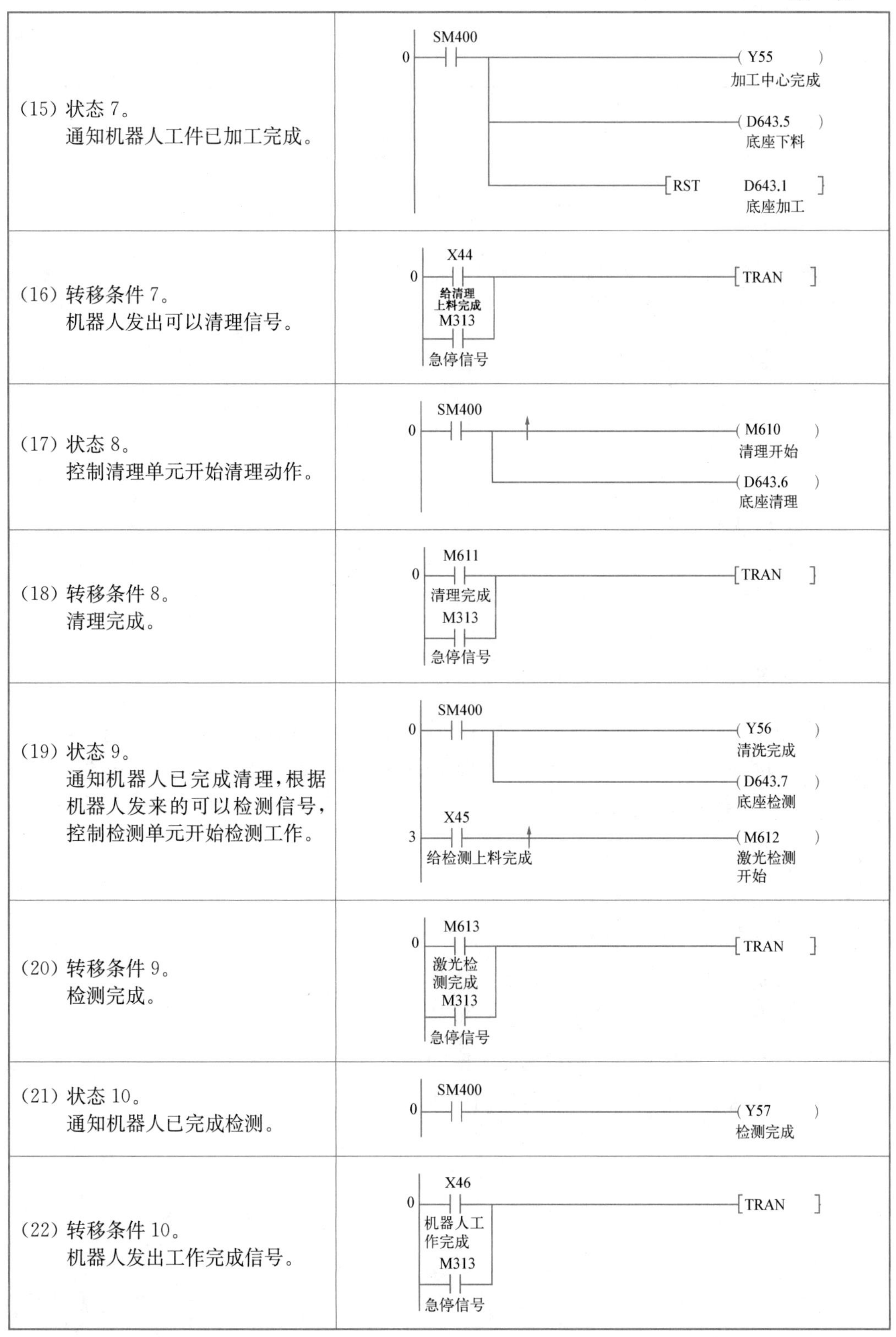

(15) 状态 7。 通知机器人工件已加工完成。	0 SM400 —(Y55) 加工中心完成 —(D643.5) 底座下料 —[RST D643.1] 底座加工
(16) 转移条件 7。 机器人发出可以清理信号。	0 X44 给清理上料完成 / M313 急停信号 —[TRAN]
(17) 状态 8。 控制清理单元开始清理动作。	0 SM400 —↑—(M610) 清理开始 —(D643.6) 底座清理
(18) 转移条件 8。 清理完成。	0 M611 清理完成 / M313 急停信号 —[TRAN]
(19) 状态 9。 通知机器人已完成清理，根据机器人发来的可以检测信号，控制检测单元开始检测工作。	0 SM400 —(Y56) 清洗完成 —(D643.7) 底座检测 3 X45 给检测上料完成 —↑—(M612) 激光检测开始
(20) 转移条件 9。 检测完成。	0 M613 激光检测完成 / M313 急停信号 —[TRAN]
(21) 状态 10。 通知机器人已完成检测。	0 SM400 —(Y57) 检测完成
(22) 转移条件 10。 机器人发出工作完成信号。	0 X46 机器人工作完成 / M313 急停信号 —[TRAN]

2）主程序 MAIN

以下列举部分主程序 MAIN 中的片断程序。

(1) 通过 X46，置位 M730。与主流程 Block 的状态 2 相呼应。	0 X46 机器人工作完成 [SET M730]
(2) 测量尼龙底座加工尺寸的激光测距传感器，通过串行通信模块 QJ71C24N 将测量数据传送给 PLC，传送包括通道选择、接收数据寄存器个数选择等。	73 X9A X9B [MOVP K2 D3000] [FMOV K0 D3001 K2] [MOVP K10 D3003] [G.INPUT U9 D3000 D4000 M2002]
(3) 将尼龙底座的加工尺寸检测完毕后所得数据通过 D650 显示在人机界面。	157 M711 [RST M710] [BMOV D4000 D650 K5]

任务小结

本任务学习了加工中心工作站控制柜对应控制系统的组成，PLC 各个模块的作用，PLC 与工业机器人、加工中心、内雕机、清理检测单元的 I/O 通信方式，以及相应 I/O 分配，分析了 PLC 程序设计思路。

练习

1. 加工中心工作站用了哪些通信方式？
2. 简述加工中心工作站的控制系统主流程。
3. 工业机器人在导轨上移动是怎么实现的？
4. 本站中是如何检测 2 号零件尼龙底座的尺寸？
5. 思考人机界面控制与单机联调控制方式的区别。

任务三　编程操作加工中心上下料机器人

任务目标

1. 了解加工中心工作站上下料机器人的动作要求。

2. 能根据上下料机器人的动作要求编写和调试程序。

任务相关知识

1. 上下料机器人配置

加工中心工作站上下料机器人选用 ABB 工业机器人，型号为 1410，配置 DSQC652 标准 I/O 板，16 个数字输入和 16 个数字输出。本工作站上下料机器人的 I/O 信号包括对气爪的夹紧、松开控制，以及与 PLC 的输入输出信号的传递交互。

2. 工业机器人夹具

本工作站机器人夹具为气动夹爪，用于夹取圆形、方形水晶及尼龙底座，如图 2-5-14 所示。

图 2-5-14　机器人气动夹爪

机器人夹具的动作由双电控二位五通电磁阀控制，如图 2－5－15 所示。通过对电磁阀两组驱动线圈交替通电、断电，改变夹具气缸两侧气孔的进、出气方向，用以控制气缸的伸出、缩回运动，从而实现夹具的夹紧、松开动作。两组电磁阀驱动线圈分别接至机器人输出信号 DO10_11 和 DO10_12。

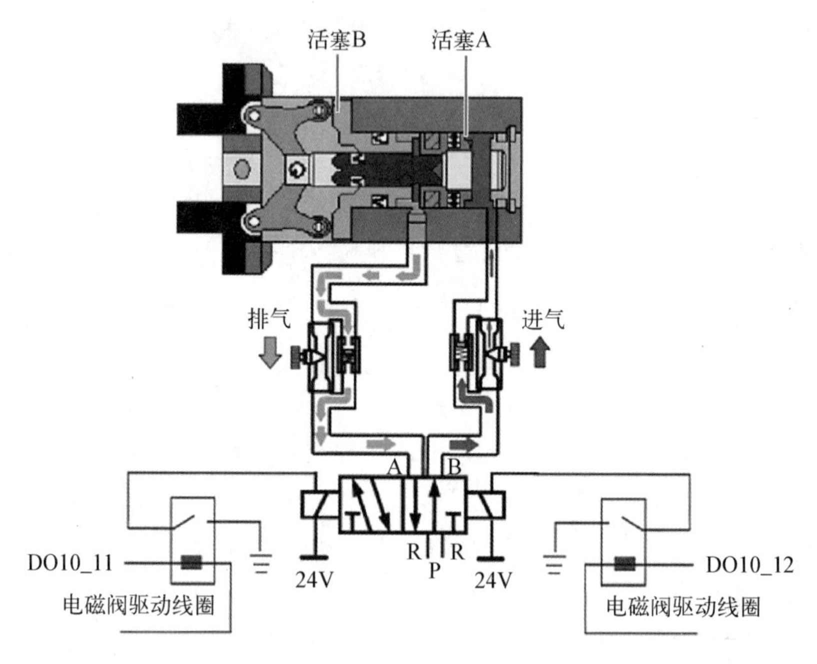

图 2－5－15　机器人夹具控制原理

任务实施

明确工业机器人在加工中心工作站中的任务，是负责给加工中心、激光内雕机、清理单元和检测单元进行上下料。具体动作过程：从 2 号零件的托盘中抓取尼龙底座毛坯送入加工中心，而后抓取水晶送到激光内雕机，等待生肖雕刻完成后取出放回托盘；待尼龙底座加工完成后，取出送到清理单元，清理完毕再送到检测单元检测，检测完毕放回托盘。

根据动作过程，分析程序设计思路，对工业机器人进行 I/O 分配，编写并调试程序。

1. 工业机器人程序流程图设计

根据工业机器人的动作过程设计的程序包括主程序 MAIN、方水晶处理子程序和圆水晶处理子程序。主程序流程如图 2－5－16 所示，子程序流程如图 2－5－17 所示，方水晶和圆水晶的处理流程相同，只是拾取点不同。因此下面只给出方水晶处理的具体程序。

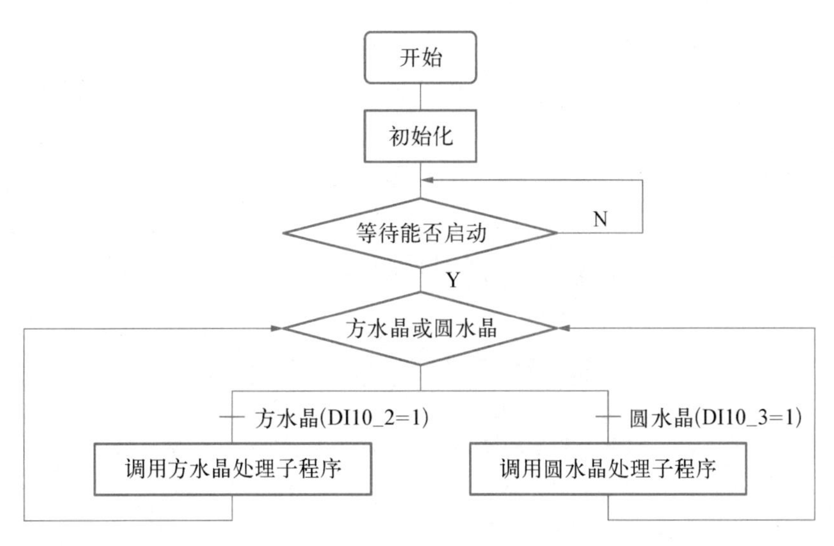

图 2-5-16　主程序流程图

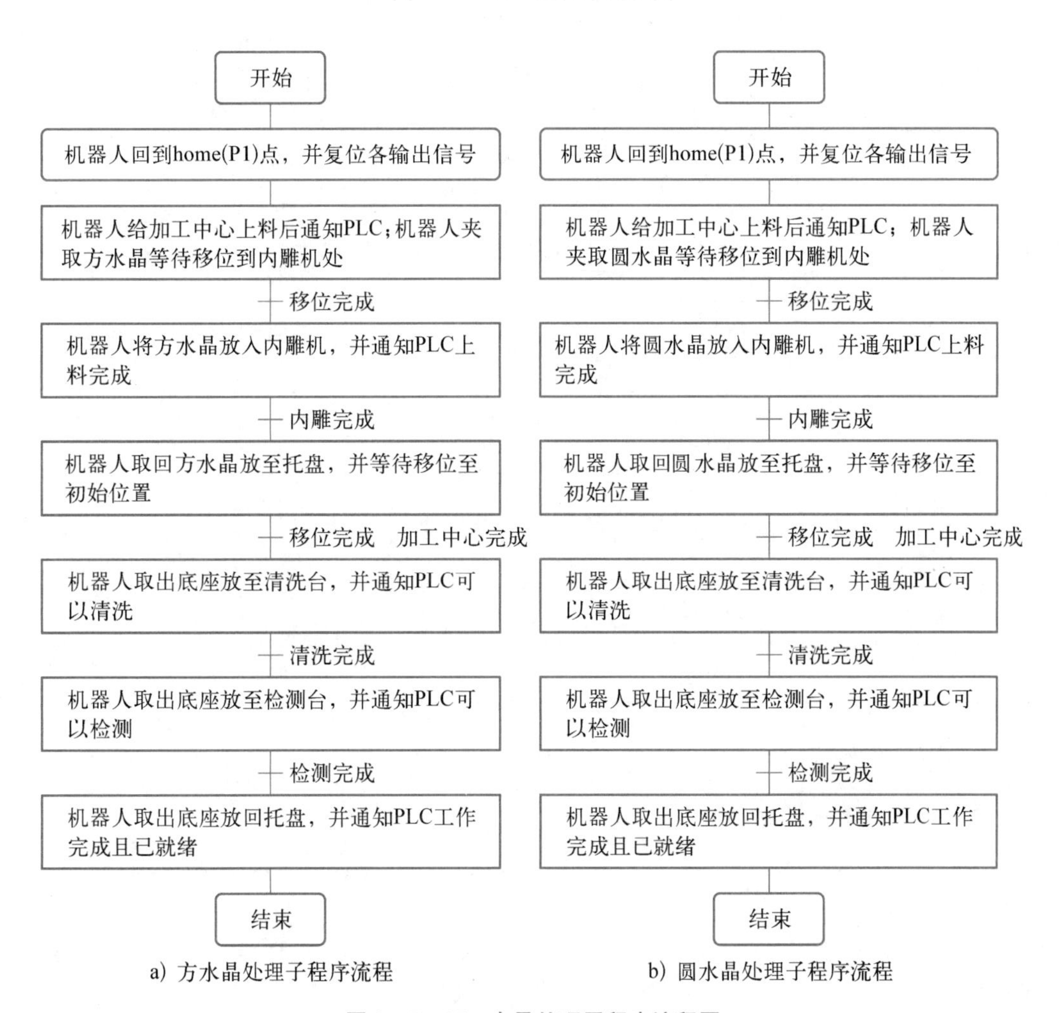

a) 方水晶处理子程序流程　　b) 圆水晶处理子程序流程

图 2-5-17　水晶处理子程序流程图

2. 工业机器人 I/O 分配

本站工业机器人的 I/O 信号包括与 PLC 的 I/O 应答信号，以及气爪的夹紧、松开信号，见表 2-5-9。

表 2-5-9　工业机器人 I/O 分配

输入/输出类型	机 器 人	PLC 端口	功　　能
输入	DI10_1	Y50	启动机器人
输入	DI10_2	Y51	方水晶
输入	DI10_3	Y52	圆水晶
输入	DI10_4	Y53	机器人移动
输入	DI10_5	Y54	雕刻完成
输入	DI10_6	Y55	加工中心完成
输入	DI10_7	Y56	清理完成
输入	DI10_8	Y57	检测完成
输出	DO10_1	X40	给机床上料完成
输出	DO10_2	X41	机器人需要移动
输出	DO10_3	X42	机器人就绪
输出	DO10_4	X43	给内雕上料完成
输出	DO10_5	X44	给清理上料完成
输出	DO10_6	X45	给检测上料完成
输出	DO10_7	X46	机器人工作完成
输出	DO10_11		机器人夹具打开
输出	DO10_12		机器人夹具夹紧

3. 机器人程序

方水晶处理子程序编制如下：

程序	说明
PROC fangxing()	
MoveAbsJ p1\NoEOffs, v200, z50, tool0;	机器人回到 home(P1)点
Reset DO10_11;	复位各输出信号

续　表

Reset DO10_12；	
Reset DO10_3；	
MoveJ p2，v200，fine，tool0；	
MoveJ p3，v200，fine，tool0；	
MoveL p4，v200，fine，tool0；	机器人运动至尼龙底座拾取点
WaitTime 1；	
Set DO10_12；	机器人抓取尼龙底座
WaitTime 1；	
MoveL p3，v200，fine，tool0；	
MoveJ p2，v200，fine，tool0；	
MoveJ p5，v200，fine，tool0；	
MoveJ p6，v200，fine，tool0；	
MoveJ p7，v200，fine，tool0；	
MoveL p8，v200，fine，tool0；	机器人运动至加工中心工作台
WaitTime 1；	
Reset DO10_12；	
Set DO10_11；	机器人松开尼龙底座
WaitTime 1；	
MoveL p7，v200，fine，tool0；	
MoveJ p6，v200，fine，tool0；	
MoveAbsJ p1\NoEOffs，v200，z50，tool0；	机器人回到 home(P1)点
Set DO10_1；	通知 PLC 底座上料完成
MoveJ p2，v200，fine，tool0；	
Reset DO10_1；	
MoveL p9，v200，fine，tool0；	
MoveL p10，v200，fine，tool0；	机器人运动至水晶升降平台
WaitTime 1；	
Reset DO10_11；	
Set DO10_12；	机器人抓取水晶
WaitTime 1；	
MoveL p9，v200，fine，tool0；	
MoveJ p2，v200，fine，tool0；	
MoveJ p11，v200，fine，tool0；	
Set DO10_2；	通知 PLC 要求移位到内雕机旁
WaitTime 1；	等待移位完成
WaitDI DI10_4，1；	
MoveJ p12，v200，fine，tool0；	

续 表

MoveL p13，v200，fine，tool0； MoveL p14，v200，fine，tool0； MoveL p15，v200，fine，tool0； WaitTime 1； Reset DO10_12； Set DO10_11； WaitTime 1； MoveL p16，v200，fine，tool0； Set DO10_4； WaitDI DI10_5，1； Reset DO10_4； WaitTime 1； MoveL p15，v200，fine，tool0； Reset DO10_11； Set DO10_12； WaitTime 1； MoveL p14，v200，fine，tool0； MoveL p16，v200，fine，tool0； MoveJ p11，v200，fine，tool0； MoveJ p17，v200，fine，tool0； MoveL p18，v200，fine，tool0； Reset DO10_12； Set DO10_11； WaitTime 1； MoveL p17，v200，fine，tool0； MoveJ p11，v200，fine，tool0； MoveAbsJ p1\NoEOffs，v200，z50，tool0； Reset DO10_2； WaitDI DI10_4，1； WaitDI DI10_6，1； MoveJ p5，v200，fine，tool0； MoveJ p6，v200，fine，tool0； MoveJ p7，v200，fine，tool0； MoveL p8，v200，fine，tool0； Reset DO10_11； Set DO10_12； WaitTime 1；	 机器人运动至水晶升降平台 机器人松开水晶 通知 PLC 水晶上料完成 等待内雕完成 机器人运动至水晶升降平台 机器人抓取水晶 机器人运动至托盘水晶放置点 机器人松开水晶 机器人回到 home(P1)点 机器人要求移位退回 等待移动到位 等待加工中心完成 机器人运动至加工中心工作台 机器人抓取底座

续　表

MoveL p7，v200，fine，tool0； MoveJ p6，v200，fine，tool0； MoveJ p5，v200，fine，tool0；	
MoveAbsJ p1\NoEOffs，v200，z50，tool0；	机器人回到 home(P1)点
MoveJ p2，v200，fine，tool0； MoveL p19，v200，fine，tool0； MoveL p20，v200，fine，tool0；	
MoveL p21，v200，fine，tool0；	机器人运动至清理台
Reset DO10_12；	
Set DO10_11；	机器人松开底座
WaitTime 1； MoveL p20，v200，fine，tool0； MoveL p19，v200，fine，tool0；	
Set DO10_5；	通知 PLC 可以清理
WaitTime 1； Reset DO10_5；	
WaitDI DI10_7，1；	等待清理完成
MoveL p20，v200，fine，tool0； MoveL p22，v200，fine，tool0； Reset DO10_11；	
Set DO10_12；	机器人抓取底座
WaitTime 1； MoveL p20，v200，fine，tool0； MoveL p19，v200，fine，tool0； MoveJ p2，v200，fine，tool0； MoveL p23，v200，fine，tool0； MoveL p24，v200，fine，tool0；	
MoveL p25，v200，fine，tool0；	机器人运动至检测台
Reset DO10_12；	
Set DO10_11；	机器人松开尼龙底座
WaitTime 1； MoveL p24，v200，fine，tool0； MoveL p23，v200，fine，tool0；	
Set DO10_6；	通知 PLC 可以检测
WaitTime 1； Reset DO10_6；	
WaitDI DI10_8，1；	等待检测完成

续 表

MoveL p24，v200，fine，tool0； MoveL p25，v200，fine，tool0； Reset DO10_11； Set DO10_12； WaitTime 1； MoveL p24，v200，fine，tool0； MoveL p23，v200，fine，tool0； MoveL p3，v200，fine，tool0； MoveL p4，v200，fine，tool0； Reset DO10_12； Set DO10_11； WaitTime 1； MoveL p3，v200，fine，tool0； MoveJ p2，v200，fine，tool0； Set DO10_7； MoveAbsJ p1\NoEOffs，v200，z50，tool0； Set DO10_3； Reset DO10_7； ENDPROC	 机器人运动至检测台 机器人抓取底座 机器人运动至托盘 机器人松开底座 通知 PLC 机器人工作完成 机器人回到 home(P1)点 通知 PLC 机器人已准备就绪

4. 机器人程序调试

视频

加工中心工作站机器人编程与调试

开启电控柜电源启动加工中心工作站控制系统，继续如下进行操作：

(1) 打开工业机器人夹具的气源。	

续　表

(2) 闭合机器人电控柜电源开关。	
(3) 输入程序到示教器。	
(4) 单步调试机器人。 ① 将机器人控制模式调到手动模式。	
② 将运行速度调整为75%或50%,确保安全。	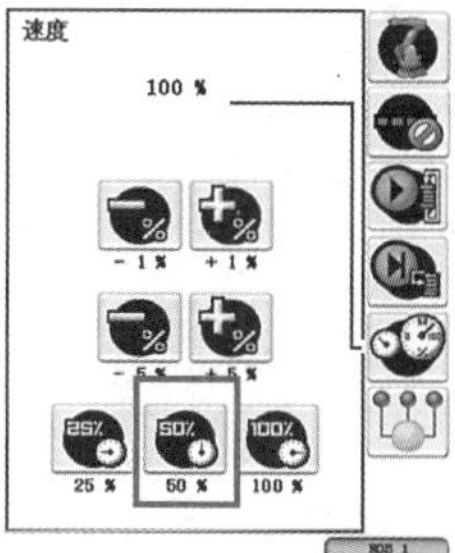
③ 按下示教器上的电机使能键,给伺服电机上电。	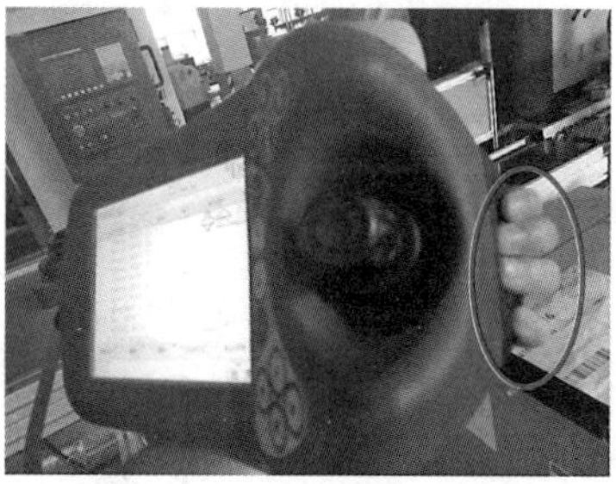

续　表

<table>
<tr><td>④ 将程序指针移至主程序，按单步执行功能键调试。</td><td>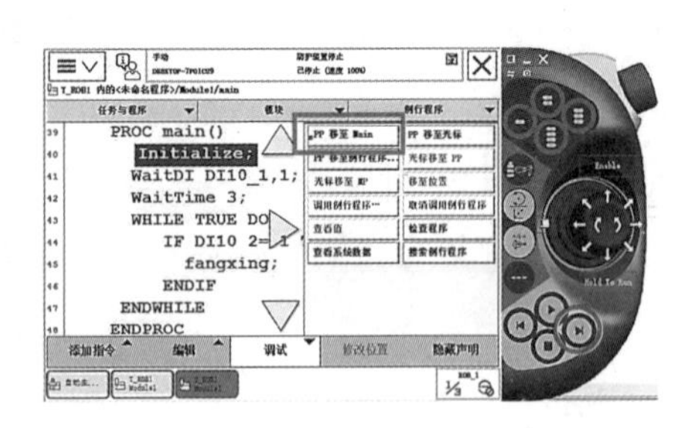</td></tr>
<tr><td>(5) 自动运行机器人。
① 将机器人控制模式调到自动运行，在示教器界面进行运行模式确认。
② 闭合控制柜伺服电机电源开关(白色按钮)。</td><td></td></tr>
<tr><td>③ 将程序指针移至主程序，在示教器上按下自动运行键。</td><td>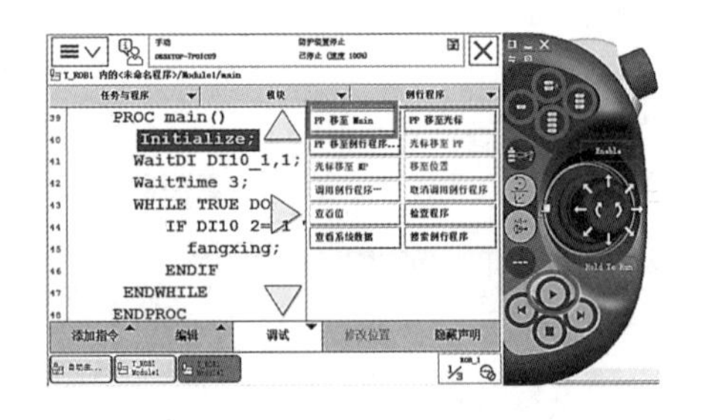</td></tr>
<tr><td>(6) 停止机器人运行。
① 按示教器停止键，停止程序运行。</td><td>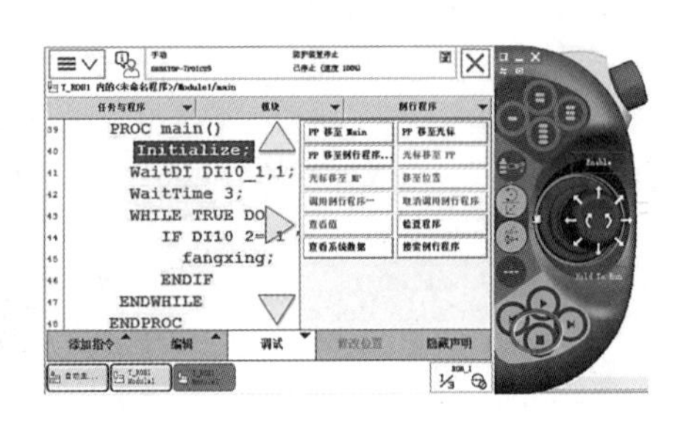</td></tr>
</table>

续　表

② 钥匙开关转到手动，手动操作机器人运动到安全位置。 ③ 关闭电控柜电源。	

任务小结

本任务学习了加工中心工作站机器人的 I/O 板配置，机器人的气动夹爪以及机器人与 PLC 通信的 I/O 分配，根据机器人的动作设计程序流程，编写机器人程序以及调试方法。

练习

1. 下载“smart 组件练习”，创建工件检测 smart 组件，完成信号连接并仿真测试。

提示：工件检测 smart 组件的设计图如图 2－5－18 所示，工作站逻辑如图 2－5－19 所示。

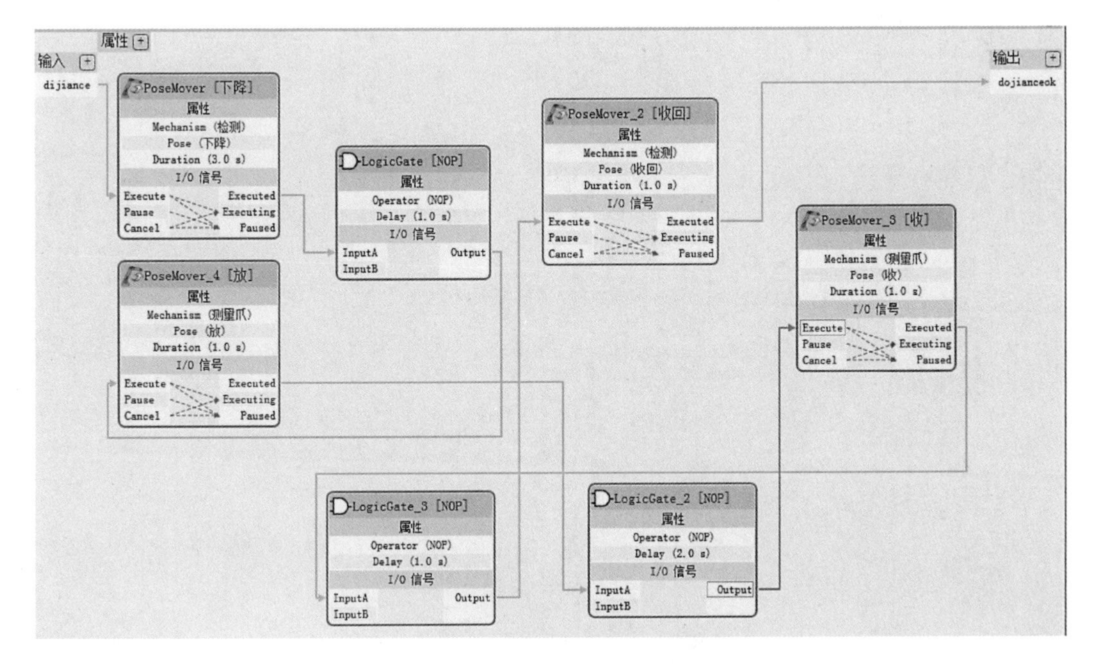

图 2－5－18　工件检测 smart 组件的设计图

I/O连接

源对象	源信号	目标对象	目标对象
检测	dojianceok	System12	dijianceok
System12	dojiance	检测	dijiance

图 2－5－19　工件检测工作站逻辑

2. 下载“编程练习”，参照“加工中心工作站仿真”视频动作要求编写机器人程序并调试运行。

装配工作站的操作编程与运行调试

项目描述

装配工作站的主要功能是通过工业机器人及机械手完成工件组装、上罩、不合格底座的处理等工作。装配工作站的主体结构组成如图 2-6-1 所示，包括工业机器人、供罩单元、供座单元等。

图 2-6-1　装配工作站

本工作站的工作流程是：工业机器人将从前一站输送来的工件装于底座上，从供罩单元出库位取罩并给工件上罩。如果底座加工不合格，则先将底座取出丢弃，再从供座单元推出备用底座进行工件装配。装配完成后，成品由传输线输送至立体库单元入库。在本项目中，首先了解装配工作站的组成、功能及工作流程，然后分析该工作站的控制系统，训练控制器 PLC 的程序设计、工业机器人的程序设计，最后对整个工作站进行整体调试。

装配工作站的工作过程

任务一　认识装配工作站

任务目标

1. 了解装配工作站的构成。
2. 了解装配工作站的主要部件。
3. 了解装配工作站的工作原理。

任务相关知识

1. 供罩单元

供罩单元由外罩库、外罩取料机构及中转库位等组成，如图 2-6-2 所示。

图 2-6-2　供罩单元

(1) 外罩取料机构

外罩取料机构包括气动夹爪、滚珠丝杠、伸缩气缸、伺服电机、电容式接近开关等(图 2-6-3)。两个伺服电机及滚珠丝杠用于控制气动夹爪在水平及垂直方向上精确移动，伸缩气缸可带动夹爪伸入库内取外罩，电容式接近开关用于气动夹爪的原点位置检测。

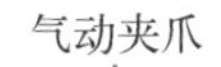

图 2-6-3　外罩取料机构

(2) 伺服电机及伺服放大器

伺服电机使用三菱交流伺服电机(图 2-6-4),型号是 HF-MP,具有低惯量、小容量的特点,额定输出功率为 1.5 kW,额定转速为 2 000 r/min,带电磁制动器,并配有 262 144 (2^{18})脉冲/转脉冲编码器。

图 2-6-4　伺服电机

图 2-6-5　伺服放大器

伺服放大器型号是 MR-J3-20B(图 2-6-5),可通过高速同步网络与伺服系统控制器连接,并通过直接读取定位数据进行操作。利用指令模块的数据执行伺服电机的转速/方向控制和高精度定位。

(3) 外罩库

外罩库用于存放安装用的外罩,为3行4列共12库位(图2-6-6),每行均设置一个超声波传感器,用于检测此行有无外罩。外罩库位编号如图2-6-7所示。

图2-6-6 外罩库

1号	2号	3号	4号
5号	6号	7号	8号
9号	10号	11号	12号

图2-6-7 外罩库位编号

(4) 超声波传感器

超声波传感器用于确定外罩库每行左起第一个外罩所在位置,选用欧赛龙200F30TR-2VM超声波测距模块,性能参数见表2-6-1。

表2-6-1 超声波传感器参数

产品型号	200F30TR-2VM	输出方式	0~10 V
标称频率	200±15 kHz	工作温度	-20~60 ℃
工作电压	10~15V DC	测量范围	0.1~0.8 m

根据超声波传感器模块输出的电压信号大小,将外罩到传感器的距离划分成一定范围,分别对应每行位置1、2、3、4,即外罩库位1~12库位。传感器的实物及引脚定义分别如图2-6-8和图2-6-9所示。

图 2-6-8　超声波传感器

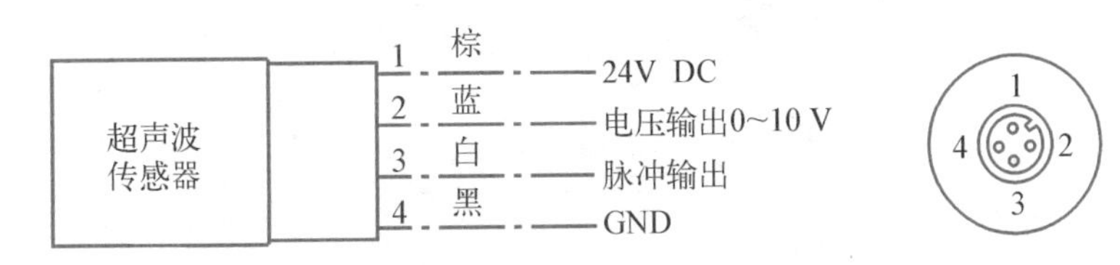

图 2-6-9　超声波传感器引脚定义

2. 工业机器人

工业机器人为 ABB IRB120 六自由度机器人(图 2-6-10),具有敏捷、紧凑、轻量的特点,控制精度与路径精度俱优,广泛用于物料搬运、装配等领域,在本站中用来进行外罩及底座的装配。

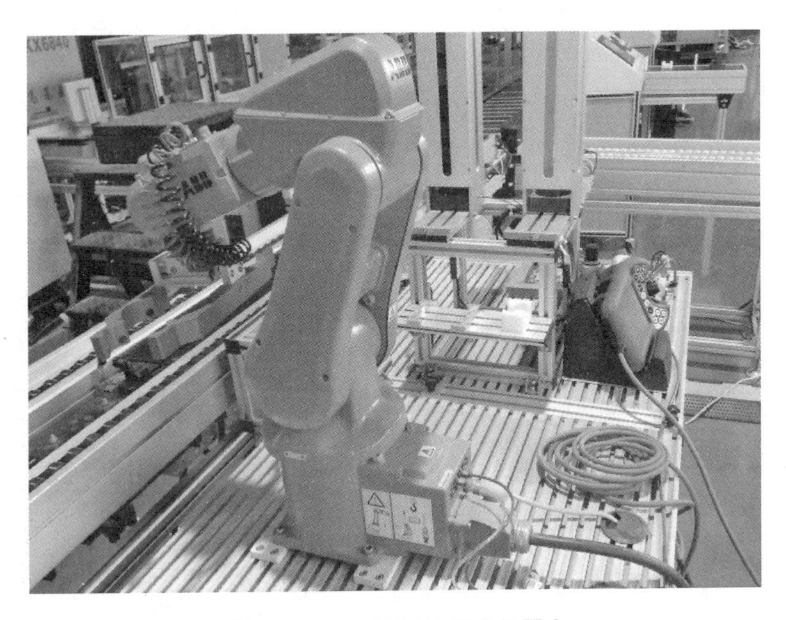

图 2-6-10　IRB120 工业机器人

3. 供座单元

供座单元由料仓、气缸、中转库位以及用于料位及出库位检测的光纤传感器等组成，如图 2-6-11 所示。

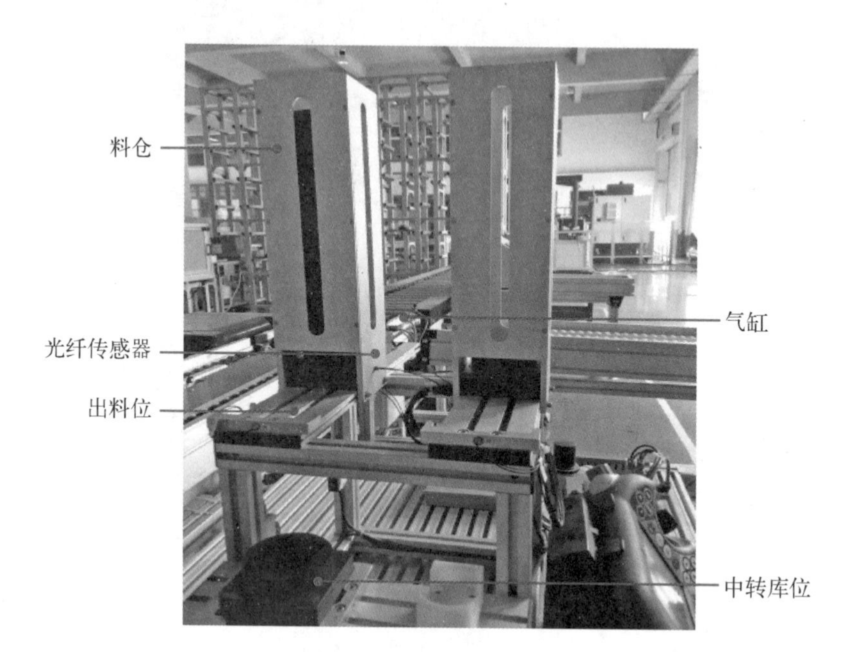

图 2-6-11 供座单元

任务实施

先将输送单元的各设备调试到位，再对整体进行联调，实现对整个工作站的控制，具体如下：

视频

装配工作站操作与调试

(1) 启动装配工作站。 闭合装配工作站电控柜的总控开关。	

续　表

(2) 电控柜面板操作。 ① 闭合面板钥匙开关。 ② 闭合面板电源开关。 ③ 待触摸屏启动完成后按复位按钮，装配工作站各单元恢复初始状态。 ④ 按下启动按钮启动装配工作站。	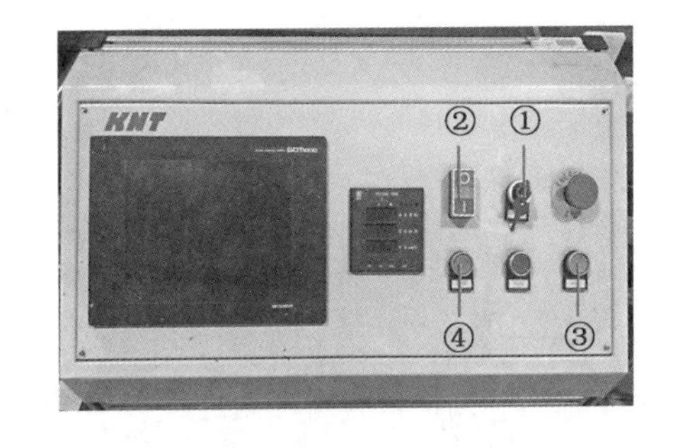
(3) 初始状态。 装配工作站复位后，外罩取料机构回到原点位置。	 
(4) 触摸屏操作。 在触摸屏的主界面中可进行启动、停止、复位装配工作站操作。 单击“单/联机”按键可切换工作模式，在单机和联机之间切换。	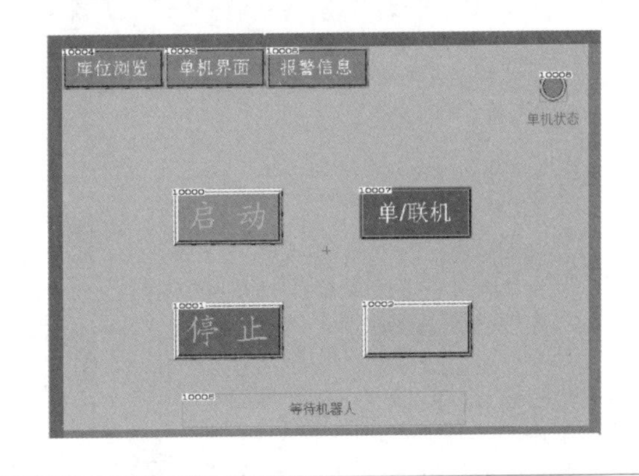
(5) 库位信息显示。 在主界面中单击“库位浏览”，进入“库位信息”显示界面，界面以图形方式显示外罩库中 12 库位以及出库位是否有外罩。 单击“ESC”将返回主界面。	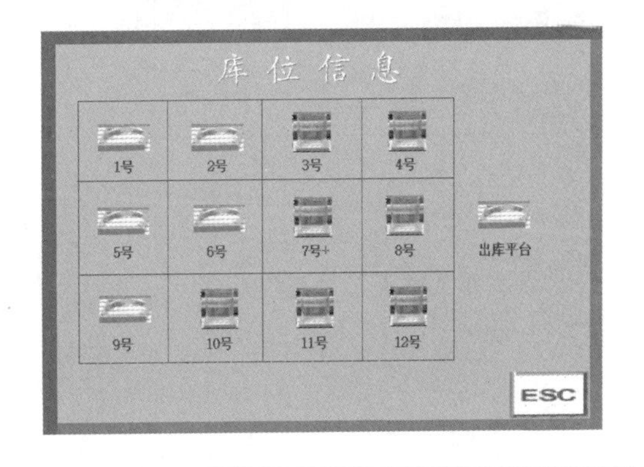

续 表

(6) 单机操作。 在主界面中单击“单机界面”，进入单机操作界面。 在单机操作界面中可进行方水晶装配、圆水晶抓取、圆水晶装配以及无料情况的处理，还可手动设置底座工件是否合格。如底座不合格，装配工作站将从供座单元提供备用底座进行装配。 单击“ESC”将返回主界面。	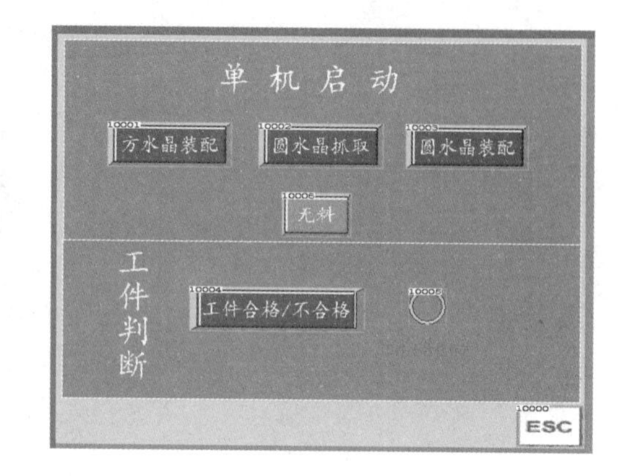
(7) 报警信息。 单击主界面“报警信息”进入报警信息显示界面，界面将显示运行过程的报警信息。返回主画面则单击“ESC”。	
(8) E－Factory装配工作站操作。 在总控中打开E－Factory软件，进入软件主界面。 单击触摸屏“单/联机”按键切换至联机模式。 单击主菜单“生产线管理”→“生产线手动控制”，进入手动操作界面。	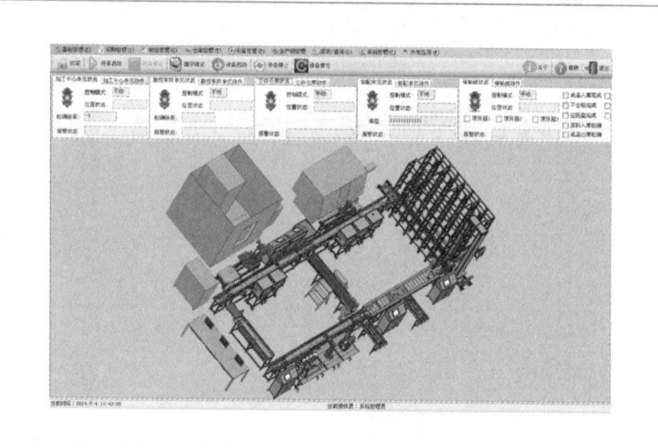
(9) 单击“装配单元状态”，可查看装配工作站状态信息。	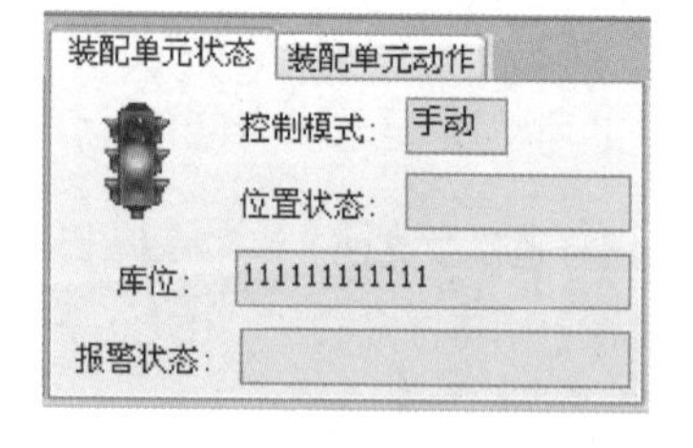

续 表

(10) 手动操作。 单击“装配单元动作”,可进行单元的启动(上电)、复位、停止(停机)、方形水晶装配、圆形水晶装配、圆形水晶抓取等以及底座是否合格设置。	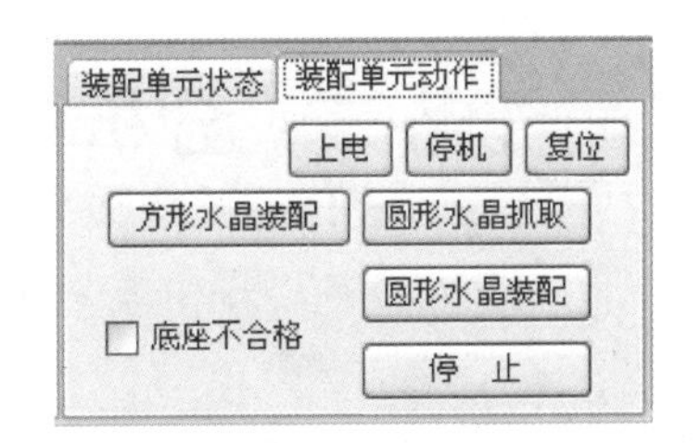
(11) 停止装配工作站。 ① 按下停止按钮。 ② 关闭面板电源。 ③ 断开钥匙开关。 断开总控开关。	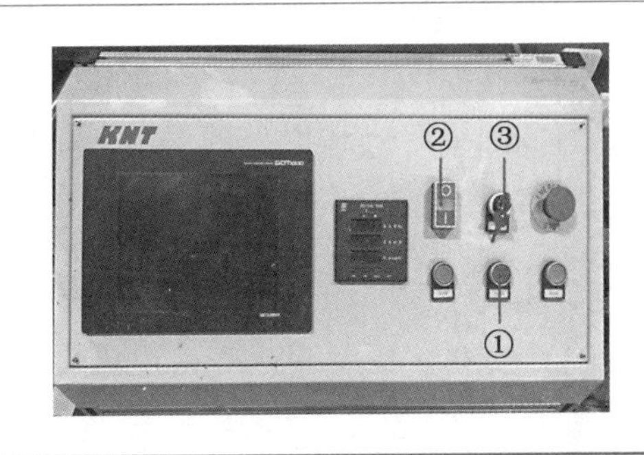

注意：运行机器人的开机顺序是：电控柜总控开关→电控柜面板钥匙开关→电控面板电源开关→复位开关→启动开关→机器人控制器电源开关→钥匙开关切换到自动运行→机器人电机上电;关闭时要先关闭机器人,再停止装配工作站。

任务小结

本任务主要介绍了装配工作站的构成、主要部件及功能,装配工作站的运行与操作。通过学习和实操,了解装配工作站基本构成和工作原理,掌握装配工作站的启停、上位机软件手动调试和自动运行。

练习

1. 简述装配工作站的工作过程。
2. 外罩库的超声波传感器及供座单元的光纤传感器的作用分别是什么?

任务二　分析装配工作站控制系统

任务目标

1. 了解装配工作站中远程 I/O 分配及配置。
2. 了解装配工作站中 PLC 的工作流程及程序设计。
3. 了解装配工作站工业机器人程序的编写与调试。

任务相关知识

1. 控制系统的构成

装配工作站的网络拓扑结构如图 2-6-12 所示，总控通过以太网与 PLC、触摸屏相连，经 RS485 总线与多功能仪表相连。PLC 通过 I/O 模块与外罩库、外罩取料单元、供座单元、机器人控制器及启动、停止、复位操作按键、伺服定位模块及状态指示灯相连。伺服定位模块经 SSCNETⅢ光纤与伺服放大器通信。

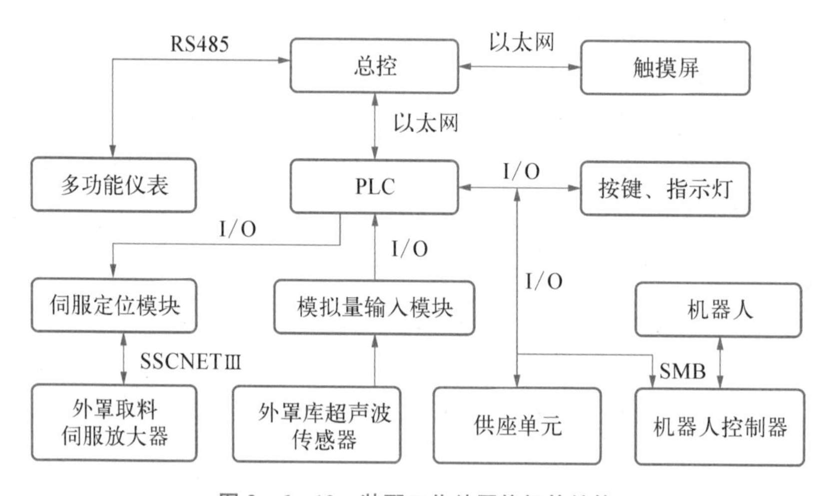

图 2-6-12　装配工作站网络拓扑结构

装配工作站控制柜内部以 Q 系列 PLC 模块为主体，如图 2-6-13 所示，包括电源模块、CPU 模块、通信模块、输入输出模块等。

2. 外罩取料机构伺服控制

外罩取料机构伺服驱动包括水平伺服驱动和垂直伺服驱动，两者电源电路基本一致。

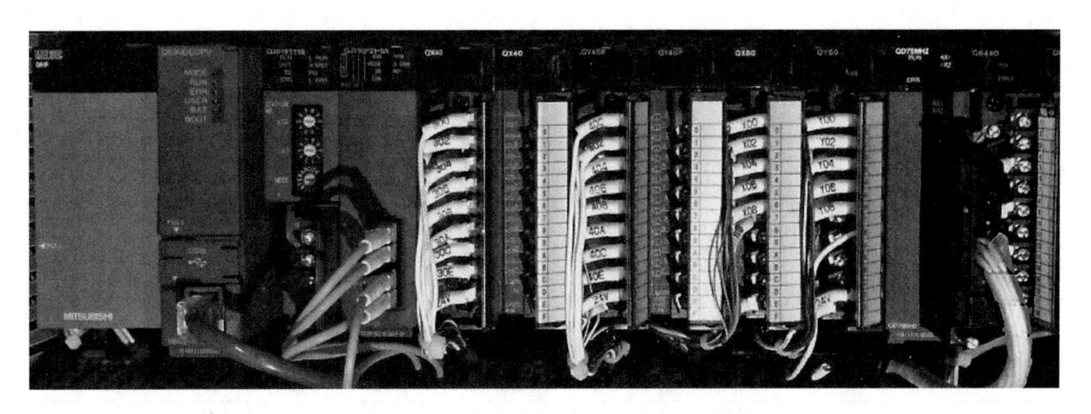

图 2-6-13　装配工作站 PLC 模块

图 2-6-14 所示为水平伺服电源电路，其中 220 V 电源连接至伺服放大器，输出端 U、V、W、PE 接至水平伺服电机 HF-KP23。

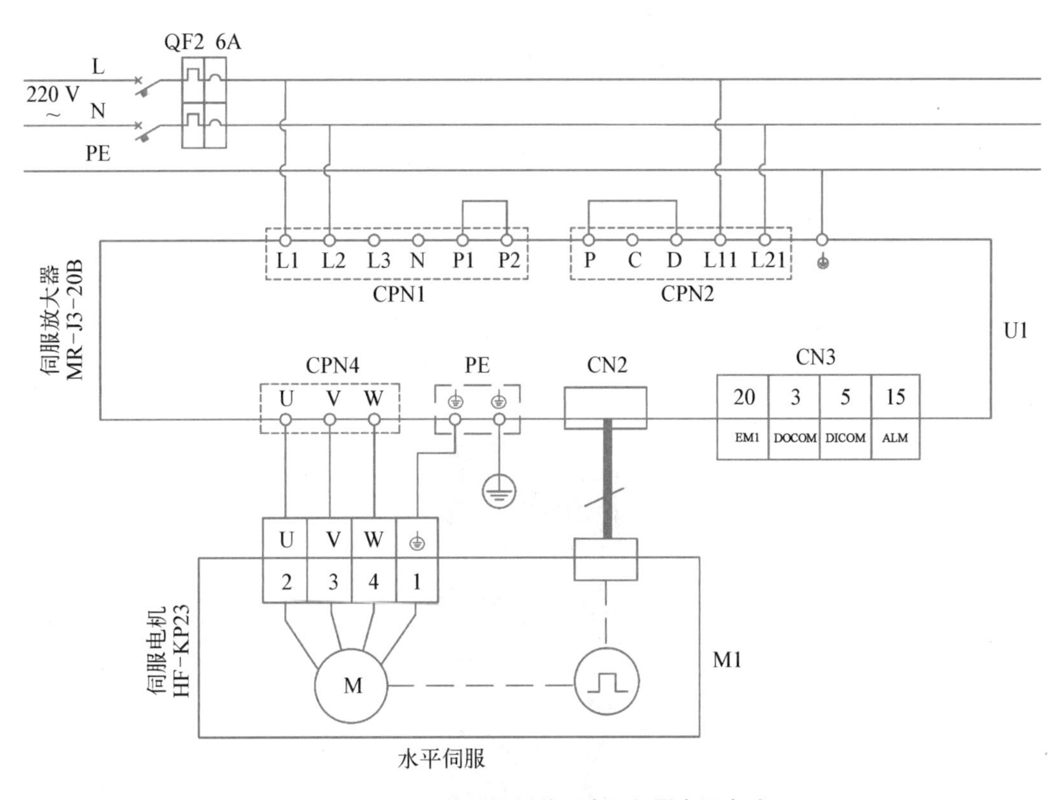

图 2-6-14　外罩取料单元水平伺服电源电路

伺服定位模块接收 PLC 控制信号及限位开关、电容式接近开关信号，经伺服放大器对水平、垂直伺服电机进行控制。定位模块 QD75MH2 能以指定速度移动工件或工具等，并把它精确地停在目标位置。图 2-6-15 所示为伺服定位模块电气原理图。

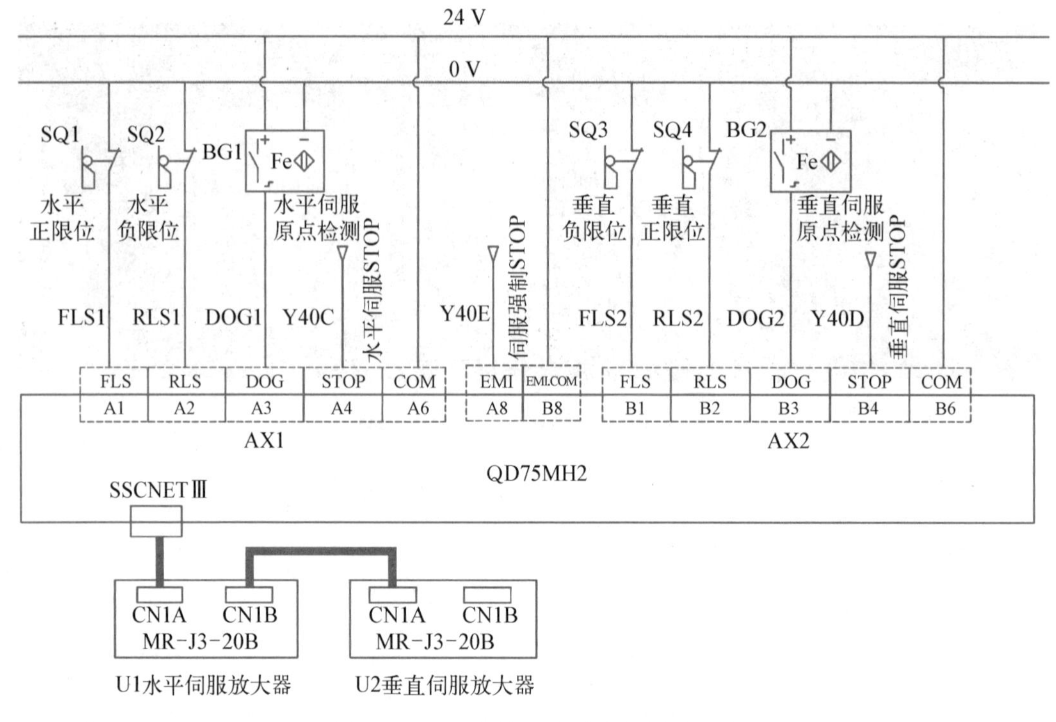

图 2-6-15　伺服定位模块电气原理图

3. 模拟量输入模块

外罩库位检测的超声波传感器 200F30TR-2VM 输出信号为模拟信号，需通过模拟量输入模块方能送至 PLC。装配工作站所用模拟量输入模块为 4 通道模拟量输入模块 Q64AD，如图 2-6-16 所示，其性能参数见表 2-6-2。

图 2-6-16　模拟量输入模块

表 2-6-2　Q64AD 模拟量输入模块性能参数

性　　能	参　　数
输入点数	4 点
模拟输入电压	DC 10～10 V(输入电阻 10 MΩ)
模拟输入电流	DC 0～20 mA(输入电阻 250 MΩ)
数字输出	16 位：−32 768～32 767
精度	基准精度：±0.05%
	环境系数：$\pm 7.14\times10^{-5}$/℃
转换速度	10 ms/4 通道
绝对最大输入	电压±15 V,电流±30 mA
输入输出占用点数	16 点

用于检测外罩库位的三个超声波传感器分别连接至 4 通道模拟量输入模块 Q64AD 的通道 2、3、4 电压输入端,如图 2-6-17 所示。

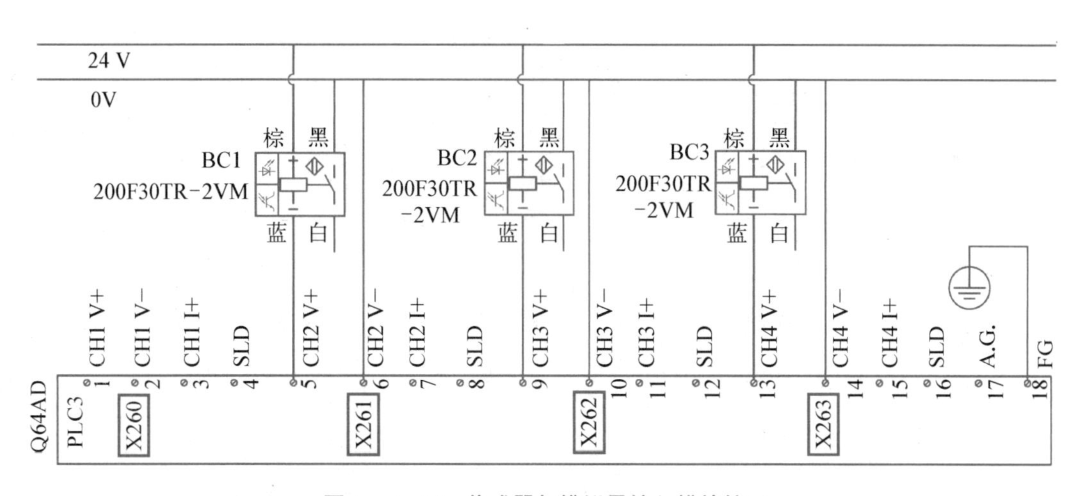

图 2-6-17　传感器与模拟量输入模块接口

任务实施

1. 装配工作站 I/O 分配

装配工作站 I/O 主要包括供座单元气缸位置检测,物料检测,气缸控制;外罩库物料检测;供罩单元气爪、伸缩气缸位置检测,原点位置检测,供罩气爪、伸缩气缸、伺服单元控制;电控柜操作按键及状态显示等,具体配置见表 2-6-3。

表 2-6-3　装配工作站 I/O 分配表

输　入		输　出	
X300	供座单元底座 1 气缸推出	Y400	供座单元底座 1 气缸推出
X301	供座单元底座 1 气缸缩回	Y401	供座单元底座 2 气缸推出
X302	供座单元底座 2 气缸推出	Y402	供罩气爪抓取
X303	供座单元底座 2 气缸缩回	Y403	供罩气爪缩回
X304	供座单元底座 1 料仓有无	Y404	供罩气爪伸出
X305	供座单元底座 1 出料位有无	Y405	供罩水平伺服 STOP
X306	供座单元底座 2 料仓有无	Y406	供罩垂直伺服 STOP
X307	供座单元底座 2 出料位有无	Y407	供罩伺服 STOP
X308	供罩单元气爪检测	Y408	启动指示灯
X309	供罩单元气爪伸出检测	Y409	停止指示灯
X30A	供罩单元气爪缩回检测	Y40A	复位指示灯
X30B	供罩单元工件有无检测	Y40B	三色灯红
X30C	启动按钮	Y40C	三色灯黄
X30D	停止按钮	Y40D	三色等绿
X30E	复位按钮	Y430	机器人启动信号
X30F	急停按钮	Y431	机器人方形合格
X422	机器人完成信号	Y432	机器人方形不合格
X423	机器人罩子取走信号	Y433	机器人圆形合格
X424	机器人就绪信号	Y434	机器人圆形不合格
		Y435	机器人圆柱合格
		Y436	机器人罩子有
		Y437	机器人方底座有无
		Y438	机器人圆底座有无
		Y439	机器人圆柱不合格

上位机总控与装配工作站通信信号定义见表 2-6-4。

表 2-6-4　装配工作站通信信号定义

单　元	信号流向	功能	信号	地　址	说　明	备　注
装配单元（D680—D689）	总控—单元（装配）	启动 1		D680.0	1：启动	方水晶装配
		启动 2		D680.1	1：启动	圆水晶抓取
		启动 3		D680.2	1：启动	圆水晶装配
		工件不合格		D680.3	1：启动	
		启动		D680.4	1：启动	
		停止		D680.5	1：停止	
		复位		D680.6	1：复位	
	单元—总控（装配）	状态	等待	D681.0	1：等待	
			运行	D681.1	1：运行	
			故障	D681.2	1：故障	
			联机	D681.3	1：集控	
		位置		D683/D682	32 状态	
		报警		D685/D684	32 故障	
		数量		D686		

装配工作站状态、报警信号定义见表 2-6-5。

表 2-6-5　装配工作站状态、报警信号定义

信号类别	地　址	功 能 说 明	信号类别	地　址	功 能 说 明
位置	D682.0	盖子出库	报警	D683.3	伸缩缸缩回检测异常
	D682.1	方水晶装配		D683.4	伸缩缸伸出检测异常
	D682.2	圆水晶取		D683.5	夹爪打开检测异常
	D682.3	圆水晶装配		D683.6	夹爪夹紧检测异常
报警	D683.0	急停按下		D683.7	水平轴异常
	D683.1	方底座供料异常		D683.8	垂直轴异常
	D683.2	圆底座供料异常			

2. 模块设置

模块设置包括伺服定位模块及模拟量输入模块设置，具体设置如下：

(1) 在 GX Works2 软件中创建工程，添加定位模块 QD75，并设置安装插槽号及起始地址。

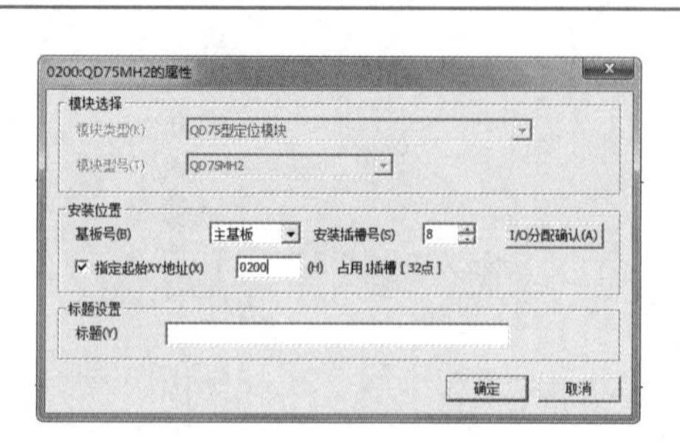

(2) 设置定位模块基本参数：每转的脉冲数、倍率、软件行程限位上下限值、外部信号的选择等。

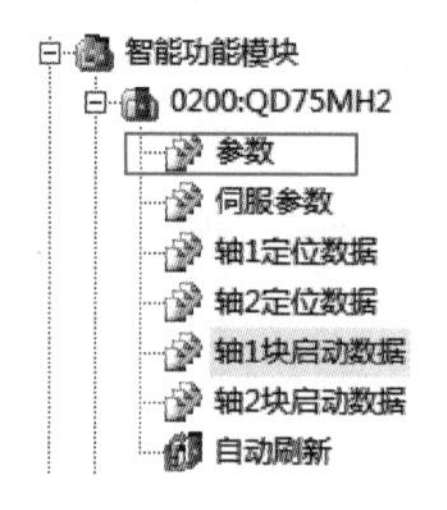

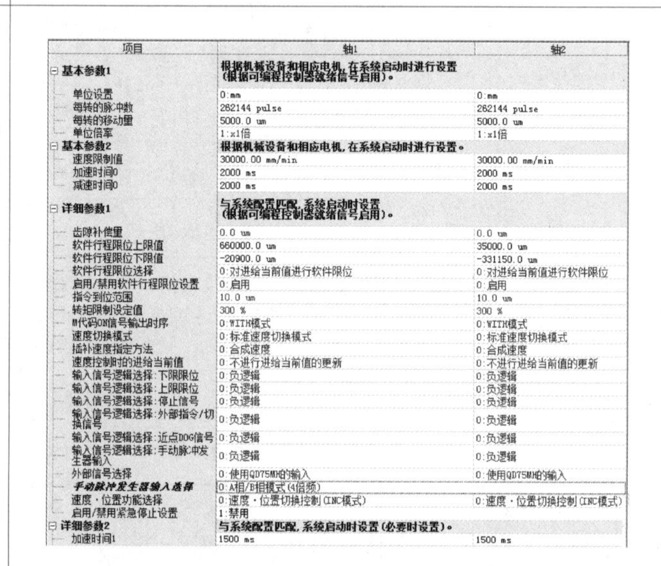

项目	轴1	轴2
基本参数1	根据机械设备和相应电机，在系统启动时进行设置（根据可编程控制器就绪信号启用）。	
单位设置	0:mm	0:mm
每转的脉冲数	262144 pulse	262144 pulse
每转的移动量	5000.0 um	5000.0 um
单位倍率	1:x1倍	1:x1倍
基本参数2	根据机械设备和相应电机，在系统启动时进行设置。	
速度限制值	30000.00 mm/min	30000.00 mm/min
加速时间0	2000 ms	2000 ms
减速时间0	2000 ms	2000 ms
详细参数1	与系统配置匹配，系统启动时设置（根据可编程控制器就绪信号启用）。	
齿隙补偿量	0.0 um	0.0 um
软件行程限位上限值	660000.0 um	35000.0 um
软件行程限位下限值	-20900.0 um	-331150.0 um
软件行程限位选择	0:对进给当前值进行软件限位	0:对进给当前值进行软件限位
启用/禁用软件行程限位设置	0:启用	0:启用
指令到位范围	10.0 um	10.0 um
转矩限制设定值	300 %	300 %
M代码ON信号输出时序	0:WITH模式	0:WITH模式
速度切换模式	0:标准速度切换模式	0:标准速度切换模式
插补速度指定方法	0:合成速度	0:合成速度
速度控制时的进给当前值	0:不进行进给当前值的更新	0:不进行进给当前值的更新
输入信号逻辑选择:下限限位	0:负逻辑	0:负逻辑
输入信号逻辑选择:上限限位	0:负逻辑	0:负逻辑
输入信号逻辑选择:停止信号	0:负逻辑	0:负逻辑
输入信号逻辑选择:外部指令/切换信号	0:负逻辑	0:负逻辑
输入信号逻辑选择:近点DOG信号	0:负逻辑	0:负逻辑
输入信号逻辑选择:手动脉冲发生器输入	0:负逻辑	0:负逻辑
外部信号选择	0:使用QD75MH的输入	0:使用QD75MH的输入
手动脉冲发生器输入选择	0:A相/B相模式(4倍频)	
速度·位置功能选择	0:速度·位置切换控制(INC模式)	0:速度·位置切换控制(INC模式)
启用/禁用紧急停止设置	1:禁用	
详细参数2	与系统配置匹配，系统启动时设置（必要时设置）。	
加速时间1	1500 ms	1500 ms

(3) 设置定位模块伺服参数。

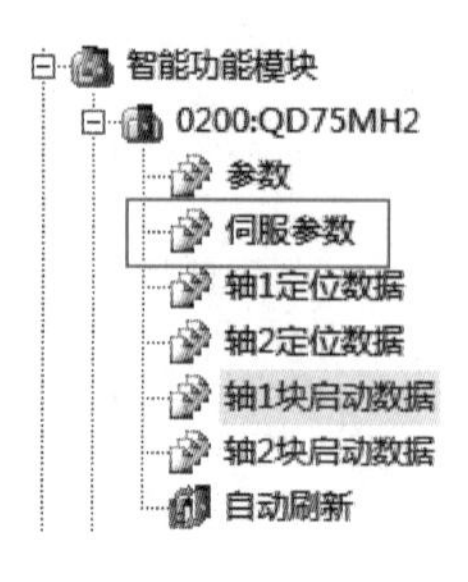

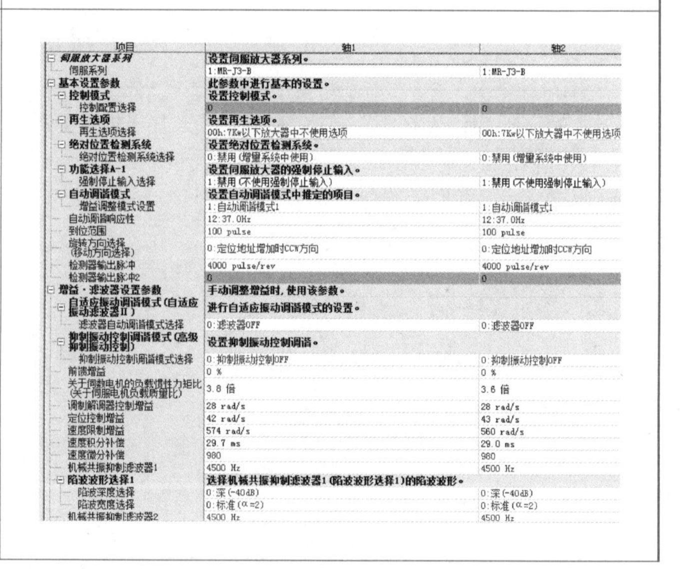

项目	轴1	轴2
伺服放大器系列	设置伺服放大器系列。	
伺服系列	1:MR-J3-B	1:MR-J3-B
基本设置参数	此参数中进行基本的设置。	
控制模式	设置控制模式。	
控制配置选择	0	0
再生选项	设置再生选项。	
再生选项选择	00h:7Kw以下放大器中不使用选项	00h:7Kw以下放大器中不使用选项
绝对位置检测系统	设置绝对位置检测系统。	
绝对位置检测系统选择	0:禁用(增量系统中使用)	0:禁用(增量系统中使用)
功能选择A-1	设置伺服放大器的强制停止输入。	
强制停止输入选择	1:禁用(不使用强制停止输入)	1:禁用(不使用强制停止输入)
自动调谐模式	设置自动调谐模式中推定的项目。	
增益调整模式设置	1:自动调谐模式1	1:自动调谐模式1
自动调谐响应性	12:37.0Hz	12:37.0Hz
到位范围	100 pulse	100 pulse
旋转方向选择(移动方向选择)	0:定位地址增加时CCW方向	0:定位地址增加时CCW方向
检测器输出脉冲	4000 pulse/rev	4000 pulse/rev
检测器输出脉冲2	0	0
增益·滤波器设置参数	手动调整增益时，使用该参数。	
自适应振动调谐模式(自适应振动滤波器Ⅱ)	进行自适应振动调谐模式的设置。	
滤波器自动调谐模式选择	0:滤波器OFF	0:滤波器OFF
抑制振动控制调谐模式(高级抑制振动控制)	设置抑制振动控制调谐。	
抑制振动控制调谐模式选择	0:抑制振动控制OFF	0:抑制振动控制OFF
前馈增益	0 %	0 %
关于伺数电机的负载惯性力矩比(关于伺服电机负载质量比)	3.8 倍	3.6 倍
调制解调器控制增益	28 rad/s	28 rad/s
定位控制增益	42 rad/s	43 rad/s
速度限制增益	574 rad/s	560 rad/s
速度积分补偿	29.7 ms	29.0 ms
速度微分补偿	980	980
机械共振抑制滤波器1	4500 Hz	4500 Hz
陷波波形选择1	选择机械共振抑制滤波器1(陷波波形选择1)的陷波波形。	
陷波深度选择	0:深(-40dB)	0:深(-40dB)
陷波宽度选择	0:标准(α=2)	0:标准(α=2)
机械共振抑制滤波器2	4500 Hz	4500 Hz

续　表

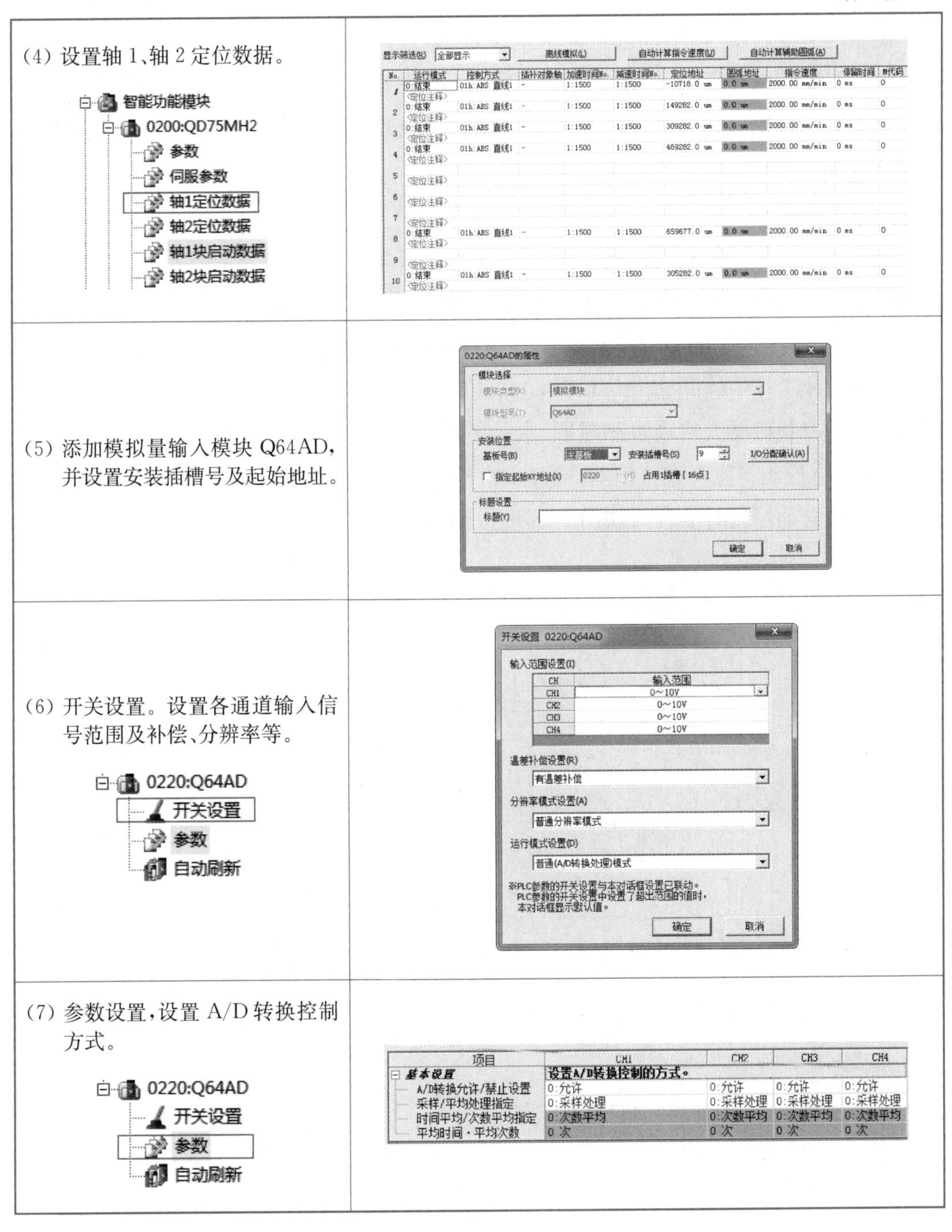

步骤	图示
(4) 设置轴 1、轴 2 定位数据。	
(5) 添加模拟量输入模块 Q64AD，并设置安装插槽号及起始地址。	
(6) 开关设置。设置各通道输入信号范围及补偿、分辨率等。	
(7) 参数设置，设置 A/D 转换控制方式。	

3. 程序编制

装配工作站工作状态包括初始状态、上电复位和系统运行，各状态说明如下：

1) 初始状态

工业机器人、供罩单元、供座单元处于停止状态。

2）上电复位

控制柜上电后，本站系统进入请求复位状态，控制柜黄灯闪烁；按下复位按钮后，开始复位：供罩单元气爪复位、电机寻找原点；供座料仓气缸缩回。系统启动运行后本单元绿色指示灯点亮，供罩单元气爪运行到等待位置。

3）系统运行

由 PLC 断电锁存寄存器判断供罩单元出库位有无外罩，无外罩时发出将外罩出库请求命令，通过 QD75MH2 伺服运动控制模块控制伺服电机运动，带动供罩单元气爪动作，运动到对应库位后，气爪伸出抓取外罩，完成后运动至出库平台，完成后运动回等待位置。

当托盘载工作主体到达定位口时，由上位机发出启动信号，PLC 根据系统发出的不同启动信号控制机器人实现水晶抓取、水晶装配等动作要求。若上位机发出底座不合格信号，PLC 将控制供座料仓推出对应底座，由机器人抓取替换现有底座以完成正常装配。装配工作站自动运行时的程序如图 2－6－18 所示。

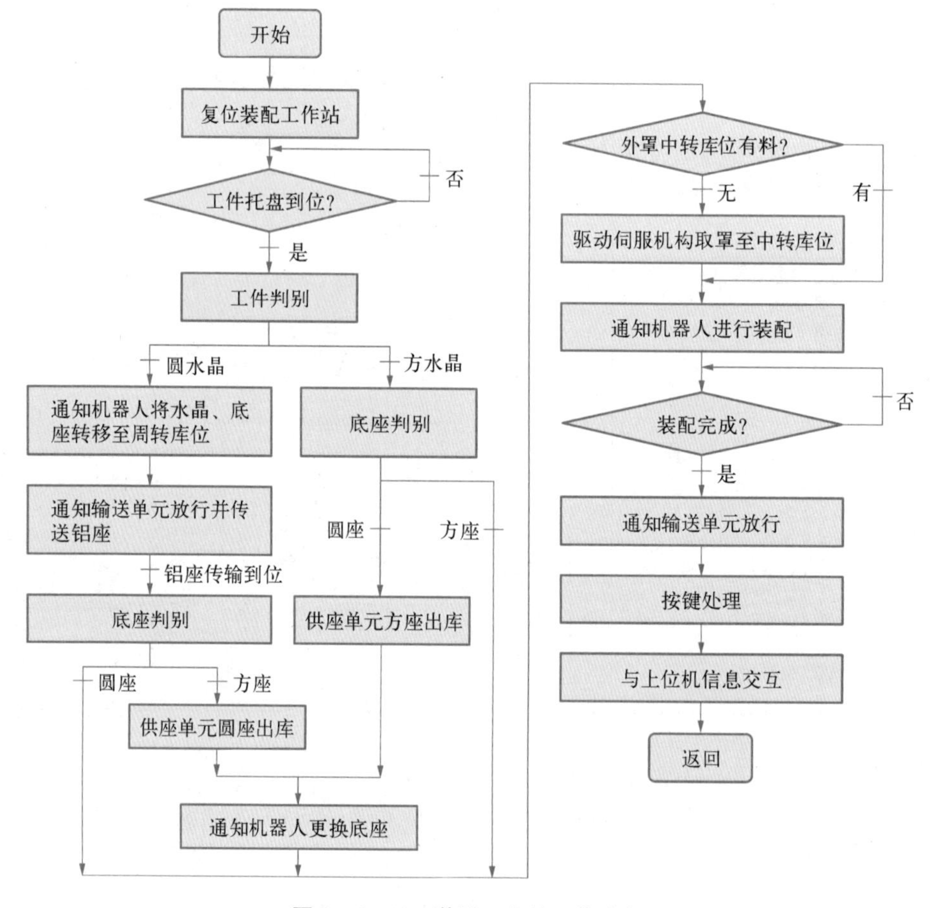

图 2－6－18　装配工作站工作流程

装配工作站PLC程序主要包括初始化及处理程序MAIN,按键处理程序BUTTON,联机运行信息交互程序EXCH_PC,工件定位及判断处理程序GJPD,状态信息处理程序IOCHANGE,复位处理程序RESET,故障诊断处理程序STATE 及供罩单元、供座单元处理程序,伺服控制程序等。

下载包

装配工作站
PLC程序

主要程序编制如下：

(1) MAIN程序(部分)。 初始化操作：设置运行模式、伺服点动速度设置、伺服手动操作。	0 SM400 —(Y201) —(M137 可自动运行) —(Y60 可编程控制器就绪) 4 SM400 —(Y200) X200 —(Y321) —(Y324) 10 SM400 —[D* D2030 K100 D2010 JOG速度] —[D* D2036 K100 D2014] —[D* D2020 K100 D3010] 23 M1001 手动运行 —[DMOV D2010 JOG速度 U20\G1518] —[DMOV D2014 U20\G1618] —[DMOV D3010 U6\G1518] 36 M200 JOG向下 M201 JOG向上 M221 Z轴异常完成标志 M1001 手动运行 —(Y205) M1005 正在停止中
(2) MAIN程序(部分)。 超声波传感器数据处理： 分别读取通道2、3、4对应的传感器1、2、3输出信号。 若传感器1的测值大于3 000,则库位1有料;测值在100～500之间,库位2有料;测值在800～1 200之间,库位3有料;……	74 SM400 —[MOV U22\G12 D10 超声波数据1] —[MOV U22\G13 D11 超声波数据2] —[MOV U22\G14 D12 超声波数据3] 87 [> D10 K3000] 超声波数据1 —[DMOV K1 D2005] —[SET D2001.1 库位1有工件] 94 [> D10 K100] 超声波数据1 [< D10 K500] 超声波数据1 —[DMOV K2 D2005] —[RST D2001.1] —[SET D2001.2 库位2有工件] 05 [> D10 K800] 超声波数据1 [< D10 K1200] 超声波数据1 —[DMOV K3 D2005] —[BKRST D2001 K2] —[SET D2001.3 库位3有工件]

续　表

(3) BUTTON 程序(部分)。 启动、停止、复位、急停等按键处理。	0 M1002 SM412 M1001 (M332) 复位完成 手动运行 复位指示灯 M1003 正在复位 M312 复位按钮 13 M1002 M1000 SM412 M1005 (M330) 复位完成 自动运行 正在停止中 启动指示灯 M1000 自动运行 M310 启动按钮 26 SM400 M1002 M310 [SET M1000] 复位完成 启动按钮 自动运行 M1005 [RST M1000] 正在停止中 自动运行 M1000 [RST M1005] 自动运行 正在停止中 37 M1005 (M331) 正在停止中 停止指示灯 M311 停止按钮
(4) EXCH_PC 程序。 联机运行时,装配站与上位机进行供罩单元物料信息、运行状态等交互。	0 M1000 X424 S33 (D681.0) 自动运行 就绪信号 等待 309 X1035 M1000 S7 S8 (D681.1) 运行中 自动运行 运行中 S33 316 M1998 M1000 (D681.3) 单机 自动运行 联机 319 S7 S33 (D682.4) S8 就绪 323 D2002.1 (D2001.A) 库位10有工件 325 D2002.2 (D2001.B) 库位11有工件 327 D2002.3 (D2001.C) 库位12有工件 329 D2002.4 (D2001.D) 出库平台有工件 331 SM400 [MOV D2001 D686] 库位信息 334 M153 X30B [RST D2002.4] 上盖完成 供罩单元工件有无检测 出库平台有工件 349 [END]

续　表

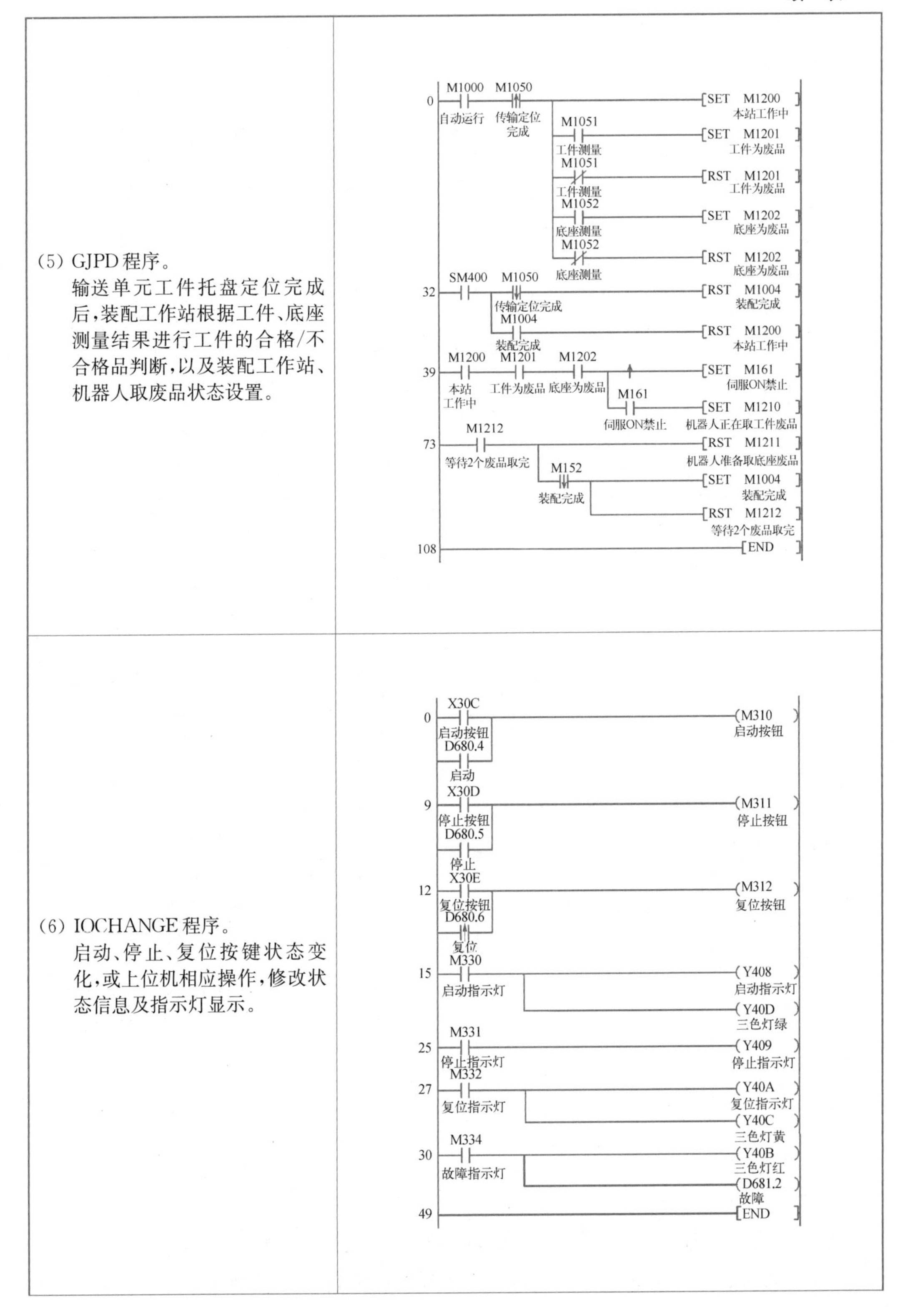

(5) GJPD 程序。
输送单元工件托盘定位完成后，装配工作站根据工件、底座测量结果进行工件的合格/不合格品判断，以及装配工作站、机器人取废品状态设置。

(6) IOCHANGE 程序。
启动、停止、复位按键状态变化，或上位机相应操作，修改状态信息及指示灯显示。

续 表

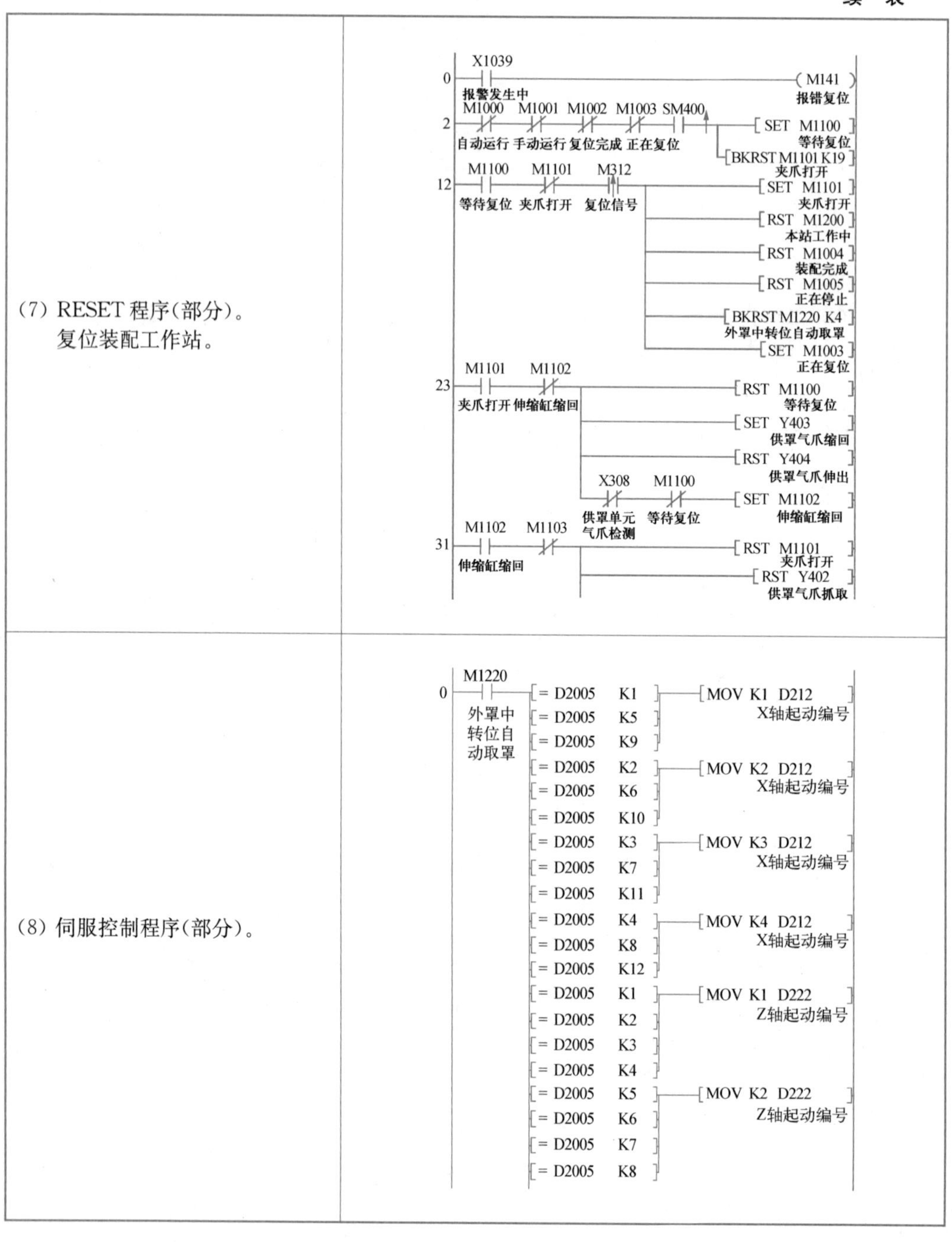

任务小结

装配工作站控制系统由 PLC、I/O 模块、超声波传感器及模拟量输入模块、供罩单元、工业机器人、供座单元等构成。I/O 模块用于总控启停等控制输入，与机器人的通信及状态显示；通过网络及总线通信方式与上位机、触摸屏及输送单元通信，如托盘定位、工件判别等。

练习

1. PLC 如何根据超声波传感器信号判断供罩单元库位情况？请举例说明。
2. 简述模拟量输入模块 Q64AD 的性能参数。
3. 简述装配工作站的工作过程。

任务三　编程操作装配工作站机器人

任务目标

1. 了解装配工作站工业机器人的工作过程。
2. 了解装配工作站工业机器人的程序编制。
3. 熟悉装配工作站工业机器人的操作运行。

视频

装配工作站机器人编程与调试

任务相关知识

1. 装配工作站工业机器人 I/O 信号

装配工作站工业机器人的 I/O 信号包括气爪的夹紧、松开，装配完成，外罩取走，机器人准备就绪，底座合格，底座不合格等，见表 2-6-6。

表 2-6-6　工业机器人 I/O 信号

输入/输出类型	机器人	PLC 端口	说　明
输入	DI10_1	Y430	启动信号
输入	DI10_2	Y431	方形底座合格
输入	DI10_3	Y432	方形底座不合格
输入	DI10_4	Y433	圆形底座合格
输入	DI10_5	Y434	圆形底座不合格
输入	DI10_6	Y435	铝制圆柱底座合格
输入	DI10_7	Y436	外罩有
输入	DI10_8	Y437	方形底座有无
输入	DI10_9	Y438	圆形底座有无
输入	DI10_10	Y439	铝制圆柱底座不合格
输出	DO10_1		气爪夹紧/松开控制
输出	DO10_2		气爪夹紧/松开控制

续　表

输入/输出类型	机器人	PLC 端口	说　　明
输出	DO10_3	X422	装配完成信号
输出	DO10_4	X423	外罩取走信号
输出	DO10_5	X424	机器人准备就绪信号

2. 机器人夹具

机器人夹具为气动夹爪，为双 V 形结构，便于夹取圆形、方形工件，如图 2-6-19 所示。

图 2-6-19　双 V 形气动夹爪

机器人夹具由双电控电磁阀控制，通过对驱动线圈通、断电，改变气动接头的进、出气方向，用以控制气缸的伸出、缩回运动，从而实现夹紧、松开动作。电磁阀线圈控制位分别接至机器人输出信号 DO10_1 和 DO10_2，如图 2-6-20 所示。夹具动作控制信号见表 2-6-7。

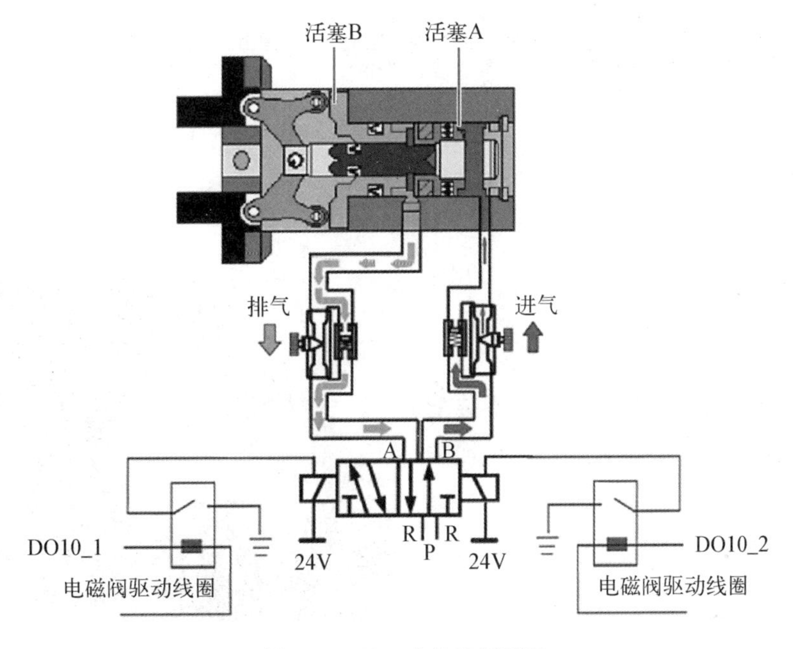

图 2-6-20　夹具控制原理

表 2-6-7 夹具动作控制信号

夹爪闭合	DO10_1=1 DO10_2=0
夹爪打开	DO10_1=0 DO10_2=1

3. 装配工作流程

机器人启动运行，初始化状态信息，返回初始位置点，通知 PLC 已完成准备工作，循环检测输入信号 DI10_2～DI10_6，判断工件状态类型，并据此调用相应处理程序完成装配或更换底座后再进行装配，如图 2-6-21 所示。

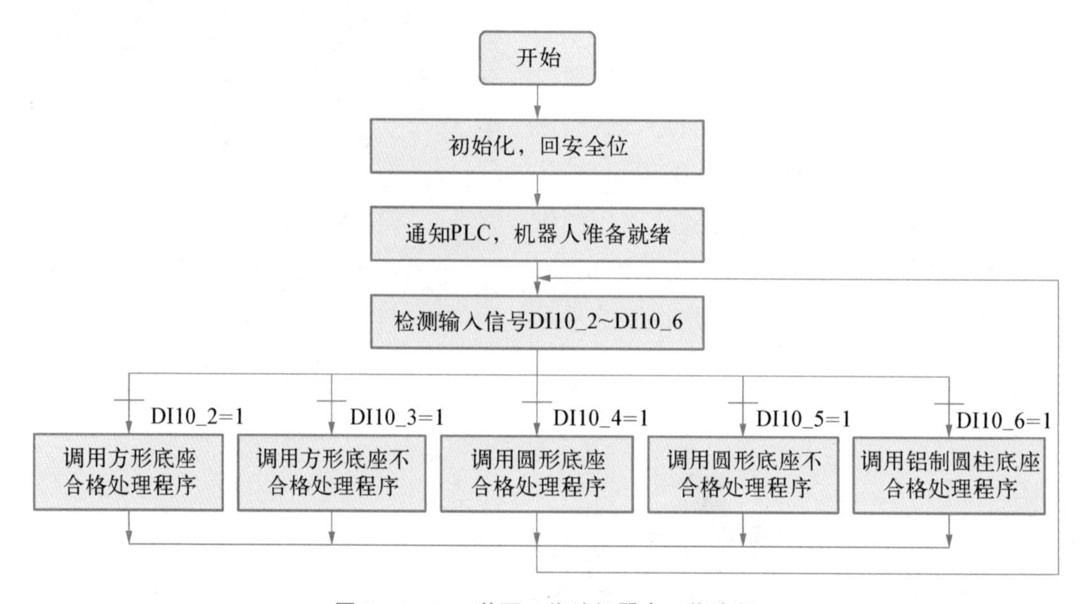

图 2-6-21 装配工作站机器人工作流程

任务实施

1. 方形底座合格处理程序

方形底座合格，将工件（方水晶）装配到方形尼龙底座（图 2-6-22）上，再加装外罩，完成装配。

编制程序如下：

图 2-6-22 托盘、方水晶及方形尼龙底座

PROC fangxing1()	
Reset DO10_1;	
Reset DO10_2;	松开夹爪
WaitDI DI10_1, 1;	等待装配启动信号
Reset DO10_5;	复位就绪信号
MoveAbsJ p1\NoEOffs, v200, fine, tool0;	回初始位置
MoveL p2, v200, fine, tool0;	
MoveL p3, v200, fine, tool0;	
MoveL p4, v200, fine, tool0;	移动到方形工件取件处
Set DO10_1;	夹取工件,DO10_1=1, DO10_2=0
WaitTime 1;	延时,等待夹取动作完成
MoveL p3, v200, fine, tool0;	
MoveL p5, v200, fine, tool0;	
MoveL p6, v200, fine, tool0;	移动至底座位置处
Reset DO10_1;	释放工件,DO10_1=0, DO10_2=1
Set DO10_2;	
WaitTime 1;	延时,等待放置完成
MoveL p5, v200, fine, tool0;	
MoveL p2, v200, fine, tool0;	抬起夹具,离开装配点
WaitDI DI10_7, 1;	等待外罩放置至中转点完成信号
MoveL p7, v200, fine, tool0;	
MoveL p8, v200, fine, tool0;	
MoveL p9, v200, fine, tool0;	移至外罩中转点
Reset DO10_2;	
Set DO10_1;	取外罩
WaitTime 1;	延时
MoveL p8, v200, fine, tool0;	
MoveL p7, v200, fine, tool0;	
MoveJ p10, v200, fine, tool0;	
MoveL p11, v200, fine, tool0;	移出
Set DO10_4;	置位外罩取走信号
MoveL p12, v200, fine, tool0;	
MoveL p13, v200, fine, tool0;	移至装配处
Reset DO10_1;	
Set DO10_2;	装配外罩
WaitTime 1;	延时
Reset DO10_4;	复位外罩取走信号
MoveL p11, v200, fine, tool0;	

续 表

MoveL p2, v200, fine, tool0;	
MoveAbsJ p1\NoEOffs, v200, fine, tool0;	回初始位置
Set DO10_5;	置位就绪信号
PulseDO\Plength:=1, DO10_3;	发装配完成脉冲信号
ENDPROC	

2. 方形底座不合格处理程序

方形底座不合格，先将不合格底座移出丢弃，再从备用底座供料库取备用方形底座，然后将工件装配到方形底座上，再加装外罩，完成装配。编制程序如下：

PROC fangxing2()	
Reset DO10_1;	
Reset DO10_2;	松开夹爪
WaitDI DI10_1, 1	等待装配启动信号
WaitDI DI10_8, 1;	等待方形底座推出到位
Reset DO10_5;	复位就绪信号
MoveAbsJ p1\NoEOffs, v200, fine, tool0;	回初始位置
MoveL p2, v200, fine, tool0;	
MoveJ p14, v200, fine, tool0;	
MoveL p15, v200, fine, tool0;	移至托盘底座处
WaitTime 1;	延时
Set DO10_1;	取底座
WaitTime 1;	延时
MoveJ p14, v200, fine, tool0;	
MoveL p2, v200, fine, tool0;	
MoveJ p35, v200, fine, tool0;	
MoveL p36, v200, fine, tool0;	送至废料收集处
Reset DO10_1;	
Set DO10_2;	丢弃不合格底座
WaitTime 1;	延时
MoveL p35, v200, fine, tool0;	
MoveJ p20, v200, fine, tool0;	
MoveL p21, v200, fine, tool0;	移动到备用底座出料位
WaitTime 1;	延时
Reset DO10_2;	
Set DO10_1;	取备用底座

续　表

WaitTime 1；	延时
MoveL p20，v200，fine，tool0；	
MoveJ p2，v200，fine，tool0；	
MoveJ p14，v200，fine，tool0；	
MoveL p15，v200，fine，tool0；	移动至底座放置位
WaitTime 1；	延时
Reset DO10_1；	
Set DO10_2；	放置底座
WaitTime 1；	延时
MoveL p14，v200，fine，tool0；	
MoveJ p2，v200，fine，tool0；	
MoveL p3，v200，fine，tool0；	
MoveL p4，v200，fine，tool0；	移动至工件处
Reset DO10_2；	
Set DO10_1；	取工件
WaitTime 1；	延时
MoveL p3，v200，fine，tool0；	
MoveL p5，v200，fine，tool0；	
MoveL p6，v200，fine，tool0；	移至工件装配位
Reset DO10_1；	
Set DO10_2；	放置工件
WaitTime 1；	延时
MoveL p5，v200，fine，tool0；	
MoveL p2，v200，fine，tool0；	抬起夹具,离开装配位
WaitDI DI10_7，1；	等待外罩供料机构供罩完成
MoveL p7，v200，fine，tool0；	
MoveL p8，v200，fine，tool0；	
MoveL p9，v200，fine，tool0；	移至取罩位
Reset DO10_2；	
Set DO10_1；	取外罩
WaitTime 1；	延时
MoveL p8，v200，fine，tool0；	
MoveL p7，v200，fine，tool0；	
MoveJ p10，v200，fine，tool0；	
MoveL p11，v200，fine，tool0；	拿出外罩
Set DO10_4；	置位外罩取走信号
MoveL p12，v200，fine，tool0；	

续 表

MoveL p13, v200, fine, tool0;	移至装配处
Reset DO10_1;	
Set DO10_2;	装配外罩
WaitTime 1;	延时
Reset DO10_4;	复位外罩取走信号
MoveL p11, v200, fine, tool0;	
MoveL p2, v200, fine, tool0;	
MoveAbsJ p1\NoEOffs, v200, fine, tool0;	回初始位置
Set DO10_5;	置位就绪信号
PulseDO\Plength:=1, DO10_3;	发装配完成脉冲信号
ENDPROC	

3. 圆形底座合格处理程序

圆形尼龙底座合格，将工件(圆水晶)及底座转移至周转库位，并通知输送单元将带有铝制圆柱底座的托盘(图 2-6-23)传输到装配定位处。待铝制圆柱底座托盘到达后，机器人再进行装配。

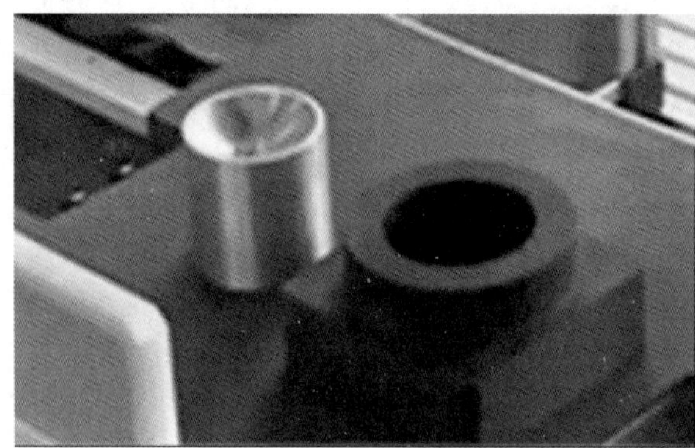

图 2-6-23　铝制圆柱底座、圆形尼龙底座及圆水晶

编制程序如下：

PROC qiuxing1()	
Reset DO10_1;	
Reset DO10_2;	松开夹爪
WaitDI DI10_1, 1;	等待启动信号
Reset DO10_5;	复位就绪信号
MoveAbsJ p1\NoEOffs, v200, fine, tool0;	回初始位置

续　表

MoveL p2，v200，fine，tool0；	
MoveJ p14，v200，fine，tool0；	
MoveL p15，v200，fine，tool0；	移至托盘底座位
WaitTime 1；	延时
Set DO10_1；	拾取底座
WaitTime 1；	延时
MoveL p14，v200，fine，tool0；	
MoveJ p2，v200，fine，tool0；	
MoveJ p16，v200，fine，tool0；	
MoveL p17，v200，fine，tool0；	
MoveL p18，v200，fine，tool0；	
MoveL p19，v30，fine，tool0；	移至底座周转库位
WaitTime 1；	延时
Reset DO10_1；	
Set DO10_2；	放置底座
WaitTime 1；	延时
MoveL p18，v200，fine，tool0；	
MoveL p17，v200，fine，tool0；	
MoveL p16，v200，fine，tool0；	
MoveJ p2，v200，fine，tool0；	
MoveJ p23，v200，fine，tool0；	
MoveL p22，v200，fine，tool0；	移至托盘工件处
WaitTime 1；	
Reset DO10_2；	
Set DO10_1；	拾取工件
WaitTime 1；	
MoveL p23，v200，fine，tool0；	
MoveJ p2，v200，fine，tool0；	
MoveJ p24，v200，fine，tool0；	
MoveL p25，v200，fine，tool0；	
MoveL p26，v100，fine，tool0；	移至工件周转位
Set DO10_3；	发装配完成脉冲信号
Reset DO10_1；	
Set DO10_2；	放置工件
WaitTime 1；	
Reset DO10_3；	
MoveL p24，v200，fine，tool0；	

续 表

MoveJ p2, v200, fine, tool0;	
MoveAbsJ p1\NoEOffs, v200, fine, tool0;	回初始位置
Set DO10_5;	置位就绪信号
ENDPROC	

4. 圆形底座不合格处理程序

圆形尼龙底座不合格，先将不合格底座移出丢弃，再取备用底座至底座周转位，工件移至工件周转位，等待铝制圆柱底座托盘到达后再进行装配。编制程序如下：

PROC qiuxing2()	
Reset DO10_1;	
Reset DO10_2;	松开夹具
WaitDI DI10_1, 1;	等待启动信号
WaitDI DI10_9, 1;	等待圆形底座推出
Reset DO10_5;	复位就绪信号
MoveAbsJ p1\NoEOffs, v200, fine, tool0;	回初始位置
MoveL p2, v200, fine, tool0;	
MoveJ p14, v200, fine, tool0;	
MoveL p15, v200, fine, tool0;	移至托盘底座处
WaitTime 1;	
Set DO10_1;	拾取不合格圆形底座
WaitTime 1;	
MoveL p14, v200, fine, tool0;	
MoveJ p2, v200, fine, tool0;	
MoveL p35, v200, fine, tool0;	
MoveL p36, v200, fine, tool0;	移至废料收集桶
Reset DO10_1;	
Set DO10_2;	丢弃不合格圆形底座
WaitTime 1;	
MoveL p35, v200, fine, tool0;	
MoveL p27, v200, fine, tool0;	
MoveL p28, v200, fine, tool0;	移至备用圆形底座供应位
WaitTime 1;	
Reset DO10_2;	
Set DO10_1;	拾取备用底座
WaitTime 1;	

续　表

MoveL p27, v200, fine, tool0;	
MoveJ p16, v200, fine, tool0;	
MoveL p17, v200, fine, tool0;	
MoveL p29, v200, fine, tool0;	
MoveL p30, v200, fine, tool0;	移至底座周转位
WaitTime 1;	
Reset DO10_1;	
Set DO10_2;	放置底座
WaitTime 1;	
MoveL p29, v200, fine, tool0;	
MoveL p17, v200, fine, tool0;	
MoveL p16, v200, fine, tool0;	
MoveJ p2, v200, fine, tool0;	
MoveJ p23, v200, fine, tool0;	
MoveL p22, v200, fine, tool0;	移至托盘工件(圆水晶)处
WaitTime 1;	
Reset DO10_2;	
Set DO10_1;	拾取工件
WaitTime 1;	
MoveL p23, v200, fine, tool0;	
MoveJ p2, v200, fine, tool0;	
MoveJ p24, v200, fine, tool0;	
MoveL p25, v200, fine, tool0;	
MoveL p26, v100, fine, tool0;	移至工件周转库位
Reset DO10_1;	
Set DO10_2;	放置工件
PulseDO\Plength:=1, DO10_3;	发出完成脉冲信号
MoveL p24, v200, fine, tool0;	
MoveJ p2, v200, fine, tool0;	
MoveAbsJ p1\NoEOffs, v200, fine, tool0;	回初始位置
Set DO10_5;	置位就绪信号
ENDPROC	

5. 铝制圆柱底座合格处理程序

铝制圆柱底座合格,将放置于周转库位的圆形尼龙底座移出放置于托盘上,然后将铝制圆柱底座放置于圆形尼龙底座内,再移出工件(圆水晶)放置于铝制圆柱底座上,然后取外罩进行装配。编制程序如下:

PROC yuanzhu()	
Reset DO10_1；	
Reset DO10_2；	松开夹具
WaitDI DI10_1，1；	等待启动信号
Reset DO10_5；	复位就绪信号
MoveAbsJ p1\NoEOffs，v200，fine，tool0；	回初始位置
MoveJ p16，v200，fine，tool0；	
MoveL p17，v200，fine，tool0；	
MoveL p29，v200，fine，tool0；	
MoveL p30，v200，fine，tool0；	移至圆形尼龙底座周转库位
WaitTime 1；	
Set DO10_1；	取底座
WaitTime 1；	
MoveL p29，v200，fine，tool0；	
MoveL p17，v200，fine，tool0；	
MoveL p16，v200，fine，tool0；	
MoveJ p2，v200，fine，tool0；	
MoveJ p14，v200，fine，tool0；	
MoveL p15，v200，fine，tool0；	移至托盘圆形尼龙底座位
Reset DO10_1；	
Set DO10_2；	放置底座
MoveL p14，v200，fine，tool0；	
MoveL p41，v200，fine，tool0；	
MoveL p40，v200，fine，tool0；	移至托盘铝制圆柱底座处
WaitTime 1；	
Reset DO10_2；	
Set DO10_1；	取铝制底座
WaitTime 1；	
MoveL p41，v200，fine，tool0；	
MoveL p42，v200，fine，tool0；	
MoveL p43，v200，fine，tool0；	移至圆形尼龙底座处
WaitTime 1；	
Reset DO10_1；	
Set DO10_2；	放置铝制底座于尼龙底座内
WaitTime 1；	
MoveL p42，v200，fine，tool0；	
MoveJ p2，v200，fine，tool0；	
MoveJ p24，v200，fine，tool0；	

续　表

MoveL p25，v200，fine，tool0；	
MoveL p26，v100，fine，tool0；	移至工件周转位
WaitTime 1；	
Reset DO10_2；	
Set DO10_1；	拾取工件
WaitTime 1；	
MoveL p25，v100，fine，tool0；	
MoveL p24，v200，fine，tool0；	
MoveJ p2，v200，fine，tool0；	
MoveL p44，v200，fine，tool0；	
MoveL p45，v20，fine，tool0；	移至铝制底座处
WaitTime 1；	
Reset DO10_1；	
Set DO10_2；	将工件放置于铝制底座上
WaitTime 1；	
MoveL p44，v200，fine，tool0；	
MoveJ p2，v200，fine，tool0；	离开工件放置处
WaitDI DI10_7，1；	等待外罩供料完成
MoveL p7，v200，fine，tool0；	
MoveL p8，v200，fine，tool0；	
MoveL p9，v200，fine，tool0；	移至外罩中转位
WaitTime 1；	
Reset DO10_2；	
Set DO10_1；	拾取外罩
WaitTime 1；	
MoveL p8，v200，fine，tool0；	
MoveL p7，v200，fine，tool0；	
MoveL p10，v200，fine，tool0；	
MoveL p11，v200，fine，tool0；	离开取罩位
Set DO10_4；	置位外罩取走信号
MoveL p12，v200，fine，tool0；	
MoveL p13，v200，fine，tool0；	移至装配位
WaitTime 1；	
Reset DO10_1；	
Set DO10_2；	装配外罩
WaitTime 1；	
MoveL p11，v200，fine，tool0；	

续 表

MoveL p10, v200, fine, tool0;	离开装配位
Reset DO10_4;	复位外罩取走信号
PulseDO\Plength:=1, DO10_3;	发出装配完成脉冲
MoveAbsJ p1\NoEOffs, v200, fine, tool0;	返回初始位
Set DO10_5;	置位就绪信号
ENDPROC	

6. 机器人运行操作

先开启电控柜电源启动装配工作站控制系统，然后按如下进行操作：

(1) 启动机器人控制器。 ① 闭合机器人电源开关。 ② 钥匙开关拨到自动运行挡位。 ③ 按白色按钮启动伺服电机。	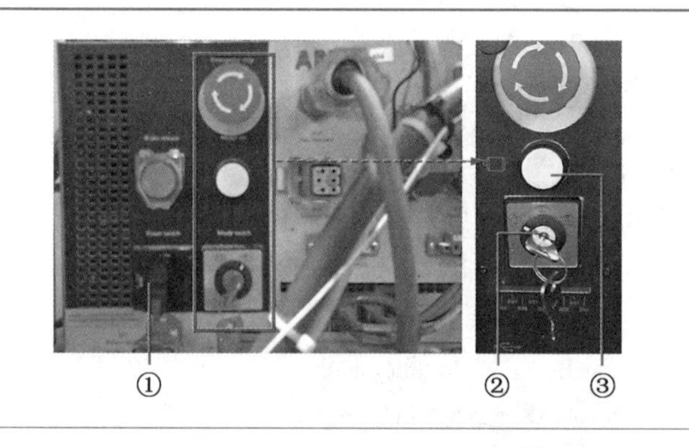
(2) 在示教器上单击“确定”按键，进入自动运行模式。	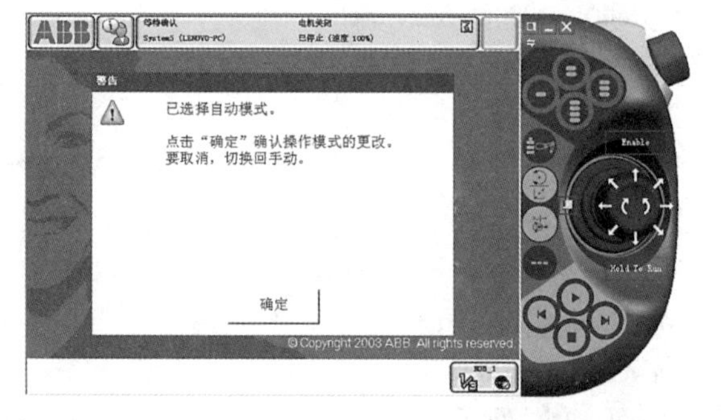
(3) 单击“PP 移至 Main”按键，将程序指针(PP)指向主程序的第一条指令。	

续　表

(4) 单击“是”按键。	
(5) 单击示教器上的运行键▶，运行机器人程序。	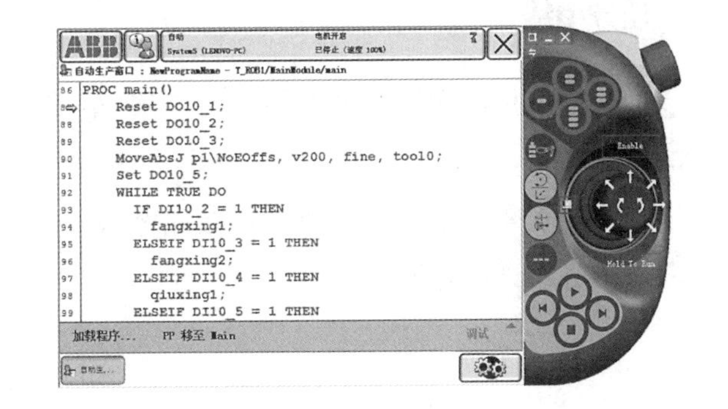
(6) 程序调试。 将钥匙开关转到手动挡位，选择程序指针到指定行，手动进行程序的单步调试。 注：为方便进行夹具等控制，可将可编程键设置为相应输出信号。	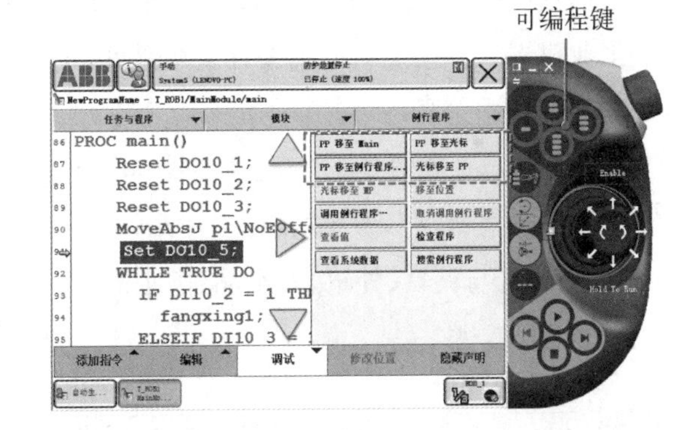
(7) 停止机器人。 ① 按示教器停止键■，停止程序运行。 ② 钥匙开关转到手动挡位。 ③ 手动操作机器人运动到安全位置。 ④ 按前述操作关闭电控柜电源。	

在自动运行状态时，工业机器人的控制权交给总控，所以运行前需要注意以下事项：

（1）机器人处在程序的初始位置，否则应及时移动至初始位置。

（2）检查机器人的主控制箱上的钥匙开关是不是在自动挡位，如若不在则拨到自动挡位。

（3）在控制柜上电、复位、启动后检查机器人的伺服和开始指示灯是否点亮，如不亮，则断电重启。

（4）启动机器人需先按任务一启动装配工作站，停止时先停止机器人，再按前述停止装配工作站。

任务小结

装配工作站机器人接收来自加工工作站（车、铣、内雕）的工件及底座，并根据工件及底座的检测结果，判断工件状态类型，按照要求完成相应的圆水晶、铝制圆柱底座、圆孔尼龙底座的装配上罩，或方水晶、方形尼龙底座的装配上罩。如果底座不合格，则需从供座单元取备用底座进行装配。

练习

1. 根据程序，试绘制铝制圆柱底座合格处理程序的流程图。

2. 工业机器人自动运行时需要注意哪些事项？

3. 装配工作站仿真练习。

（1）下载“smart 组件练习”，创建夹具 smart 组件，完成信号连接并仿真测试。

（2）下载“编程练习”，参照“装配工作站仿真”视频动作要求编写机器人程序并调试运行。其中，机器人与夹具、外罩、方水晶、圆水晶、圆水晶底座的信号见表 2-6-8。

表 2-6-8　机器人信号

输　出	功能说明	关联的 smart 组件单元
dogripper1	夹具控制信号	夹具(sc_gripper)
dofangshuijing	方水晶出库	方水晶
dofangijixu	方水晶装配完成继续向下一站传送	
doqiushuijing	圆水晶出库	圆水晶
doqiuijixu	圆水晶原托盘传送下一站	
doqiuiyidong	圆水晶新托盘传送下一站	

续　表

输　出	功 能 说 明	关联的 smart 组件单元
doqiushuijingzuo	圆水晶底座出库	圆水晶底座
dozuojixu	圆水晶底座传送下一站	
dowaizhao	外罩单元启动信号	外罩
dozhaoyidong	外罩放至中转库位	

视频

装配工作站仿真

下载包

smart组件练习

下载包

编程练习

下载包

仿真练习

文本

装配工作站仿真操作实施步骤

参 考 文 献

[1] 葛英飞.智能制造技术基础[M].北京：机械工业出版社，2019.

[2] 赖朝安.智能制造：模型体系与实施路径[M].北京：机械工业出版社，2019.

[3] 王芳，赵中宁.智能制造基础与应用[M].北京：机械工业出版社，2018.

[4] 李月芳，陈柬.电力电子与运动控制技术项目化教程[M].北京：中国铁道出版社，2017.

[5] 蒋正炎.机器人技术应用项目教程：ABB[M]. 北京：高等教育出版社，2019.

[6] 何成平，董诗绘.工业机器人操作与编程技术[M].北京：机械工业出版社，2016.

[7] 赵承荻，王玺珍，袁媛.电机与电气控制技术[M].5 版.高等教育出版社，2019.

[8] 徐建俊，居海清.电机拖动与控制[M].北京：高等教育出版社，2015.

[9] 陈伯时.电力拖动自动控制系统：运动控制系统[M].3 版.北京：机械工业出版社，2003.

[10] 侯玉宝，陈忠平，邬书跃. 三菱 Q 系列 PLC 从入门到精通[M].北京：中国电力出版社，2017.

[11] 刘蔡保.数控车床编程与操作[M].2 版.北京：化学工业出版社，2019.